HANDBÜCHER DER KÖNIGLICHEN MUSEEN ZU BERLIN

R. OLDENBOURG

DIE FLÄMISCHE MALEREI DES XVII. JAHRHUNDERTS

MIT 93 ABBILDUNGEN

BERLIN 1918 VERLAG VON GEORG REIMER

Druck von Georg Reimer Berlin W. 10.

Inhalt.

Vorwort.

Die Geschichte der flämischen Malerei des 17. Jahrhunderts ist in der jüngsten Zeit von zwei berufenen Autoren in ganz verschiedenen Formen dargestellt worden, was die Abfassung der vorliegenden Arbeit zunächst als überflüssig erscheinen ließ. Bei genauerer Überlegung ergab sich jedoch, daß der Charakter dieses Handbuches von den beiden vorliegenden Werken erheblich würde abweichen müssen, ganz abgesehen von seiner a priori auferlegten besonderen Beziehung auf den Besitzstand der Berliner Galerie. Rooses konnte in seiner »Geschichte der Kunst in Flandern« dem in Frage stehenden Abschnitt nur einen beschränkten Raum und kein eingehendes Interesse gönnen. Die gedrängte Darstellung des riesigen Stoffes nötigte ihn im einzelnen zu einer Behandlung in Bausch und Bogen und hielt ihn auch in der Gliederung des Ganzen von feineren Unterscheidungen der entwicklungsgeschichtlichen Tendenzen ab. Was Rooses versäumte, hatte die ein Jahr früher erschienene Arbeit von Heidrich »Flämische Malerei« voll erbracht. Der Autor besaß alles, was ihn instand setzen konnte, für geraume Zeit das letzte Wort über sein Thema zu sagen: Geist, tiefes Verständnis für historische Zusammenhänge, gründliche Vertrautheit mit dem Stoff und glänzende Mittel der Darstellung. Wenn seine Arbeit trotzdem nicht den vollen Beifall finden kann, den man den vorausgehenden, ähnlich angelegten Bänden über altdeutsche und altniederländische Malerei so rückhaltlos gespendet hat, so mag daran eine zunehmende Beunruhigung schuld tragen, die das Phantom der »Kunstgeschichte ohne Namen« bei Heidrich verursachte: Jede einzelne geschichtliche Erscheinung soll als solche möglichst verdampfen, um in dem abstrakten Zusammenhang des Geschehens aufzugehen, jede konkrete Tatsache zurücktreten, um das geistige Band klarer erkennbar zu machen. Daten sind grundsätzlich vermieden, und es wird bestenfalls mit Vierteljahrhunderten operiert. Inwiefern diese Methode, mit der nur das Genie der Geschichtschreibung Fruchtbares zu leisten vermag, verweichlichend und verfinsternd wirkt, sobald sie schulenweise auftritt, kann hier ebensowenig erörtert werden, als die Frage, wieweit sie für Heidrich ersprießlich war. Ohne weiteres aber steht fest, daß sie sich bloß an solche Leser wendet, die ihre bereits erworbenen Kenntnisse von den Gesichtspunkten eines geistvollen Autors aus überschlagen oder orientieren möchten.

Dem gegenüber rechtfertigt sich das vorliegende Bändchen mit seinen sehr viel bescheideneren Absichten. Es will in seiner besonderen Beziehung auf die flämischen Gemälde des Kaiser-Friedrich-Museums den Leser unmittelbar unterrichten und darüber hinaus eine ergänzende Vorstellung von dem Gesamtbild der flämischen Malerei im 17. Jahrhundert entwerfen. Der gerade in dem engen Rahmen manchmal lästige Ballast von kleinen Einzelerscheinungen wurde absichtlich beibehalten, um der fortlaufenden Darstellung zugleich den Charakter eines wenigstens primitiven Nachschlagewerkes zu verleihen. Freilich muß für das Detail immer auf die Ergänzung der Lexika und ihrer Literaturnachweise gerechnet werden, wie auch die angeführten Werke der einzelnen Künstler meist nicht mehr als ein paar bezeichnende, womöglich in Deutschland oder den Nachbarländern nachweisbare Beispiele bieten wollen; der Leser sollte nach Möglichkeit vor der verwirrenden Ubiquität verschont werden, mit der die moderne Kunstforschung die Arbeiten eines kaum noch als Künstler zu bewertenden Malers in Mosigkau, Moskau und Montevideo nachzuweisen nicht müde wird.

Was die Kenntnis des besprochenen Materials betrifft, so beruht sie mit Ausnahme der Museen von Madrid und St. Petersburg im wesentlichen auf Autopsie. Leider verhinderten die politischen Verhältnisse auch für die Bestände in Paris und London die wünschenswerte Auffrischung des Gedächtnisses.

Die flämische Malerei vor Rubens.

Man pflegt in der Geschichte der niederländischen Malerei an der Wende des dritten zum vierten Viertel des 16. Jahrhunderts ein neues Kapitel beginnen zu lassen und von nun an die flämische und die holländische Schule voneinander gesondert in ihren Eigenarten zu verfolgen. Selbst wenn man das Gewaltsame, Unorganische in Abrechnung bringt, was solchen im Interesse der leichteren Faßbarkeit in die Geschichte eingetragenen Abschnitten immer anhaftet, läßt sich nur schwer erkennen, warum gerade hier in der Entwicklung der niederländischen Malerei ein neues Leben beginnt. Denn was die endgültige Gabelung des alten Stammes in eine flämische und eine holländische Schule betrifft, so wird sie politisch erst durch den Vertrag von 1609 bezeichnet, und auch künstlerisch treiben die nördlichen Niederlande erst um 1600 die ersten Schößlinge hervor, aus denen die neue, national holländische Kunst erwächst, während es fortan dem konservativen Belgien überlassen bleibt, die durch den Verkehr mit Italien schon zu Beginn des 16. Jahrhunderts angeknüpften Fäden weiterzuspinnen. Hier läuft von jetzt ab die Entwicklung der gesamten niederländischen Malerei des 16. Jahrhunderts folgerichtig weiter, während sich Holland in kühner Unabhängigkeit von allen bisher geltenden Gesichtspunkten losreißt und seinen eigenen Kunstkreis schafft. Bis zur Jahrhundertwende aber laufen die Interessen der nördlichen und südlichen Niederlande noch in engster gegenseitiger Verknüpfung nebeneinander her, und die Werke eines J. de Winghe oder B. Spranger unterscheiden sich von denen eines A. Bloemaert oder H. Goltzius eigentlich bloß nach Maßgabe der Persönlichkeit; ihre künstlerischen Voraussetzungen und Absichten aber sind die gleichen.

Wenn wir trotzdem schon mit dem letzten Viertel des 16. Jahrhunderts die neue Epoche in der niederländischen Malerei beginnen lassen, so nehmen wir dabei zunächst Bezug auf den endgültigen Abschluß der vorausgehenden, eigentlich noch primitiven Kunst, der mit dem Tod des alten

Pieter Brueghel erfolgte. Die neueste Forschung hat klar erwiesen, daß dieser in rätselhafter Unabhängigkeit auftretende Künstler mit der vorausgehenden Generation doch in engster Beziehung stand, die uns freilich bisher entgangen war, da sie in einem zwar viel geübten, aber der Zerstörung besonders ausgesetzten Gebiet der Malerei, der Aquarelltechnik auf Leinwand, zu suchen ist. Sehen wir durch diesen vermittelnden Gesichtspunkt in Brueghel einerseits die alte mit Jan van Eyck anhebende Epoche in einer letzten glanzvollen Erscheinung aufleben, so beweist anderseits ein Blick auf die ihm folgende Generation, daß er, obwohl bei weitem die stärkste Persönlichkeit des ganzen 16. Jahrhunderts, für den weiteren Verlauf der niederländischen Malerei fast folgenlos blieb, während untergeordnete Talente, wie Floris oder Vos die Entwicklung ins 17. Jahrhundert hinübertragen. Der mit Beginn des Jahrhunderts eingeleitete und seither immer überzeugtere Zug nach Italien hatte das Schicksal der altniederländischen Malerei besiegelt, und ein einzelner vermochte selbst mit dem überragenden Genie eines Brueghel die Strömung der großen Masse nicht mehr abzudämmen. In dieser Hinsicht führt also Pieter Brueghel, wenn wir von ein paar bedeutungslosen Nachahmern wie Balten, P. Brueghel d. J., L. Valckenborch u. a. absehen, die erste große Epoche der nationalen niederländischen Malerei zum Abschluß; mit seinem Tode ist das Feld dem fremden Kunstideal völlig freigegeben, und nach dem Verschwinden dieser bodenständigen, selbstsicheren Persönlichkeit sucht der Blick in dem wogenden Getriebe von römischem, venezianischem oder florentinischem Kunstimport und seiner gewandten oder linkischen, unverstandenen oder verständnisvollen Verarbeitung erwartungsvoll nach einem Punkt, an dem sich der spezifisch niederländische Geist in greifbarer Form zuerst wieder fester kristallisieren soll.

Die grundlegende Bedeutung dieser Kunst aus zweiter Hand für die flämische Malerei des 17. Jahrhunderts macht es unerläßlich, den Begriff des „*Romanismus*“ zunächst möglichst rein zu fassen, nämlich als die bedingungslose Anerkennung der römischen und venezianischen Klassiker des Cinquecento seitens der niederländischen Künstler. Mit völligem Verzicht auf eigene Ausdrucksformen glaubte man die objektive Vollendung jener Meister im formalen und technischen Sinn anstreben zu müssen, und was wir an den Arbeiten dieser Romanisten als eigenartig und individuell bezeichnen, ist häufig nur die Ungeschicklichkeit des einzelnen Künstlers in der Anpassung an den allgemein gültigen Kanon. Daß der Romanismus neben unfruchtbaren Abschweifungen für die Malerei des 17. Jahrhunderts grundlegende Werte schuf, wird sich im Laufe der weiteren Betrachtung immer klarer erweisen. Zunächst aber begegnet er uns in seiner am wenigsten ansprechenden Form bei Künstlern, die sich unter seinen despotischen Forderungen alles persönlichen Wollens entäußern, wie z. B. der Antwerpener Denis Calvaert (1540—1619), der so rückhaltlos in der Nachahmung der späten Parmesen aufgegangen war, daß er mehr der italienischen Kunstgeschichte angehört, als der niederländischen, und diese nur die merkwürdige Tatsache zu verzeichnen hat, daß dieses mittelmäßige, aber von zähem Fleiß vorwärts getriebene Talent zum Lehrer der ersten Bologneser Meister des Seicento berufen war. Ebenso besitzt Gillis Coignet (um 1535—1599) in seiner „Andromeda" des Antwerpener Museums in Auffassung, Färbung und Technik eine täuschende Ähnlichkeit mit den Venezianern um 1550, und auch sein eindrucksvolles Bildnis des Tambours Pierson la Hues in Antwerpen setzt die engsten Beziehungen zur tizianischen Bildniskunst voraus.

Je länger diese Unterbindung jeder persönlichen oder nationalen Eigenart währte, desto geschmeidiger bewegte sich der niederländische Geist in den italienischen Formen, desto drückender aber wurde auch der suggestive Zwang, mit dem die ausschließliche Geltung des Südens jede naive künstlerische Regung verbot und erstickte. Unter diesem Gesichtspunkt erscheint dann später die schöpferische Macht von Rubens um so übermenschlicher, insofern er, bis zu seinem dreißigsten Lebensjahre selber überzeugter Romanist, mit den lastenden alten Normen zwar nicht bricht, aber sie durch seine Persönlichkeit dergestalt verjüngt und erweitert, daß sie als solche nicht mehr zu erkennen sind. Schwächere Individualitäten aber verharren weiter in dem dumpfen Bann, den der Romanismus über sie verhängt hatte, auch als Rubens schon längst eine neue, freiere Form der künstlerischen Mitteilung verkündete.

So hält sich z. B. Otto van Veen (1556—1629), der Lehrer des Rubens und bis zu dessen Auftreten verdientermaßen der geschätzteste Antwerpener Meister, noch ängstlich in den Grenzen des römischen Klassizismus. Bei dem starken monumentalen Sinn und der gediegenen zeichnerischen Durchbildung seiner Nikolausbilder in Antwerpen, der Auferweckung des Lazarus in St. Bavo zu Gent von 1608 oder des großen Kreuzigungstriptychons im Brüsseler Museum erscheint er noch im Anfang des 17. Jahrhunderts als der selbstloseste Übermittler jener alten Kunstdogmen; und auch später, als alles seinem erlauchten Schüler zujubelte, paßte sich der alte Meister nur mühsam den neuen Formen an. Dennoch darf ihm nicht vergessen werden, daß er der rein fabulierenden

Kompositionsart, in der die Brüder Ambrosius und Frans Francken die künstlerischen Errungenschaften ihres Lehrers Floris ausmünzten und mit der sie das Niveau der Antwerpener Malerei am Ende des Jahrhunderts ganz zu bestimmen drohten, einen gepflegten Bildaufbau von großer Gesinnung entgegensetzte, in dem jede Figur nach ihrem selbständigen Umriß und ihrem organischen Zweck für das Ganze reif durchdacht war (Abb. 1.). Den Sinn für die große Geste teilt er mit Jan Snellincks (1549—1638) und Wenzel Coebergher (1561—1634), dessen kolossale Grablegung von 1605 im Brüsseler Museum ihr Pathos augenscheinlich von Michelangelo entlehnt, während ihre malerische Gestaltung, ebenso wie sein Sebastian in Nancy, die Verständnislosigkeit der ganzen Generation dieser Monumentalmaler für koloristische Fragen veranschaulicht. Den alten, etwas faden Klassizismus vertritt auch der frühere Lehrer von Rubens, Adam van Noort (1562—1641), dessen »Jesus als Kinderfreund« im Brüsseler Museum in keiner Weise die geniale Rolle rechtfertigt, die ihm die ältere Kunstgeschichte anzudichten liebte.

Neben dieser weit ins 17. Jahrhundert hineinragenden Schicht der konservativen Romanisten tritt im letzten Viertel des 16. Jahrhunderts eine Gruppe von Künstlern auf, die man mit besonderem Fug als „*Manieristen*" bezeichnen kann. Ihre einseitige Vorliebe für wulstige Rundung der Formen und eleganten Linienschwung suchen sie teils durch unmäßiges Verziehen der Glieder und Aufblähen der Muskeln, teils in spielerischen Verkürzungen zur Geltung zu bringen. Mit der in Italien erworbenen, glänzenden zeichnerischen Beherrschung des menschlichen Körpers wird die Figur ohne Preisgabe ihres organischen Baues in ein Spiel ganz unnaturalistischer Formen von kaltem, rein dekorativem Reiz umgewandelt, wobei die Erinnerung an die ursprünglichen Vorbilder dieses Geschmacks, Tintoretto und Parmeggianino, allmählich ganz erlischt hinter dem echt niederländischen Sinn für saubere Kunstfertigkeit und solides Virtuosentum. Eben damit hatte Giovanni da Bologna die italienischen Zeitgenossen schon seit der Mitte des Jahrhunderts entzückt, und hier kündet sich zum ersten Mal seit dem romanistischen Einbruch in die niederländische Kunst wieder ein einheitliches nationales Formempfinden an. Seine Anfänge treten uns zum ersten Mal in der einseitigen, aber starken Persönlichkeit des Cornelis Floris entgegen, der durch sein umfangreiches Werk von Ornamentstichen den zwischen gotischen und südlichen Formen schwankenden Geschmack wieder straffer orientierte. Schon in den vierziger Jahren stach er Groteskenblätter mit den eigentümlichen wulstigen, knorpelhaften Bildungen, die erst um 1600 allgemein in Kurs kamen, die aber in ihrer korrekten,

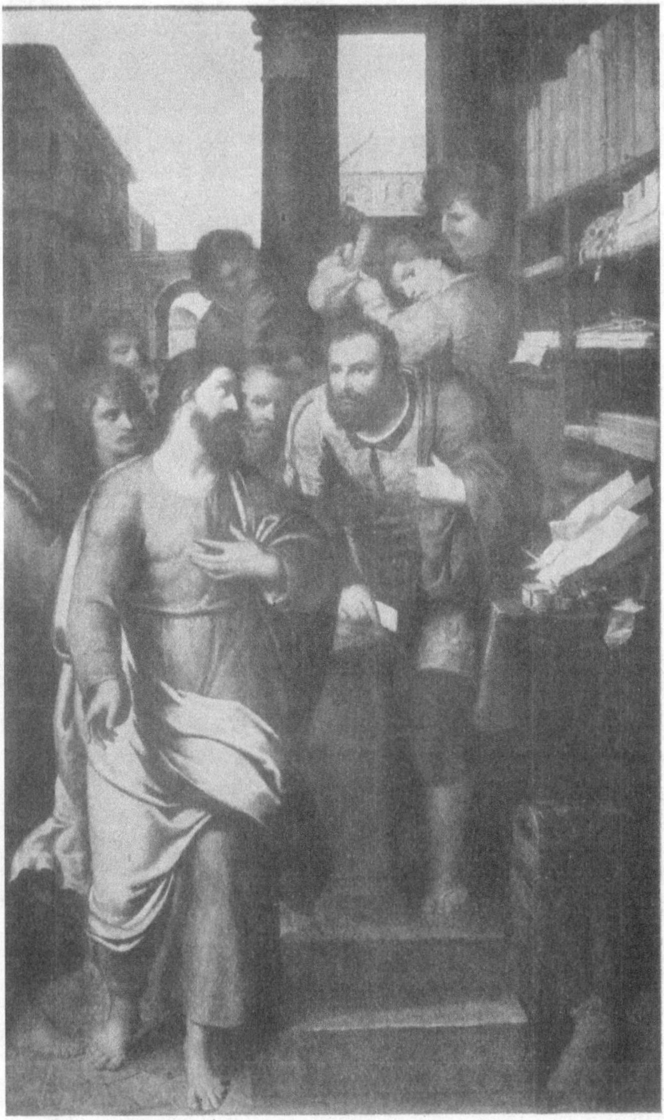

Abb. 1. **Otto van Veen, Berufung des Matthäus.** Antwerpen. Museum.

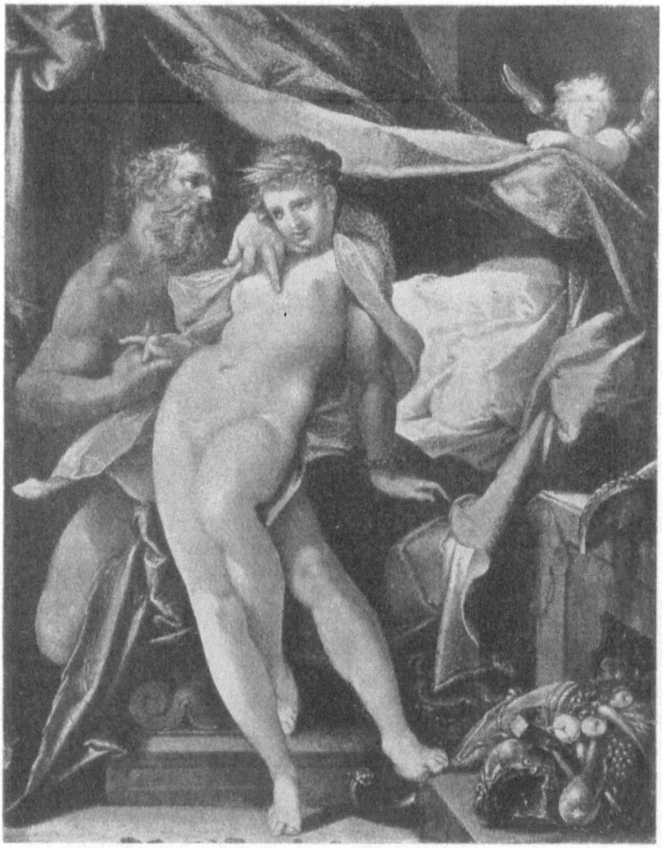

Abb. 2. **Bartholomäus Spranger, Vulkan und Maja.** Wien, Hofmuseum.

zierlichen Rundung den Sinn für das Lineare schon längst vorher nach jener spezifisch niederländischen, kalligraphischen Richtung lenkten.

Mit einem eigentümlich gedehnten Duktus überträgt der Hofmaler Alexander Farneses, Joos van Winghe (1544—1603), diese gewundene Zeichnung ins Figurenbild, und zwar in seinen Federskizzen (in Berlin und Wien) noch stärker als in seinen seltenen Gemälden (in Wien). Den reinsten Ausdruck dieses schnörkelhaft spielerischen Formgefühls aber verkörpert Bartholomäus Spranger (1546—1627?). Van Mander erzählt von ihm als etwas Unerhörtes, er habe in Rom nicht eine einzige Zeichnung nach antiken Statuen gemacht, was nur die Ansicht bestätigt, daß Sprangers eigentümlich gezierte Formensprache tatsächlich eine Spätblüte der Flamboyant-Gotik ist, die in bewußtem Gegensatz zum Romanismus reiner Observanz auftritt. Mit vollem Verzicht auf unbefangene Naturwiedergabe hält er stark transitorische, womöglich verzerrte Bewegungen fest, um sie in einen rhythmisch fein abgewogenen, geglätteten Linienfluß zu fassen. (Abb. 2.) Weitaus die Mehrzahl seiner Arbeiten, die sich vorwiegend mit mythologischen Szenen in bescheidenem Umfang befassen, besitzt das Wiener Hofmuseum aus der Kunstkammer Rudolfs II., dessen Hofmaler Spranger seit 1575 war. Neben zwei Deutschen, die seinen Manierismus gewandt fortsetzten, Hans von Aachen und Johann Heinz aus Basel, dürfen in diesem Zusammenhang die holländischen Vertreter der selben Richtung nicht unerwähnt bleiben, da sie, zum Teil sehr viel stärker begabt als ihre südniederländischen Genossen, den neuen Stil vor allem auch durch ihre unerreichte Fertigkeit im Kupferstich wirksam propagierten. Hendrick Goltzius und Abraham Bloemaert mit ihrem zahlreichen Gefolge von Malern und Stechern bringen in verständnisvoller Nachahmung und Verfeinerung des Sprangerschen Stils den niederländischen Manierismus erst zu seiner vollsten Blüte und lassen in ihren mit den südlichen Niederlanden ganz parallelen Interessen eine Trennung der holländischen und flämischen Kunst zu dieser Zeit noch als ganz unstatthaft erscheinen. Erst zu Anfang des neuen Jahrhunderts wird in Holland das geschraubte Virtuosentum der Linie in lebhafter Reaktion entthront, und zwar am radikalsten in seinem ehemaligen Hauptsitz Harlem, während es in den südlichen Niederlanden fortbesteht, obgleich hier seine tüchtigsten Vertreter, Spranger an der Spitze, ferner Friedrich Sustris, Pieter de Witte genannt Candid († 1628) u. a. schon früh nach Deutschland und Italien ausgewandert waren.

Durch den ersten kräftigen Ansatz zu einer selbständigen, typischen Gestaltungsart, mit der die flämische Kunst in Rubens ihren reinsten Ausdruck finden sollte, haben sich diese Manieristen eine bleibende Bedeutung in der Kunstgeschichte gesichert. Ihnen verdankt die kommende Generation das sichere Pathos, die Leichtigkeit der Pose und den schwungvollen Bildaufbau, den von nun an die flämische Malerei vor der holländischen dauernd voraushat.

Die Erneuerung der niederländischen Kunst um die Wende des 17. Jahrhunderts kündet sich jedoch nicht bloß im Figurenbild an, sondern ergreift gleichzeitig alle Gattungen der Malerei, und hier tritt die Bedeutung der südlichen Provinzen erst recht zutage. Waren die Holländer in der Ausbildung des nationalen, niederländischen Manierismus zum mindesten mit dem gleichen Einsatz von Kräften beteiligt wie die Belgier, so erfolgt die zweite, weit bedeutendere Erscheinung der neuen Zeit, die Loslösung der Landschaft, des Stillebens, des Architekturstückes aus dem Historienbild, fast ausschließlich durch die Initiative südniederländischer Künstler. Und wie jene stilistischen Errungenschaften im Figurenbild in der Folgezeit vorwiegend der flämischen Kunst zugute kamen, so erreicht der Ausbau der einzelnen Bildgattungen durch die Holländer seine volle Entfaltung. Dieses fruchtbare Verhältnis von Geben und Nehmen, das von der Auswanderung glaubenstreuer Flamen aus ihren dem Katholizismus zurückgewonnenen Provinzen befördert wurde, beweist von neuem, wie eng die Kunstgeschichte der beiden Länder vorläufig noch verknüpft bleibt.

Von den neuen Bildgattungen ist die *Landschaft* bei weitem die bedeutendste, und gerade sie geht den bezeichneten Weg, indem sie durch belgische Künstler ihre rein bildmäßige Selbständigkeit erlangt, aber erst in Holland den grundsätzlich neuen Gefühlsinhalt empfängt, mit dem sie unserer heutigen Auffassung so plötzlich nahegerückt wurde. An unmittelbarer, überzeugender Wiedergabe des Erlebten greifen die Landschaften des alten Brueghel zwar allem voraus, was die niederländische Kunst vor Rubens überhaupt hervorzubringen imstande war. Doch wenn sie auch in ihrer künstlerischen Kraft als zeitlose Schöpfungen dastehen, so können sie doch den engen geschichtlichen Zusammenhang mit den Kalenderbildern nicht verleugnen, in denen man in Frankreich und den Niederlanden schon seit 1400 die monatliche Metamorphose der Natur in Verbindung mit dem jeweiligen Treiben der Menschen geschildert hatte. Brueghel verzichtet noch keineswegs auf den anspielungsreichen, illustrativen Charakter jener anekdotenhaften Naturschilderung und steht gerade dadurch im Gegensatz zu dem romantischen Stimmungsbild, das, wenn auch zunächst von sehr viel schwächeren Individualitäten gepflegt, doch das Ziel der fortschreitenden Entwicklung bildet.

Schon zu Anfang des Jahrhunderts hatten Joachim Patinir und namentlich Heri met de Bles die landschaftlichen Hintergründe gewisser italienischer Meister, vor allem Leonardos, und ihre traumhaft phantastischen Fernblicke und Bergformen selbständig oder nur unwesentlich staffiert auf kleinen Tafeln wiedergegeben. Bedeutete dies, wie jeder neue Ansatz des Romanismus, für die niederländische Kunst zunächst ein bedenkliches Abrücken von der Natur, besonders wenn man an die zwingende Wahrhaftigkeit in den Landschaftsausschnitten bei van Eyck und van der Goes zurückdenkt, so barg doch der Wille, die Landschaft zu einer selbständigen Bildgattung zu gestalten, einen höchst entwicklungsfähigen Keim, der durch Meister wie Lucas Gassel weitergebildet wurde. Leider sind wir für den wichtigsten Vertreter der Landschaft in der Mitte des Jahrhunderts, den von van Mander hoch gepriesenen Mathys Cock, aus Mangel an gesicherten Werken ganz auf Vermutungen angewiesen, die Friedländer an eine „cocq" bezeichnete Landschaftszeichnung von 1542 im Berliner Kupferstichkabinett knüpft. Danach hätte Cock allerdings schon damals einen Grad von ungesuchter Natürlichkeit und eine Kontinuität der Tiefenentwicklung erreicht, über die das 16. Jahrhundert im wesentlichen nicht mehr hinauskommen sollte.

Als festes Bindeglied zwischen der selbständigen Landschaft der neueren Zeit und der sittenbildlich verbrämten Pieter Brueghels stehen die Veduten des älteren Jan Brueghel, des sog. Sammet-Brueghel (1568—1625). Im Gegensatz zu seinem Vater, dem älteren Pieter, fehlt ihm alles Breite, Wuchtige, Dramatische, dagegen gleicht er ihm darin, daß ein mehrjähriger Aufenthalt in Italien seine echt niederländische, sachliche Kunst in keiner Weise zu beeinflussen vermochte. In kluger Erkenntnis seiner miniaturistischen Begabung begnügt er sich meist mit kleinen Täfelchen, auf denen er seine höchst geschmackvoll staffierten, zunächst noch etwas phantastischen Prospekte mit zeichnendem Pinsel entfaltet; die frühsten, von juwelenhaftem, noch echt primitivem Farbenglanz besitzt die Ambrosiana aus der Sammlung des Kardinals Borromeo, für den Brueghel seit seinem Aufenthalt in Rom und Mailand (1596) viel beschäftigt war. Neben die fabelhaften Darstellungen des Paradieses oder von Urwäldern mit büßenden Anachoreten treten um 1600 auch nüchterne Ansichten von Dorfstraßen, Kanälen, Furten usw., die in ihrer nicht unwesentlichen Staffage und der noch ängstlichen Trennung der grünen vorderen Partien vom blauen Hintergrund den Zusammenhang mit dem verwandten, aber der älteren, illustrativen Richtung angehörigen Hans Bol nicht verhehlen. Mit unbefangener Beobachterfreude, ohne jede erzählerische Pointe schildert Brueghel hier das mannigfaltige Treiben der Menschen in der landschaftlichen Umgebung, unerschöpflich an Motiven, die dem alltäglichen Leben abgelauscht sind. Mit glänzendem Geschick für die subtilsten zeichnerischen Aufgaben begabt, vertieft er sich liebevoll in die Wiedergabe der bescheidensten Einzelheiten. In sei-

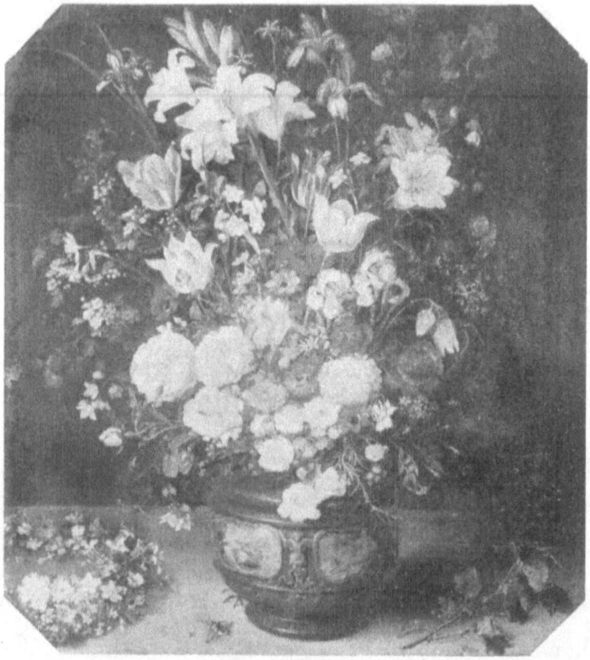

Abb. 3. **Jan Brueghel d. Ä., Blumenstrauß.** Berlin.

nen Blumenstücken in Berlin (Abb. 3), Wien, Stockholm und München, die mit denen von Savery und Bosschaert zu den frühesten ihrer Art zählen, gönnt er, naiv wie Meister des 15. Jahrhundert, jedem Blättchen seine eigene Existenz und teilt auch der zartschillernden bunten Färbung die reich gegliederte Fülle des zeichnerischen Details mit. Obgleich diese etwas zusammenhanglose, auf das Einzelne eingestellte Anschauung der Natur in die Zeit eines Rubens wie ein Anachronismus hineinragt, so besitzt sie doch den Reiz einer idyllischen Beschaulichkeit, den Rubens selbst in wiederholten gemeinschaftlichen Arbeiten mit Brueghel für seine Werke gewandt auszunützen wußte, sei es, daß er in Brueghels Arbeiten kleine Figürchen eintrug, wie in die Landschaft mit dem hl. Hubertus in Berlin (Abb. 4) oder in das köstliche Paradiesbild im Haag, sei es, daß er den älteren Freund zur Ausschmükkung seiner Kompositionen heranzog, wie in dem Pausias beim Herzog von Westminster in London, der das früheste Beispiel dieser Zusammenarbeit sein dürfte, oder in den

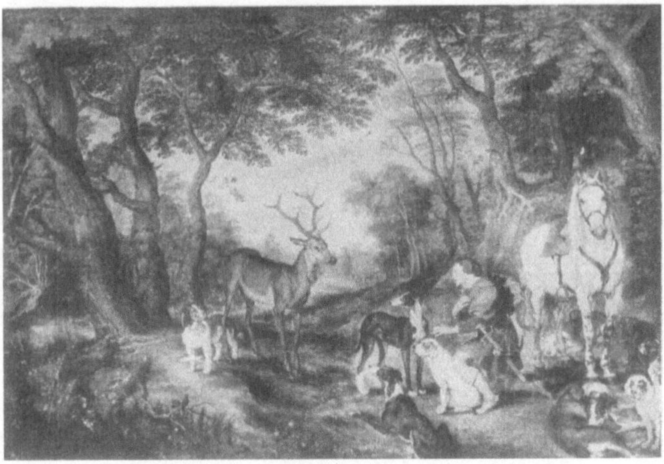

Abb. 4. **Jan Brueghel und P. P. Rubens, Landschaft mit dem hl. Hubertus.** Berlin.

Madonnen in Paris, Madrid und München. Auch das Berliner Museum besitzt eine ähnliche Madonna von Rubens, in der allerdings die Landschaft von Brueghels Sohn, Jan Brueghel II. (1601—1678), ausgeführt ist, der ohne künstlerische Selbständigkeit, aber mit achtenswertem handwerklichen Geschick die Rezepte seines Vaters wiederholte.

Mit der Landschaft und dem Blumenstück sind die Gebiete von Brueghels Tätigkeit noch längst nicht erschöpft, doch besitzen seine Allegorien, mythologischen Szenen (wie die Schmiede des Vulkan in Berlin), Höllen- und Spukbilder weniger die fortschrittliche Bedeutung jener anderen Bildgattungen, als vielmehr den Reiz des Virtuosen oder des stofflich Wunderbaren, weshalb sie der Gegenstand eifriger Sammeltätigkeit wurden: Der Prado besitzt über fünfzig dieser kleinen Tafeln, die Münchener Galerie vierzig u. s. f. Unermüdlich war Brueghel in gemeinschaftlichen Arbeiten mit anderen, wobei er teils Figurenmalern wie Balen, Rottenhammer, Francken mit der Landschaft aushalf, teils Landschaften von Momper und Wildens oder Architekturstücke von Neeffs mit seinen bunten, beweglichen Figürchen ausstattete (Abb. 8).

Brueghels miniaturhaftes Landschaftsbild mit seiner genremäßigen Ausschmückung rief nicht bloß unmittelbar, sondern bis ins 18. Jahrhundert hinein eifrige Nachahmungen ins Leben, von denen freilich keine dem technischen Reiz des Vorbildes nahekam. Außer seinem gleichnamigen Sohn hat sich Jan van Kessel (1626—1679) eng an den Meister

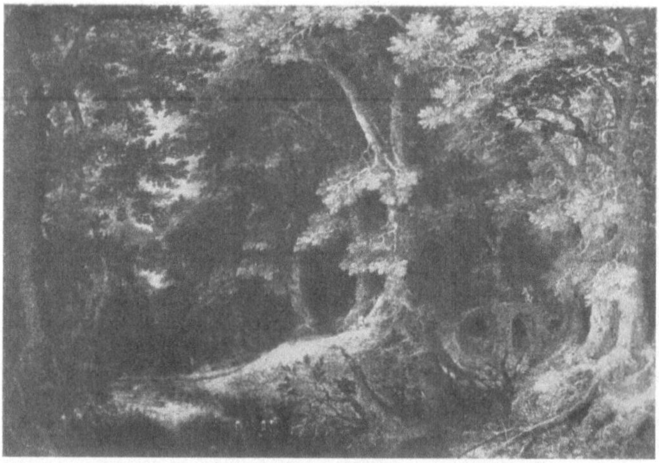

Abb. 5. **Gillis van Coninxloo, Waldlandschaft.** Wien. Fürst Liechtenstein.

geschlossen, was seine zyklischen Darstellungen der vier Weltteile von 1664—1666 in Schleißheim beweisen; ferner ein gewisser Gysels, der nach seinen ganz konservativen Landschaften in Dresden und München mit dem Stillebenmaler desselben Namens nicht identisch sein kann; Abraham Govaerts (1589—1626) mit seinen prächtigen Waldlandschaften von 1612 im Haag und in Schwerin und Adriaen Stalbemt (1580—1662), dessen Landschaften in Leipzig, Amsterdam und Florenz als selbstständige Abkömmlinge von Brueghel gelten können, während seine geleckten mythologischen Bilder in Dresden die zierlichen Kompositionen des älteren Meisters in leerer Spielerei fortzusetzen suchen. Ein nicht klar zu ermittelnder Künstler, der die phantastische Landschaft im Stil des frühen Jan Brueghel mythologisch verbrämt und damit den frühen Arbeiten Coninxloos naherückt, ist Kerstiaen de Keuninck, von dem sich um die Jahrhundertwende eine Küstenlandschaft mit den „Geißeln der Menschheit“ im Genter Museum, eine groß gedachte Gebirgsvedute in Wien und ein paar Waldlandschaften nachweisen lassen. — Die Form, in der Brueghels Kunst am Ende des 17. Jahrhunderts neu auflebte, wird uns im Zusammenhang mit der späteren flämischen Landschaftsmalerei beschäftigen.

Gerade die Vielseitigkeit Brueghels verhinderte, daß er die Isolierung der Landschaft als solcher endgültig durchsetzte. Der entscheidende Schritt dahin geschah durch die einseitigere, aber intensivere Begabung des Gillis van Coninxloo aus Antwerpen (1544—1607). Frei von jedem sittenbildlichen Interesse sagt er sich allmählich auch von den vagen Fernblicken los, die Jan Brueghel noch so gern in blauen Tönen vortäuscht, und findet in beschränkteren Naturausschnitten, namentlich in der Schilderung des dichten Waldes, ein eigenes Gebiet, in dem er nicht bloß endgültig der Landschaft alle genrehaften Zugaben zu entziehen wagt, sondern auch ein zwar schüchternes, aber doch ganz persönliches Empfinden für die trauliche Stimmung des Dickichts vernehmen läßt. Die große, noch panoramaartige Landschaft mit dem Urteil des Midas in Dresden (1588), der die von C. J. Visscher gestochenen Bilder noch vorausgehen dürften, und die Waldlandschaften der Liechtenstein-Galerie (1604 Abb. 5) und in Straßburg, die frei von aller mythologischen Ausschmückung in schlichten Formen das Geschaute bildmäßig gestalten, kennzeichnen markant den Ausgangs- und Endpunkt von Coninxloos Entwicklung. Seine äußeren Lebensumstände waren insofern bedeutungsvoll, als er wegen seines Glaubens 1585 Antwerpen verlassen mußte, eine zehnjährige Verbannung vorwiegend in Frankenthal verbrachte, wo sich eine ganze Schar gleichgesinnter Künstler um ihn sammelte und endlich nach Amsterdam übersiedelte. Damit war die Frucht seines Wirkens für sein Vaterland verloren, kam aber der holländischen Malerei zugute, deren mächtig einsetzender Drang nach freier Äußerung der Persönlichkeit seiner Naturanschauung ohnehin viel weiter entgegenkam, als die konservativere Sinnesart der belgischen Kunst.

Den zweiten bedeutsamen Schritt zur »neuen Landschaft« vollzog Adam Elsheimer (1578—1610) aus Frankfurt. Obwohl Deutscher, der die Niederlande nie besucht hat, steht Elsheimer doch in mehr als einem Sinn in Beziehung zur niederländischen Kunstgeschichte und kann bei ihrer Betrachtung nicht übergangen werden. Die erste Anregung empfing er nicht so sehr von seinem Lehrer Philipp Uffenbach, als durch den eben erwähnten Kreis flämischer Emigranten in Frankenthal. Seine Predigt Johannis in München beweist diesen Zusammenhang, zeigt aber Elsheimer an Schärfe der Beobachtung sowohl in der Vegetation als in den staffierenden Figuren jenen Flamen, von denen nach Coninxloo Pieter Schoubroeck (um 1570—1607) die markanteste Persönlichkeit war, schon wesentlich überlegen. Seine volle Eigenart sollte sich jedoch erst in Rom entfalten, wo er kurz vor 1600 ansässig wurde. Mit einer für den Nordländer ganz ungewöhnlichen Sicherheit im klassischen Bildaufbau schildert er auf kleinen Kupfertäfelchen hügelige Landschaften, in denen er das Terrain oder die gruppenweise zusammengefaßten Bäume als abgewogene Massen bildmäßig aufteilt, ohne daß bei diesem stark formalen Zug seine Naturbeobachtung an Frische irgendwie einbüßte. Mit tiefem Verständnis schildert er die Mannigfaltigkeit der Vegetation in einzelnen Bäumen sowie in ganzen Wald- oder Wiesenabhängen, zwischen denen die scharf gezeichnete figürliche oder architektonische Staffage den für die Aufnahme der Gesamtwirkung maßgebenden Punkt bezeichnet. Arbeiten dieser Art, die in Elsheimers Schaffen vorwiegen, treffen wir besonders in Berlin, Kassel, Dresden, Braunschweig, Florenz, Leipzig u. a. O. Sein Meisterwerk, die Flußlandschaft mit dem heiligen Christoph im Berliner Museum, kann mit Recht zum Tiefsten, Vollendetsten gezählt werden, was die gesamte Landschaftsmalerei des Nordens aufzuweisen hat. Das silberklare Licht durchflutet die überreiche Fülle von gegenständlicher und farbiger Anschauung mit einem einheitlichen Glanz, der die Wirkung des Bildes weit über seine bescheidenen Dimensionen hinaushebt. Die schlagende Wirklichkeit, die sich hier mit freiester Anmut zu einer bisher noch nicht geahnten Intensität der Naturschilderung vereint, läßt begreifen, daß Elsheimers Einfluß sich auf die Zeitgenossen aller Nationen erstreckte; und zwar wurden die Niederlande, vorzüglich allerdings Holland, am reichsten von ihm befruchtet.

Von den flämischen Landschaftsmalern schließt sich zunächst Paul Bril (1554—1626) an Elsheimer an. Matthäus Bril (1550—1583), der Pauls erster Lehrer gewesen sein soll, war seinem Bruder an Begabung sehr unterlegen. Seine einzigen beglaubigten Arbeiten, die Fresken in der Galerie der Landkarten im Vatikan, zeigen ihn zwar als lebhaften Schilderer von festlichen Aufzügen, in seinem eigentlichen Fach aber, der Landschaft, scheint er, nach den Stichen von Frisius und Hondius zu urteilen, über das seit Mathys Cock nur wenig abgewandelte Schema nicht hinausgekommen zu sein. Ganz anders sein Bruder Paul. Seine frühen Arbeiten in den Arkaden des Lateranpalastes (1589) leiden zwar noch an der unübersichtlichen Vielheit des Gegenständlichen, zehn Jahre später aber hat er in den großen Landschaften in S. Cecilia eine sichere, einheitliche Haltung gewonnen, indem er sich der pathetischen Baumlandschaft anschließt, die Girolamo Muziano in der Mitte des Jahrhunderts zur hohen Bewunderung der Zeitgenossen in Rom aufgebracht hatte. Überhaupt scheint der Einfluß dieses römischen Künstlers gerade auf die flämischen Zeitgenossen viel bedeutender gewesen zu sein, als es seine geringe Würdigung in unserer Zeit vermuten läßt. In seinen Fresken der Villa d'Este in Tivoli oder in dem großartigen Gemälde mit den

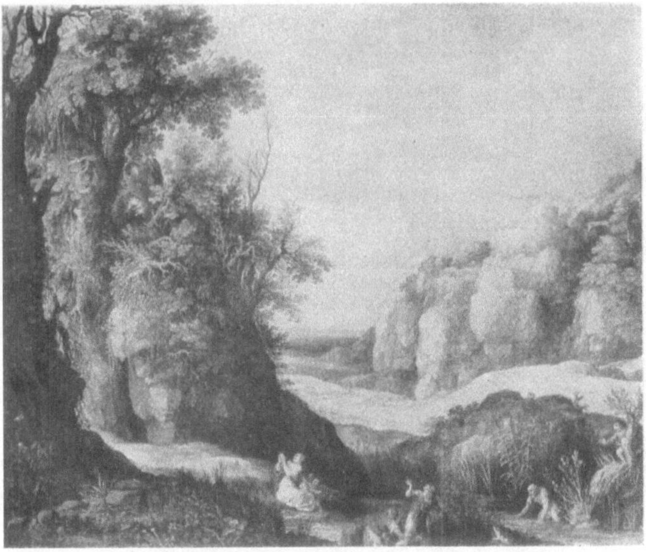

Abb. 6. **Paul Bril, Landschaft mit Latona.** Berlin.

Eremiten Antonius und Paulus in S. Maria degli Angeli (zwischen 1572 und 1587 für St. Peter gemalt), verwendet er nicht bloß den typisch detaillierenden Baumschlag, den die niederländischen Landschafter erst am Ende des Jahrhunderts annehmen, sondern auch das kühle, zum Blaugrün neigende Kolorit, das man als ein ausschließliches Charakteristikum der flämischen Landschaft anzusehen pflegt.

Neue Gesichtspunkte empfing Bril um 1600 durch die Berührung mit Elsheimer, den er zunächst unmitelbar nachahmt, wie in der prächtigen Berglandschaft von 1606 in Turin oder in der ähnlichen mit Latona im Berliner Museum (Abb 6). Später gelangt er zu einer selbständigen dekorativen Gestaltung der Landschaft mit starken, einheitlichen Lichteffekten, worin er zwar Elsheimer an Zartheit und Reiz weit nachsteht, jedoch für die weitere Entwicklung der heroischen Landschaft durch Claude und Poussin nicht ohne Bedeutung geblieben ist. Diese letzte Phase setzt um 1610 mit den Fresken im Rospigliosi-Palast ein und führt zu den in großen Formen aufgebauten Landschaftsbildern in Dresden (1624), Paris (1624), Wien u. a. O. Einen Nachahmer von großem Geschick fand Bril in Martin Ryckaert (1587—1631), dessen klar aufgebauten Gebirgs- und Flußlandschaften man in Florenz und Hannover begegnet.

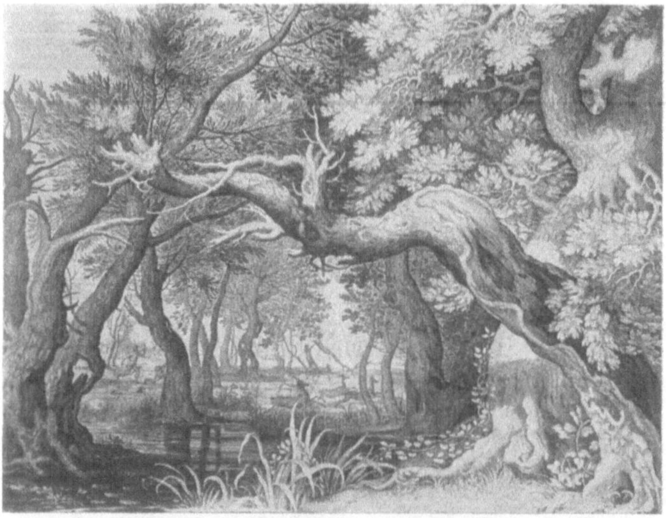

Abb. 7. **Stich nach Roelant Savery, Waldinneres.**

Die Vedute, namentlich von römischen Bauten und Merkwürdigkeiten, die als solche in der Mitte des Jahrhunderts durch Hendrik van Cleve in Schwung gebracht, von Bril aber etwas weitschweifig behandelt und mit zerstreuendem Beiwerk ausgeschmückt worden war, führt Willem van Nieulandt (um 1584—1635) zu sachlicher Anschaulichkeit. Seine römischen Ansichten in Wien, Kopenhagen, Antwerpen, Budapest und Pommersfelden, noch mehr aber seine Radierungen waren geeignet, dem nordischen Publikum einen recht lebhaften Begriff von den wichtigsten Punkten der ewigen Stadt zu vermitteln.

Wie Coninxloo und Bril war auch der dritte Vertreter der reinen Landschaft in dieser Übergangszeit, Roelant Savery (1576—1639), durch Auswanderung, zunächst nach Deutschland, dann nach Holland, der Kunst seines Vaterlandes als treibende Kraft entgangen. Savery beansprucht durch seine Alpenlandschaften sowie durch seine Priorität im Blumen- und Tierstück ein gewisses ikonographisches Interesse, neben dem das künstlerische allerdings nur eine geringe Rolle spielt. Über seine nüchternen Stilleben und bis zum Überdruß wiederholten Orpheus- und Paradiesbilder, in denen er Gelegenheit zur Darstellung von Tieren suchte, pflegt man jedoch den genießbarsten Teil seines Schaffens, seine romantischen, von Ägidius Sadeler u. a. gestochenen

Landschaften ungebührlich zu vergessen, in denen er sich, fast noch mehr als Coninxloo, als Vorläufer von Jakob Ruysdael erweist. (Abb. 7.)

Noch ausschließlicher als Savery scheint der Mechelner Pieter Stevens (gest. um 1620) seine Kräfte dem kunstliebenden Rudolf II. gewidmet zu haben, der überhaupt zur Sättigung seiner Sammelleidenschaft, was die zeitgenössische Kunst anlangte, im wesentlichen die Niederlande bevorzugte. Während die von Bara gestochenen Monatsbilder von Stevens, sowie seine Landschaft in Braunschweig stark am inhaltlichen, erzählenden Interesse festhalten, herrscht in den von Markus und Ägidius Sadeler gestochenen Landschaften — meist Waldbildern — der stimmungsmäßige Gesamteindruck mühelos vor. Eine sehr bewegliche, fast noch mehr auf drastische Sittenschilderung, als auf die Landschaft gerichtete Begabung besaß der ebenfalls aus Mecheln gebürtige David Vinckeboons (1578—1629), der jedoch schon als Kind nach Amsterdam kam und sein ganzes Leben in Holland verbrachte; in seinen reinen Landschaften, wie in dem Waldbild der Augsburger Galerie (dort als Keirincx) sucht er mit Erfolg auf die von Coninxloo gegebenen Gesichtspunkte einzugehen. Ein spät geborener Anhänger der Brueghel-Coninxlooschen Landschaft ist endlich Alexander Keirincx (1600—um 1652), der etwa als Dreißigjähriger ebenfalls Antwerpen verließ, um in England und Holland seinen Erwerb zu suchen. Schon in seinen Arbeiten von 1620 und 1621 in Dresden und Braunschweig (Nr. 182), die nach Farbe und Auffassung an Jan Brueghel anknüpfen, ist ihm der zeichnerisch scharf durchgebildete, strähnige Baumschlag eigentümlich, den er zunächst noch, namentlich in einer Landschaft des Schweriner Museums, kleinlich und trocken vorträgt, während er ihn später in dem »Eichenwald« von 1631 in München und noch mehr in den von Poelemburg mit pikantem Geschmack staffierten Landschaften in Schleißheim, Braunschweig (Nr. 182) und Haag durch eine einheitliche tonige Haltung von einschmeichelnder Zartheit malerisch bewältigt. In seinen letzten Werken, wie in der Abendlandschaft von 1640 in Braunschweig (Nr. 183), bekennt er sich endlich ganz zu der von Elsheimer abhängigen Utrechter Schule, die er, nach seinem häufigen Zusammenarbeiten mit Poelemburg zu schließen, an Ort und Stelle kennen gelernt haben muß.

Der einzige flämische Landschafter der vorrubensschen Generation, der als Förderer für die heimatliche Kunst von Bedeutung bleibt, ist Josse de Momper (1564—1635). Seine strichelnde Pinselführung erinnert in sehr viel breiter und gröber an Jan Brueghel, während sich seine Farbskala, nament-

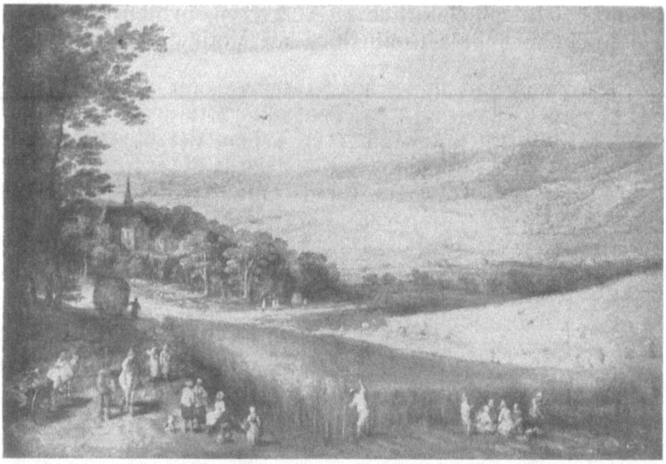

Abb. 8. **Joos de Momper und Jan Brueghel, Der Sommer.** Kristiania, Chr. Langaard.

lich in der frühen Zeit, nur wenig von der des zarteren Genossen unterscheidet, so daß die nicht seltenen gemeinsamen Arbeiten der beiden Künstler, z. B. in Pommersfelden und Kopenhagen, in denen Brueghel die Staffage übernimmt, einen besonderen, harmonischen Reiz besitzen (Abb. 8). Was Mompers Charakter als typisch flämisch in fühlbaren Gegensatz zu seinen nach Holland ausgewanderten und dort akklimatisierten Landsleuten setzt, ist der großzügige Aufbau seiner Landschaft, dem fast bis zur Verarmung jedes Detail zum Opfer fällt. Gerade die größten holländischen Landschaftsmaler haben der Bildwirkung auf die Ferne keinen Wert beigemessen, während sie für alle Gattungen der flämischen Malerei immer maßgebend war. Die kulissenhafte Anordnung, die seit Patinir die niederländische Landschaft beherrschte und mit der man sich aus der Verlegenheit der farbigen Perspektive zu helfen suchte, versieht zwar auch bei Momper noch diese primitive Funktion, doch wird sie mit ihren braunen, grünlichen und tiefblauen Flächen zu einer Bildform von starkem dekorativen Wert ausgebaut und in dieser Weise später noch von Rubens, bezw. von seinen Landschaftsspezialisten weitergeführt.

Schon in seinen frühsten Arbeiten fällt der eigentümliche Farbauftrag in energischen, kurzen Strichen auf, obgleich er sich bei den meist fein detaillierten Vorwürfen nur schwer frei entfalten kann. Beispiele dieser frühen Arbeitsweise sind der Turmbau zu Babel in der Sammlung Cremer in Dortmund und eine brennende Burg bei Herrn Dr. Mannheimer in

München, die mit italienischen Figuren staffiert und auf Nußholz gemalt ist, also augenscheinlich noch vor 1590 in Italien entstand, wo sie auch erworben wurde. Um die Jahrhundertwende stand Momper in jeder Beziehung stark unter dem Einfluß Brueghels; die vier Jahreszeiten in Braunschweig lassen nicht bloß inhaltlich, sondern auch in ihren zahlreichen drastisch vorgetragenen Einzelheiten den Zusammenhang mit der Generation des alten Pieter Brueghel und Lukas van Valckenborchs durchblicken. Hierauf folgen die großzügigen, einheitlich angelegten Gebirgslandschaften, die fast in allen größeren Galerien vorkommen, namentlich in Antwerpen, Braunschweig, Dresden, Augsburg, Wien. An das Ende seiner Laufbahn sind die zwar flüchtigen, jedoch höchst wirkungsvollen Landschaften zu setzen, die sich mit einem kleinen Gesichtswinkel begnügen, dafür aber in einer einfachen, mit Gestrüpp bewachsenen Böschung die monumentale Größe besitzen, die wir in der »Schlucht« des Wiener Hofmuseums (Nr. 986) bewundern.

Momper hat augenscheinlich eine ganze Anzahl von Nachfolgern gefunden, zu denen wir seinen Sohn Philipp Momper (gest. um 1635), vor allem aber Gysbrecht Lytens zählen müssen; von der Hand des letzteren besitzt das Braunschweiger Museum eine vorzügliche, in der zeichnerischen Bewältigung und der Lichtführung Momper fast überlegene Gebirgslandschaft mit aufziehendem Gewitter. In diesem Zusammenhang sei auch Tobias Verhaecht (1561—1631) genannt, der eigentlich nur dadurch bemerkenswert ist, daß Rubens von ihm die ersten Unterweisungen in der Malerei erhielt. In seiner Gebirgslandschaft mit Kaiser Maximilian an der Martinswand in Brüssel erweist er sich als ein dürftiges Talent, das im Fahrwasser der Coninxloo und Momper mittreibt. Eine Sonderstellung nimmt Lodewyck Toeput ein (um 1550—1610), der sich mit etwa dreißig Jahren dauernd in Treviso niederließ und hier Gartenfeste in der Technik und Farbengebung Tintorettos (Bergamo und Cassel), gelegentlich auch phantastische Gebirgslandschaften malte, von denen das Kestner-Museum in Hannover eine Probe besitzt.

Neben der Landschaft war das *Stilleben* durch das kühne Vorgreifen Pieter Aertsens und seines Nachfolgers Joachim Bueckelaer schon früh zur Selbständigkeit gelangt. Was wir im weiteren Verlauf des Jahrhunderts an Stilleben finden, die schon erwähnten Blumenstücke Saverys und Brueghels, sind gelegentliche Einzelerscheinungen, die für die Entwicklung der Gattung wenig bedeuten. Die fortlaufenden Fäden führen vielmehr von Aertsen unmittelbar zu Rubens; in seinem Schaffen liegen die Voraussetzungen für

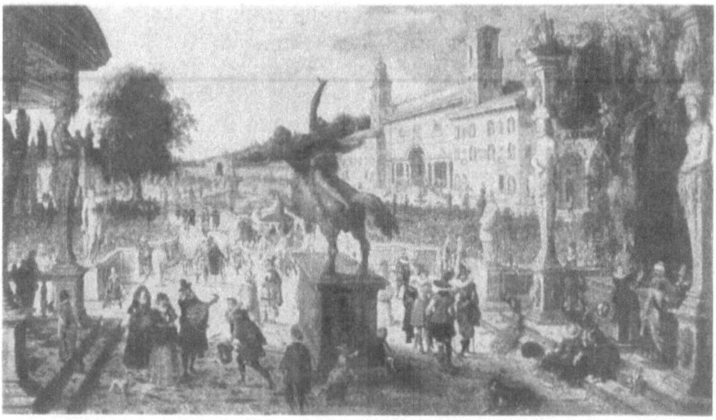

Abb. 9. **Sebastian Vrancx, Italienischer Park.** Neapel, Museum.

die Erneuerung des flämischen Stillebens, dessen Betrachtung im Zusammenhang einem späteren Kapitel vorbehalten bleiben soll.

Ähnlich wie mit dem Stilleben verhält es sich mit dem *Sittenbild.* Der Eindruck von Pieter Brueghels Schöpfungen war zu überzeugend und gewaltig, als daß sich auf diesem Gebiet so bald wieder neue Anschauungen hätten durchsetzen können. Nächst dem jüngeren Pieter Brueghel, der sich über talentlose Nachahmungen seines Vaters selten erhob, und dem sehr viel ursprünglicheren Abel Grimmer vertritt den Sinn für die volkstümliche Burleske Anton Sallaert (um 1576—1648), sofern ihm nämlich die Prozessionsbilder in Brüssel und Turin, von denen namentlich das letztere eine köstliche Frische der Charakteristik und des malerischen Vortrags besitzt, mit Recht zugeschrieben werden. Er berührt sich hier eng mit Denis van Alsloot, den wir in Anbetracht seiner vorwiegenden Tätigkeit als Landschaftsmaler in einem anderen Zusammenhange (S. 176) behandeln. Ein besonderes Genre schuf sich Sebastian Vrancx (1573—1647) in seinen Reitergefechten und Räuberüberfällen (in Gotha, Madrid, Aschaffenburg, Braunschweig), die er mit derber Technik in altertümlicher Färbung flott und lebensvoll vorträgt. Wieweit er hierin selbständig verfährt und was er seinem gerühmten Vorgänger in diesem Fach Jan Snellinck (vor 1550—1638) zu verdanken hat, ist nicht mehr festzustellen, da sich von letzterem nur noch einige religiöse Darstellungen von geringem Wert erhalten haben.

Sein Sohn, Gerard Snellinck (1577—1669), steht in seinen Reitergefechten in Wien (Galerie Liechtenstein, Sammlungen Fleischer und Marquet) auf einer Stufe mit Vrancx und ist von diesem schwer zu unterscheiden. Ganz allein steht Vrancx mit seinen Gartenfesten, die sich durch ihren feinen Aufbau und die unbefangene Frische der Beobachtung auszeichnen (Abb. 9).

Im Gegensatz zum Sittenbild und zum Stilleben fällt die Ausbildung des *Architekturstückes*, soweit sie überhaupt den südlichen Provinzen angehört, vor das Auftreten von Rubens, das heißt sie kommt nicht über den von Hendrik Steenwyck d. J. im Anfang des 17. Jahrhunderts festgelegten Typus hinaus, während sie in Holland zu dieser Zeit erst einsetzt und sich in den folgenden fünfzig Jahren zu glänzenden Erscheinungen steigert. Ähnlich wie die Landschaft entwickelt sich auch das Architekturbild vom Phantastischen zum Wirklichen, vom Fernliegenden zum Nächst-Gegebenen. Mit der echt niederländischen Freude an kunstreicher Spielerei entwirft Hans Vredeman de Vries (1527—nach 1604) seine architektonischen Konstruktionen, von denen das Berliner Kunstgewerbemuseum ein charakteristisches Beispiel besitzt, so rein spekulativ und ohne jede reale Anschauung, daß sie eigentlich mehr der Geschichte der Architektur oder des Kunstgewerbes angehören, als der Malerei. Das nämliche gilt von dem nur durch zwei Bilder in Amsterdam und in schwedischem Privatbesitz bekannten Hendrik Aertsen, der von Vredeman de Vries kaum zu unterscheiden ist.

Den bedeutsamen Schritt zur Architekturmalerei auf Grund sachlicher Anschauung machte Hendrik van Steenwyck d. Ä. (gest. um 1603), ein geborener Holländer, der sich jedoch mit seinem Lehrer Vredeman de Vries vorwiegend in den südlichen Provinzen aufhielt und hier seine Kunst fortpflanzte. Steenwijck war ein echter, bahnbrechender Künstler; er führte die flämische Malerei zur wahrheitsgemäßen, vedutenhaften Raumschilderung, für die er die theoretischen Errungenschaften seines Lehrers nutzbar machte und sah als erster im architektonischen Raum nicht mehr einen Gegenstand perspektivischer Spielereien, sondern wahrer künstlerischer Gestaltung. In seinem frühsten erhaltenen Werk, dem Inneren des Domes von Aachen von 1573 in Schleißheim (Abb. 10), fällt die Mittelachse der Kirche noch mit der des Bildes zusammen, das Augenmerk richtet sich vor allem darauf, den Beschauer über den polygonalen Raum genau zu orientieren, und der ängstlich strengen Zeichnung entspricht die trockene, eintönig braune Farbe. Das imposante Innenbild von St. Peter in Löwen im Brüsseler Museum, das den Künstler in seiner vollen Reife zeigt und augenscheinlich erst nach

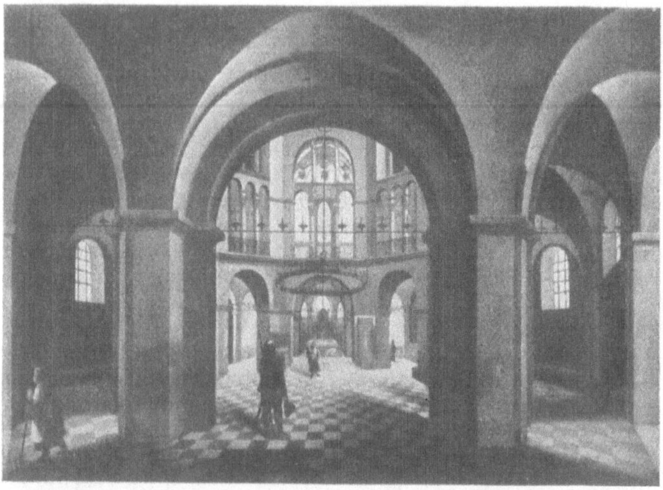

Abb. 10. **Hendrick van Steenwyck, Der Aachener Dom.** Schleißheim.

seinem Tode von Frans Francken mit Figuren ausgestattet wurde, bringt dagegen durch die Verschiebung der Mittelachse und den Einblick in die seitlichen Kapellen der Komposition eine anregende Mannigfaltigkeit, die durch wirkungsvolle Lichtführung zu einer großzügigen Bildform ausgebaut wird. Hendrick van Steenwyck d. J. (um 1580—1648) besaß nicht mehr den echt holländischen Sinn seines Vaters für die Unterscheidung von Lichtwerten und vermochte dessen Weg, der unmittelbar auf die malerische Gestaltung des Raumes führte, nicht weiter zu verfolgen. Er ist vielmehr ein flämischer Kleinmeister und erfreut sich an der zierlichen Verfeinerung des Details, die etwa dem Geist Jan Brueghels entspricht, der jedoch aller Sinn für koloristische Reize fehlt. Seine miniaturhaft ausgeführten Gewölbe- oder Kirchenbilder, die er gelegentlich, aber auch mehr spielerisch als auf künstlerische Anregung hin, bei Fackelbeleuchtung gibt, treffen wir in Wien (1605, 1621, 1637), Dresden, (1609 und 1613), München (1614), Cassel (1604 und 1621), Berlin (1648) u. a. O. Der Gedanke, seine perspektivischen Kunststücke als Hintergrund in Bildnisse einzuführen, wie in dem lebensgroßen Bild Karls I. von Mytens in Turin und den ähnlichen kleinen in Dresden, ging augenscheinlich nicht von ihm selber, sondern vom Porträtisten aus.

Die ohnehin schon trockenen Formen Steenwycks d. J. werden von seinem Schüler Pieter Neeffs d. Ä. (um 1578

— nach 1657) und dessen Söhnen Lodewyck (geb. 1617) und Pieter (geb. 1620) bis in die zweite Hälfte des 17. Jahrhunderts phantasielos fortgeführt. Die zahlreichen Arbeiten des Vaters besitzen den Reiz gediegener handwerklicher Ausführung, bei seinen Söhnen aber, namentlich bei Pieter, verliert das Architekturbild überhaupt jede künstlerische Note; das Kircheninterieur bietet sich unter der schematischen Form eines Querschnittes mit perspektivischer Tiefenentwicklung dar und sinkt auch farbig zum trockenen Architekturprospekt herab. Noch Anton Gheringh, ein geborener Deutscher, der in Antwerpen 1668, scheinbar jung, verstarb, scheint mit seinen Innenansichten der Jesuitenkirche in Wien, München und Dresden in dieser veralteten, durch ihre Sachlichkeit allerdings sehr genau orientierenden Form Beifall gefunden zu haben. Ein eigentümliches Gepräge erhält das flämische Architekturbild nur noch einmal in den großzügigen Kirchenstücken des ebenfalls aus Deutschland gebürtigen Wilhelm Schubert von Ehrenberg (um 1637—1676). Zwar geht auch er in den Bildern in Wien (1646), Antwerpen (1666) und Brüssel (1667) auf die malerischen Probleme, die der Gegenstand bietet, nur zurückhaltend ein, allein der theatralische Prunk seiner Innenräume und der Versuch, durch fein beobachtete Lichteffekte ihre Mannigfaltigkeit zu erhöhen, bringt immerhin eine dem späten Barock angemessenere Form des Architekturbildes zustande, als sie in den Erzeugnissen der Neeffs vorliegt.

Wir sind in dem vorliegenden Kapitel stellenweise schon weit ins 17. Jahrhundert gedrungen, ohne jedoch dem Hauptteil unserer Betrachtung irgendwie vorzugreifen. Ihren wesentlichen Stempel erhält die flämische Malerei erst durch das Auftreten von Rubens, und was von der älteren Tradition her selbständig im 17. Jahrhundert fortbesteht, erhebt sich nie über den Wert von Begleiterscheinungen.

Es war schon berührt worden, daß die starken Ansätze der Flamen in den einzelnen Bildgattungen, namentlich in der Landschaft, ihre volle Blüte erst in Holland erlebten. Der Grund dafür liegt aber nicht bloß in der verhängnisvollen Schwächung, die die südlichen Provinzen durch das Auswandern ihrer besten Kräfte erlitten, sondern mit Rubens gelangte das eigentliche Gebiet des Romanismus, das Figurenbild großen Stiles, mit so erdrückender Übermacht zur Herrschaft, daß alle übrigen Bildgattungen daneben zurücktreten mußten. Van Manders Ausspruch, nur in den großen figürlichen Kompositionen käme »die geistige Kraft unserer Kunst« recht zum Ausdruck, wird durch Rubens, in dem die alte niederländische Sehnsucht nach Vermählung mit der südlichen Form ihre Erfüllung findet, eigentlich erst dauernd bestätigt. Im Romanismus reinen Stils also, nicht in den dem niederländischen Geist eigentümlicheren Abarten der Landschaft, des Stillebens und des Sittenbildes, liegt die treibende Kraft, die, im Gegensatz zur holländischen, die flämische Malerei des 16. Jahrhunderts zu ihrem Höhepunkt im 17. führen sollte.

Peter Paul Rubens (1577—1640).

Die Tatsache, daß die flämische Kunst des 17. Jahrhunderts, mit Rubens an der Spitze, als monarchisch konstituiert der republikanischen, partikularistischen des nördlichen Schwesterlandes gegenübersteht, ist schon längst erkannt und mit Recht auf die fast gegensätzliche politische und kirchliche Verfassung der beiden Länder zurückgeführt worden. Bei dieser Auffassung muß aber dem Begriff des Alleinherrschenden eine viel stärkere Tragweite zugemessen werden, als er sie im gesellschaftlichen Leben je besitzen kann. Rubens bestimmt das Schicksal der flämischen Malerei, mit ihm steht und fällt ihr Glanz, ja ihre Individualität schlechthin. Er tritt zunächst das Erbe des Romanismus an, d. h. er übernimmt die Verpflichtung gegen alle die Bemühungen, durch die seine Vorgänger in fast hundertjähriger Arbeit die Kunst des Südens in ihre Heimat zu verpflanzen gesucht, und damit den Geschmack nach klassischen Normen orientiert hatten. Indem er sich zunächst ohne jede Neuerungslust in dieser Kunst aus zweiter Hand zur führenden Kraft aufschwingt, gewinnt er eine Autorität, die ihm das unbedingte Vertrauen seines Publikums sichert, auch als er als Dreißigjähriger seinen eigenen Weg einzuschlagen beginnt. Die unabhängige Entwicklung der einzelnen Bildgattungen, die wir als Symptom für die neue Zeit gerade in den südlichen Niederlanden hatten feststellen können und die im Laufe des 17. Jahrhunderts in Holland zu so wunderbar mannigfaltigen Erscheinungen führte, wird durch seine erstaunliche Vielseitigkeit wieder zu einem universalen Weltbild zusammengefaßt und lebt, dank dem unwiderstehlichen Einfluß seiner Person, auch bei den Spezialisten, bei Tier- und Landschaftsmalern, nur als ein Teil seiner Anschauung weiter.

Die sinnreiche Methodik seiner Arbeitsweise erlaubt ihm, seine Leistungsfähigkeit durch Zuziehung helfender Kräfte beliebig zu erweitern, und als er vollends durch eine von ihm selbst geschaffene und in genialer Weise ausgenützte Stecherschule in der breiten Masse des Publikums sowie in den fernsten Ländern Fuß zu fassen begann, waren seiner Machtstellung keine Grenzen mehr gezogen, um so weniger, als er diese Tyrannis nicht bloß durch die Gewalt seiner künstlerischen Fähigkeiten, sondern mit liebenswerter Menschlichkeit und tiefer Geistesbildung ausübte. Einen Blick in das Geheimnis dieser unerhörten Macht gewährt uns das reiche Brief- und Urkundenmaterial, das von einem einzigartig glücklichen Ineinanderwirken künstlerischer Begabung und menschlicher Überlegenheit in allen Lebenslagen Zeugnis gibt.

In der Tat hält Rubens, noch kaum von seinen Wanderjahren im Süden zurückgekehrt (1608), das Schicksal der flämischen Malerei in seiner Hand. Schon zwei Jahre später war sein Atelier mit Schülern überfüllt, und von jetzt an dringt durch seine Werke selbst, oder mit dem Ausschwärmen seiner Schüler sein Einfluß durch alle Schichten des künstlerischen Schaffens in Belgien, so daß selbst bedeutende Talente wie van Dyck, Jordaens und Snyders ihre Selbständigkeit nur noch bedingt zu wahren vermögen und nur in Rücksicht auf ihr Verhältnis zu ihm im gesamten Zusammenhang der flämischen Kunstgeschichte richtig eingeschätzt werden können.

Rubens war als Sohn des in Verbannung lebenden Antwerpener Schöffen Jan Rubens in Siegen am Rhein geboren. Die Erziehung durch eine hochherzige, selbstverleugnende Mutter, die nach dem Tod des Gatten mit ihren beiden Söhnen nach Antwerpen zurückkehrte, war für ihn bedeutungsvoller als seine ersten Lehrer Tobias Verhaecht und Adam van Noort. Sogar Otto van Veen, damals der erste Vertreter des Romanismus in Antwerpen, hat nur im allgemeinsten Sinn auf den jungen Künstler wirken können, insofern er ihm die Leitsätze jenes kühlen Akademismus, den das 16. Jahrhundert ausgebildet hatte, in reinster Form übermittelte. Wir kennen zwar keine Arbeiten von Rubens aus jener Zeit, da die Zuschreibung einer Kopie nach van Veen im Kölner Museum wenig Wahrscheinlichkeit für sich hat und die Datierung des angeblichen Selbstbildnisses (früher bei Frau Hymans in Brüssel) nicht zutrifft, doch lassen seine in Italien (1600—1608) entstandenen Werke keinen Zweifel über die Treue seiner romanistisch eklektischen Gesinnung. Überraschend schwerfällig und wenig eigenartig tritt uns der Fünfundzwanzigjährige in drei größeren Kompositionen entgegen, die 1602 für die Kirche S. Croce in Rom entstanden. Augenscheinlich lag damals die Gestaltung einzelner typischer Figuren, wie er sie in den 1603 gemalten Aposteln im Prado aufzustellen hatte, mehr im Bereich sei-

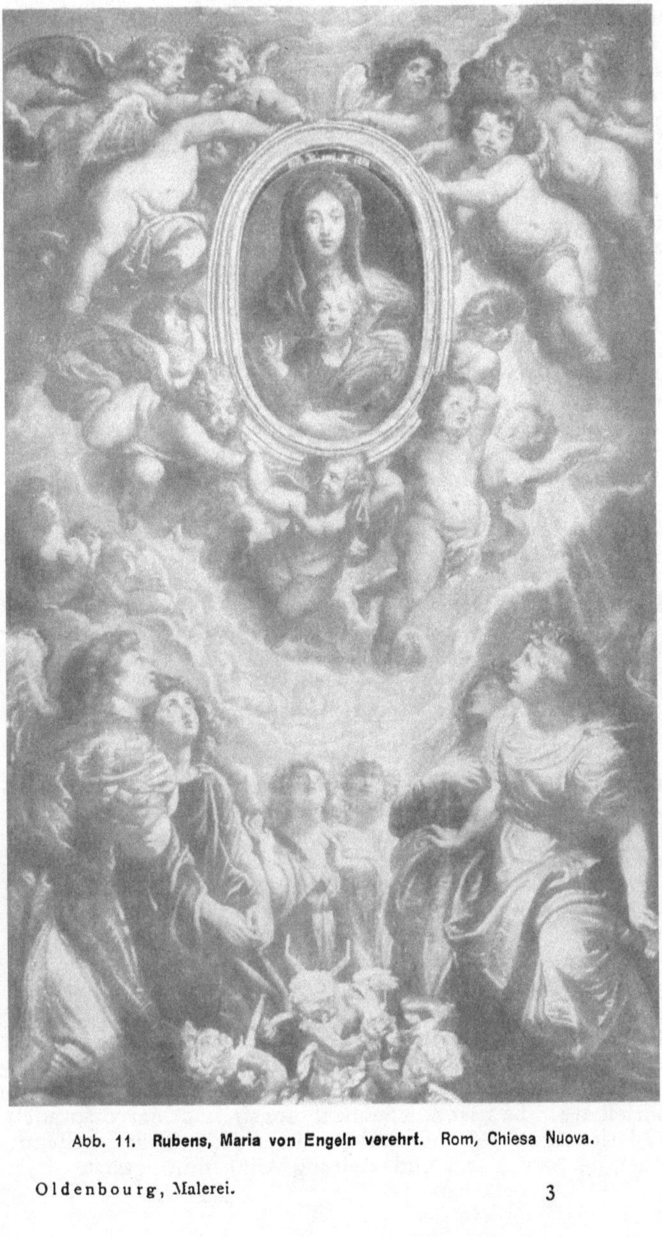

Abb. 11. **Rubens, Maria von Engeln verehrt.** Rom, Chiesa Nuova.

ner Fähigkeit; außerdem tritt gleichzeitig in dem prächtigen Reiterbildnis des Herzogs von Lerma eine ungewöhnlich großzügige und selbständige Begabung für das Bildnis zutage. In den Stifterbildern eines Altarblattes in Mantua von 1605 und in verschiedenen, vorzugsweise für genuesische Familien gemalten Bildnissen entwickelt sie sich in überraschend neuartigen Äußerungen fort bis zu dem köstlichen, bald nach der Heimkehr entstandenen Selbstbildnis mit der jungen Gemahlin in München, das seine künstlerische Ausdrucksweise im klarsten Einklang mit dem warmen, von aller Gefallsucht oder Gefühlseligkeit freien Empfinden zeigt (Abb. 23.). Die figürlichen Kompositionen der Jahre 1605—1608: die Taufe und die Verklärung Christi in Antwerpen und Nancy, die Beweinung der Galerie Borghese und die Beschneidung in Genua sind dagegen sehr viel befangener und abhängiger, in der Farbe von den Venezianern, in der Anordnung von Raffael, Michelangelo und vorübergehend auch von Correggio. Rubens schreitet damit den ganzen widerspruchsvollen Interessenkreis, in dem seine Vorgänger gelebt hatten, noch einmal persönlich aus, gewinnt aber erst bei seinem zweiten Aufenthalt in Rom (1606—1608) eine feste, eigene Richtung durch die Berührung mit Caravaggio, der sich der niederländischen Kunst ja so vielfach als Wesensverwandter erwiesen hat. Rubens war der erste und bei weitem der größte Niederländer, den sein Einfluß unmittelbar traf, und dementsprechend handelt es sich bei ihm auch nicht um spezielle Abhängigkeiten, wie wir sie bei anderen Antwerpener oder Utrechter Malern beobachten können, sondern um eine tiefer greifende, allgemeine Aufforderung, die abgebrauchten Formen des Cinquecento von sich zu werfen und sich dem starken, lebensfrohen Sinn für die Natur und ihre wechselvollen Erscheinungen zu überlassen, der ihm zwar angeboren, aber durch seine akademische Erziehung geflissentlich zurückgedrängt war. Nur durch den befreienden Impuls, den er von Carravaggios selbständiger Offenheit empfing, läßt sich der plötzliche Umschlag erklären, in dem auf die stilistisch stark gebundenen, etwas hohlen Altartafeln der Chiesa Nuova in Rom, die 1608 seine Tätigkeit im Süden abschlossen (Abb. 11), fast unvermittelt die große Epiphanie des Prado, die Susanne der Madrider Akademie, die »Große Judith« (nur noch in Galles Stich erhalten) und 1610 die Kreuzaufrichtung in der Antwerpener Kathedrale folgen, alles Werke, in denen eine ganz unmittelbare, fast rohe Beobachtungsfreude hervorsprudelt und sich immer grundsätzlicher über jede bisher geltende Rücksicht auf Form und Haltung kühn hinwegsetzt. Hier läßt Rubens zum ersten Mal seiner elementaren Schaffenskraft die Zügel schießen, zugleich aber genießt er schon jetzt die Früchte seiner tiefen literarischen und archäologischen Bildung, die ihm ein Verständnis für antiken Geist und ideale Gestaltung erschlossen hatte, wie es vor ihm kein Künstler nördlich der Alpen besaß. Wie erbärmlich klein erscheinen doch die mythologischen Szenen eines Vos, Goltzius oder Spranger neben dem freien Adel in der Gruppe von Venus und Adonis in Düsseldorf oder in der gewaltigen Juno des Kölner Museums!

Eine Steigerung an schöpferischer Eindringlichkeit schien kaum noch möglich, daher wendet Rubens sein Interesse auf neue Gesichtspunkte. War bisher bei der Art seines Produzierens alles, auch die Ausführung, von ihm persönlich und der Inspiration seiner Hand abhängig, so beginnt er seit 1612 eine künstlerische Sprache von allgemeinerer, gesetzmäßiger Ausdrucksweise zu suchen, die ihn instand setzen sollte, seine Stimme durch einen Chor geschulter Mitarbeiter beliebig zu verstärken. Wie weit er sich dieses Ziel frei und mit vorgefaßter Überlegung aufstellte und wie weit ihn die rasch zunehmende Überlastung mit Arbeit dazu zwang, wird kaum mehr zu entscheiden sein. Sicher ist nur, daß er die äußere Nötigung zu erhöhter Produktion als ein künstlerisches, nicht bloß als praktisches Problem auffaßte und gleich nach Vollendung der Kreuzaufrichtung zur Ruhe, Mäßigung ja schließlich zur akademischen Kälte vorübergehend einlenkt und damit wieder in engere Fühlung zu der älteren Kunst seines Landes zurückkehrt.

In einem besonders glücklichen Moment dieser plötzlich einsetzenden Reaktion, zwischen Leidenschaft und Überlegung, entstand 1611—12 die Kreuzabnahme in der Antwerpener Kathedrale. (Die Flügel erst 1614 vollendet.) Der tiefe Gehalt dieses Werkes, der feierliche, stumme Schmerz findet in dem klaren, auf die Dominante des herabgleitenden Leichnams eingestellten Linienspiel den edelsten formalen Ausdruck, hinter dem die Wirkung des wilden Kraftaufwandes in der Kreuzaufrichtung weit zurücksteht. Die zähe Bemühung um eine verfeinerte Durchbildung der einzelnen Linie sowohl als der ganzen Komposition führt zunächst zwischen 1612 und 1614 zu einer Reihe von indifferenten, ja frostigen Werken. Noch in die Zeit um 1611 gehören der recht schematische Seneca und der Tugendheld, beide in München. Im Jahre 1612 folgt das Moretus-Epitaph in der Antwerpener Kathedrale, die Verkündigung in Wien, ferner Jupiter und Kallisto (1613) sowie das Bild der Vier Götter in Kassel und eine große Anzahl von

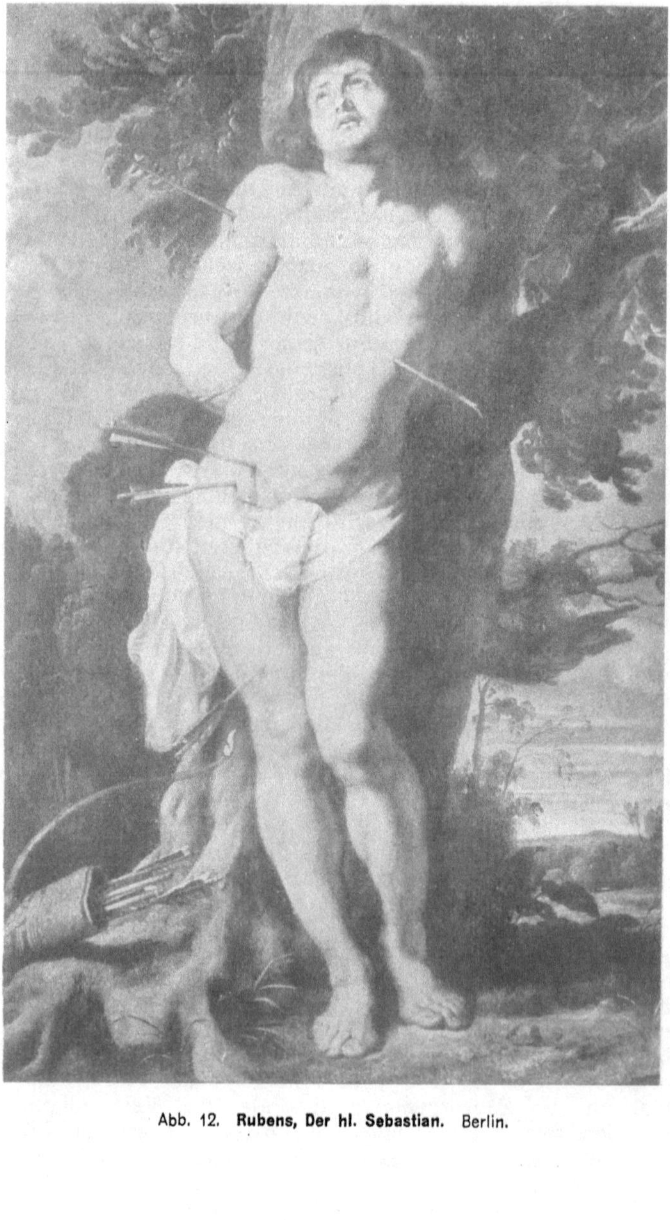

Abb. 12. **Rubens, Der hl. Sebastian.** Berlin.

Halbfigurenbidern, wie der Zinsgroschen der Sammlung Koppel in Berlin, die Ehebrecherin in Brüssel u. a. m. Bei dem akademisch überlegten Vortrag dieser Werke vollzieht Rubens die Ausprägung seiner persönlichen, willkürlichen Eigenheiten zu gesetzmäßiger Konsequenz, und mit dieser stilistischen Festigung reift gerade in den produktiv nur wenig erfreulichen, aber entwicklungsgeschichtlich höchst bedeutsamen Jahren 1611—1614 seine von jetzt an feststehende Typik der Form sowohl als der Farbe heran, jene allgemeine, immer treffende Ausdrucksweise, die zwar ihm persönlich gehört, in ihrer folgerechten Anwendbarkeit aber die Teilnahme anderer Individuen an seinen Arbeiten möglich machte. Wie Rubens das Bild des menschlichen Körpers rein nach seinem Formen- und Linienempfinden allmählich stilisiert, zeigt der prachtvolle Sebastian im Berliner Museum (um 1613; Abb. 12). Die unverhältnismäßig schweren Extremitäten und der kurze Hals mit dem gedrängt aufsitzenden Kopf ziehen alle Ausladungen des Körpers zu schweren Massen zusammen, die durch das energisch gewellte Gegenspiel der Umrisse rhythmisch gegliedert werden. In dem stürmischen Puls dieser gewundenen Linien schwingt neben einer fast leidenschaftlichen, übertreibenden Naturbeobachtung der starke stilistische Einschlag mit, das Nachklingen jener alten Manieristenschule, mit dem Rubens nun auch die Vegetation, ja sogar die Farbe durchdringt. Denn auch sie hat, namentlich im Inkarnat, das einerseits durch bläuliche Brechungen zu warmen Schatten abfällt, anderseits mit kalten Lichtern gehöht wird, eine feste, systematische Abwandlung des Tones gefunden.

Die Früchte dieser akademischen Bemühungen treffen wir unmittelbar in einer Anzahl sehr kunstreicher Kompositionen der Jahre 1615—1616, wie in der prächtig gebauten, etwas kühlen Gruppe von Neptun und Amphitrite in Berlin und ihrem Gegenstück, den vier Weltströmen in Wien, dem Jesusknaben mit seinen Gespielen ebenda (Abb. 13) und dem Früchtekranz in München: alle ganz beherrscht von der fest gefügten Symmetrie klassischer Kompositionen. Zugleich folgen, etwas freier in der Anordnung, die Töchter des Kekrops der Liechtenstein-Galerie, der Ixion im Louvre und die unvergleichliche Szene aus Boccaccios Novelle von Cimon und Efigenia in Wien, die beiden Madonnen im Pitti-Palast, sowie die der »Madonna unter der Eiche« von Raffael nachgebildete »Madonna mit dem Nähkorb« in Sanssouci. Erst durch diese Verpuppung in die scheinbar starren, kühlen Formen des romanistischen Klassizismus gewinnt Rubens die objektive Breite der künstlerischen Mittel, die eine Voraussetzung für die großzügige Arbeitsteilung seines Ate-

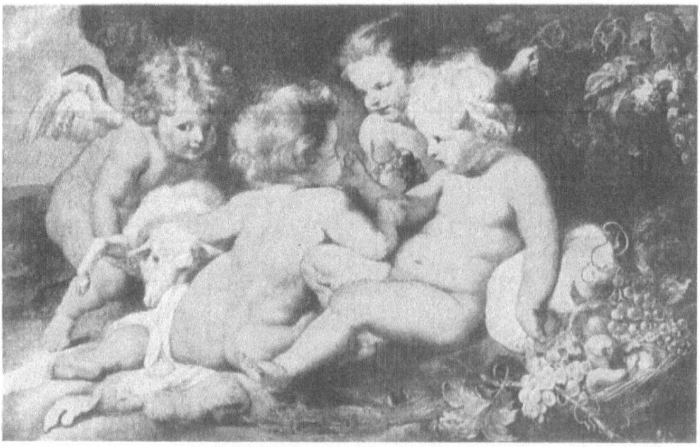

Abb. 13. **Rubens, Jesus mit seinen Gespielen.** Wien, Hofmuseum.

liers war. Zugleich aber rückt er selbst in einen Abstand vom Stofflichen, der ihn hinfort auch bei den Entladungen wütendster Leidenschaft dem Impuls des Gefühles nicht weiter folgen läßt, als es die freie, schöpferische Überlegung gestattet. Im Bewußtsein dieser neu erreichten Sicherheit entfaltet er nach 1615 plötzlich wieder in bunter Pracht und weiterem Umfang als vorher die ganze Fülle seines Innern. Schon in der köstlichen »Flucht nach Ägypten« von 1614 in Kassel glauben wir einem ganz anderen, jetzt rein barocken Künstler gegenüberzustehen, als in der Susanna aus dem nämlichen Jahre in Stockholm. Die Figuren sind nicht mehr für sich umrissen, sondern durch Farbe, Licht und Bewegung in die Landschaft getaucht. Mit der nämlichen Tendenz setzen bald darauf in den Jagdbildern und den Darstellungen der letzten Dinge die stärksten dramatischen Akzente wieder ein und führen zu einigen der gewaltigsten Schöpfungen des Meisters. In Schilderungen der höchsten Affekte, verzweifelter Kampfszenen, gräßlicher Höllenqualen strömt Rubens zwischen 1615 und 1620 einen geradezu titanischen Schaffensdrang aus. Die Wolfsjagd im Metropolitan-Museum zu New York dürfte ihrer sichtlichen Befangenheit nach zu den ersten Versuchen auf diesem Gebiet gehören. Bald folgt von wilder Erregung durchwühlt die Nilpferdjagd in Augsburg mit ihrer weitausladenden Tiefenentfaltung, kurz darauf die Wildschweinjagden in Marseille und Dresden, die Jagd auf Löwen und Tiger u. a. nur aus Stichen bekannte und endlich um 1618 die etwas überschätzte, wahrscheinlich von van Dyck ausgeführte Löwenjagd der Münchener Pinakothek. Wie es sich hier mehr um Kämpfe mit den Ungeheuern der Wildnis, als um frohe Jagderlebnisse handelt, so finden wir auch in den gleichzeitigen Schlachtbildern, der Niederlage Sanheribs (München), dem Heldentod des

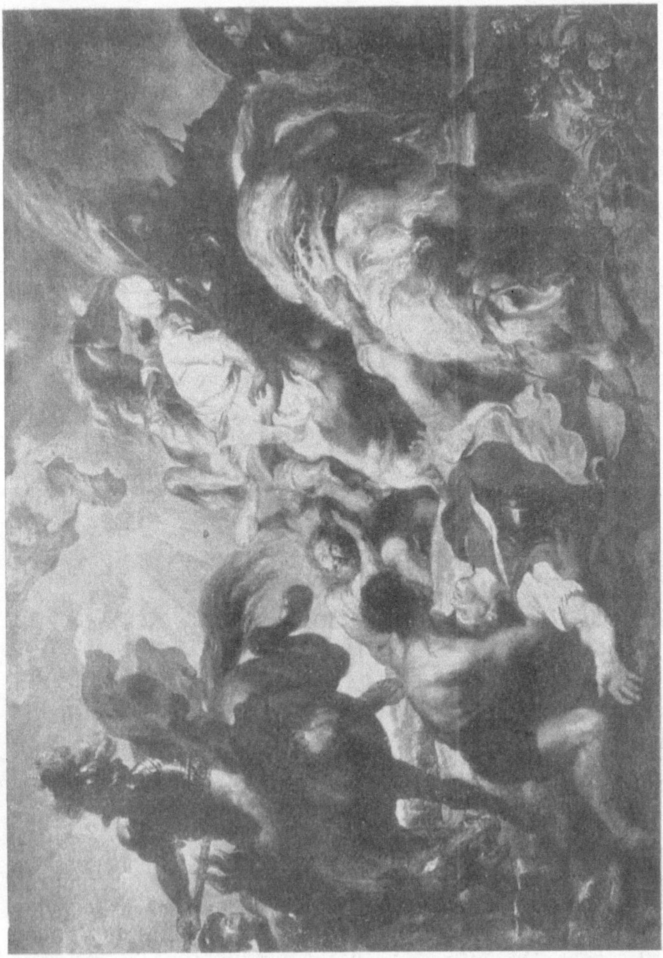

Abb. 14. Rubens, Bekehrung Pauli. Berlin.

Decius von 1617 (Liechtenstein-Galerie), der ihrem Charakter nach hier einzureihenden Bekehrung Pauli in Berlin (1617—1618 Abb. 14) und der Perle dieser ganzen Serie, der Amazonenschlacht in München, eine ungestüme Freude im Aufsu-

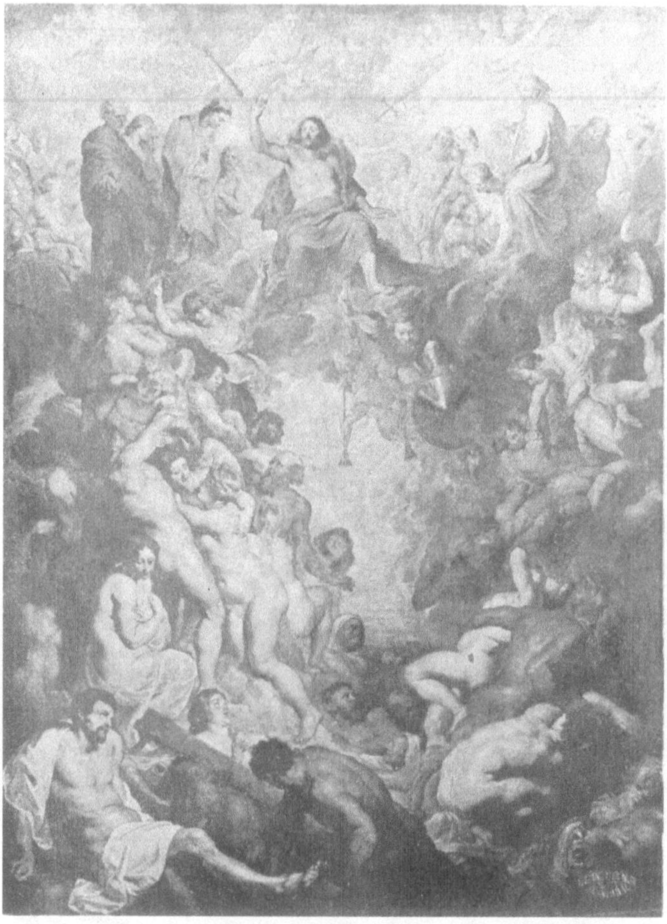

Abb. 15. **Rubens, Das jüngste Gericht.** München, Pinakothek.

chen und Lösen der schwierigsten figuralen Verflechtungen, wobei stets ein strenges Formgefühl dem stürmischen Geist der Erfindung das Gleichgewicht hält. In dem Jüngsten Gericht (1616 Abb. 15) und dem »großen Höllensturz«, dem unmittelbar eine kleinere Redaktion folgte, knüpft Rubens an das letzte große Werk der römisch-klassischen Malerei, das Kolossalgemälde Michelangelos in der Sixtina, unmittelbar an und entfaltet mit einer einzig dastehenden

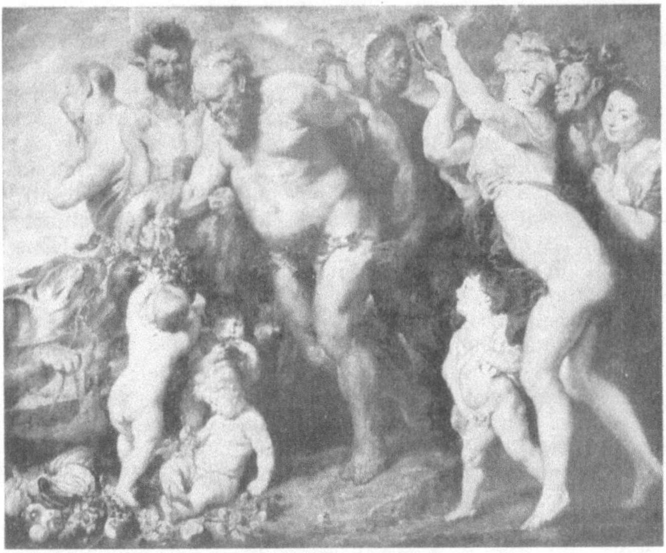

Abb. 16. **Rubens, Bacchanal.** Berlin.

Beherrschung des menschlichen Körpers die kühnsten Bilder seiner Phantasie in festen, greifbaren Formen. Auch in Gruppen von wenigen Figuren löst er scheinbar spielend die schwierigsten Probleme der Bewegung und gegenseitigen Verschlingung, wie in dem Raub der Orethyia in der Wiener Akademie oder dem Raub der Töchter des Leukippus in München.

Mit diesen Werken war ein nicht mehr zu überbietender Höhepunkt an Intensität der künstlerischen Mitteilung erreicht, und es ist bezeichnend für den immer harmonischen Verlauf von Rubens' Schaffen, wie sich jetzt, scheinbar ganz von selbst, seine Wirkung mehr in die Breite auszudehnen beginnt. Zunächst hatte er in dem jungen van Dyck, der etwa seit 1616 in seiner Werkstatt arbeitete, einen Gehilfen gefunden, dessen erstaunlich schmiegsamem Talent er die Ausführung seiner Entwürfe weitgehend anvertrauen konnte. Eine vorzügliche Probe dieser Zusammenarbeit besitzt das Berliner Museum in der Auferweckung des Lazarus, die im wesentlichen von des Schülers Hand gemalt und vom Meister vielleicht nur in ein paar Stunden retuschiert, doch als unzweifelhafter Besitz des letzteren zu gelten hat. Ebenso verhält es sich mit der Löwenjagd in München, dem »Coup de Lance« und dem »Christe à la paille« des Antwerpener Museums, der Madonna mit Heiligen in Kassel und einer Reihe ähnlicher Bilder, die als Werke von Rubens berühmt sind. Noch selbständiger hat van Dyck den Satyrzug seines Meisters (in München) in dem großen Berliner Bild wiederholt und sogar durch Hinzufügung der schönen Mädchenfigur rechts erweitert, ohne daß das Bild seinen typisch Rubensschen Charakter eingebüßt hätte. (Abb. 16.) Van Dyck war zwar bei weitem der begabteste unter Rubens' Gehilfen, es fehlte aber nicht an anderen zuverlässigen Hilfskräften, über die wir leider im einzelnen nur sehr dürftig unterrichtet sind.

War Rubens durch solche Helfer in die Lage gesetzt, seine Leistungsfähigkeit bedeutend zu erhöhen, so bot ihm eine Reihe von Aufträgen zu größeren Bilderzyklen, die etwa 1617 einsetzen und zehn Jahre lang seine Kräfte vorzugsweise in Anspruch nehmen, die Gelegenheit, von diesen nach seinem Sinn wirkenden Kräften im weitesten Umfang Gebrauch zu machen und damit den Ruf seiner Fruchtbarkeit ins Fabelhafte zu steigern. Im Frühjahr 1618 erwähnt er in einem Brief die Kartons zur Geschichte des Konsuls Decius Mus, die er im Auftrag genuesischer Edelleute als Vorlagen für Wandteppiche angefertigt habe. Die sicher beglaubigte Teilnahme van Dycks an diesen ganz bildmäßig ausgeführten Entwürfen, die heute die Liechtenstein-Galerie in Wien besitzt, erstreckt sich jedoch augenscheinlich nur auf die vier kleineren Stücke, während Rubens sich die Ausführung der prachtvollen Hauptbilder, der Schlacht und des Totenopfers, selbst vorbehielt. Im Mai 1620 kommt sodann ein Vertrag zustande, in dem sich Rubens verpflichtet, mit der Hilfe von van Dyck und anderen Schülern neununddreißig Deckengemälde und drei kolossale Altarbilder für die eben vollendete Jesuitenkirche seiner Vaterstadt zu liefern. Der Brand dieses prächtigen Gotteshauses im Jahre 1718 hat nur die drei Altäre verschont, die heute dem Wiener Hofmuseum gehören; die mehrere hundert Quadratmeter umfassenden Dekorationen der Decke kennen wir bloß noch aus einem Teil der Originalskizzen und aus Stichen.

Im Jahre 1622 erfolgte der Auftrag der Königin-Mutter Maria von Medici (Abb. 24), ihren neuen Palast in Paris mit Malereien im größten Stil auszuschmücken, und zwar zunächst durch eine zyklische Darstellung bezw. Verherrlichung ihres eigenen Lebens, die Rubens bis zum Jahre 1625 in einundzwanzig großen Gemälden und drei Bildnissen vollendete. Die Bilder halten zwar mit der eigentümlichen allegorischen Verallgemeinerung der dargestellten historischen Momente an der seit dem Ende des 16. Jahrhunderts üblichen

Auffassung geschichtlicher Ereignisse fest; an fruchtbarer Erfindung aber, an Grazie, Schwung und Pathos zeigen sie nicht nur den Meister im Zenit seiner schöpferischen Kraft, sondern gehören zu den gewaltigsten Taten, die die Geschichte der Malerei aufzuweisen hat. Die Dekoration einer entsprechenden Galerie in dem anderen Schloßflügel mit dem Leben Heinrichs IV. blieb infolge der ständigen Reibungen zwischen der Königin und ihrem Sohn, die endlich zu Marias Verbannung führten, in den Anfängen stecken; erhalten haben sich nur die beiden unvollendeten Kolossalgemälde in den Uffizien und ein paar Skizzen, darunter die der Einnahme von Paris im Berliner Museum. — Seiner Beziehung zum französischen Hof verdankt Rubens ferner den Auftrag zu einer Serie von Teppichentwürfen für Ludwig XIII., die in zwölf Bildern die Geschichte des Kaisers Konstantin darstellte. Endlich entstanden für die Regentin der Niederlande, ebenfalls noch vor 1628, fünfzehn Teppichentwürfe mit Allegorien auf den Triumph des Abendmahles (Skizzen im Prado) und für einen unbekannten Besteller Teppichvorlagen zu einem Achilles-Zyklus, dessen Skizzen Lord Barymore besitzt.

Die ungeheuren Ansprüche, die derartige Abschlüsse an die praktische Umsicht sowohl als an die Schaffenskraft des Meisters stellten, und denen er immer zu aller Zufriedenheit zu genügen wußte, konnten nur durch einen streng geregelten Arbeitsprozeß bewältigt werden. Mit unfehlbarer Sicherheit wirft Rubens seine Bildgedanken ohne tastende Vorstudien, ja fast ohne Korrekturen, in Ölfarbe auf kleine Tafeln. Er verfährt auch hierbei durchaus methodisch, indem er den Kreidegrund mit grauer Farbe dünn überstreicht, hierauf die Zeichnung in braunen Pinselstrichen flüchtig angibt und nun das Ganze mit wenigen hellen Tönen (Mattrot, Hellblau, Gelb und Weiß) so geistvoll übertuscht, daß auch der in malerischen Dingen wenig bewanderte Besteller die Wirkung des geplanten Bildes voll überschauen konnte. In dieser Hinsicht sind die Skizzen für die Jesuitenkirche in Paris, Wien (Hofmuseum und Akademie), Gotha und Dulwich, für den Medici-Zyklus (in München) und für den gleichzeitigen Ursulaaltar in Brüssel, die Grablegung und die Eroberung von Tunis in Berlin bei ihrer farbigen Abkürzung von erstaunlich reicher Wirkung, während die vorausgehenden Entwürfe der Deciusfolge (in München und Berlin, Sammlung Huldschinsky), größer gehalten und umständlicher ausgeführt, das Einverständnis zwischen Lehrer und Schüler noch weniger entwickelt zeigen. Auch später wurden die Skizzen manchmal umständlicher und reicher an Farbe, wenn nämlich Rubens die Ausführung, wie bei den Deckenbildern für Whitehall, möglichst ganz seinen

Schülern überlassen wollte. Im Gegensatz hierzu ist zu bemerken, daß für Bilder, deren Ausführung er sich persönlich vorbehielt, Skizzen überhaupt kaum nachzuweisen sind.

Das zweite Stadium der Bildentwicklung erlaubt bereits die Teilnahme von Gehilfen; es werden für die einzelnen Figuren, namentlich für die Köpfe, Studien in Kohle oder Ölfarbe angefertigt, um den ausübenden Organen die Übertragung in die meist kolossalen Dimensionen zu erleichtern. Solche Einzelstudien, die Rubens selbst auf Grund der schon fertig vorliegenden Bildentwürfe herstellte, besitzt vor allem die Albertina in Wien. Doch auch Schüler wurden zu dieser Arbeit herangezogen, und so kommt es, daß selbständige Studienköpfe von van Dyck in Rubensschen Kompositionen Verwendung finden, wie etwa der schöne Apostelkopf des Berliner Museums (Nr. 798 f) in dem Gastmahl beim Pharisäer Simon in der Petersburger Eremitage. Daß dieser Fall nicht vereinzelt dasteht, beweisen ähnliche Naturstudien von van Dyck in Brüssel, Paris, München u. a. O. die, meist wiederholt in Gemälden seines Meisters nachweisbar sind.

Nach diesen vorbereitenden Arbeiten beginnt die endgültige Anlage des Gemäldes durch Gehilfen, die je nachdem auch die Ausführung besorgen. An den Altären der Jesuitenkirche dürfte Rubens kaum persönlich gearbeitet haben; auch die Teppichkartons für den Abendmahlszyklus im Louvre und beim Herzog von Westminster, bei denen es ja auf malerische Feinheiten nicht ankam, scheinen ganz von Schülerhand besorgt zu sein. Dagegen war die Teilnahme des Meisters an den Gemälden für Maria von Medici begreiflicherweise sehr bedeutend; in ihrem heutigen, vielfach restaurierten und geputzten Zustand haben sie zwar ihre originale Frische stark eingebüßt, doch wissen wir, daß Rubens zu ihrer Aufstellung eigens noch einmal nach Paris reiste, um ihnen an Ort und Stelle die letzte Vollendung persönlich zu verleihen. Den Zyklus Heinrichs IV. scheint er sogar ganz allein haben ausführen zu wollen, wenigstens muß die geistvolle, durch Restaurierung leider arg verdorbene Untermalung der beiden Stücke in den Uffizien ihm selbst zuerkannt werden.

Wenn auch der größere Teil dieser Arbeiten von Schülern ausgeführt wurde, so blieb doch die beständige Aufsicht und tätige Mithilfe des Meisters unerläßlich. Es ist daher um so erstaunlicher, daß in das Jahrzehnt von 1618—1628 noch eine stattliche Anzahl profaner Gemälde und vor allem großer, meist ganz eigenhändig ausgeführter Kultbilder fällt. Die geschlossene, linienhaft umschriebene Abrundung des großen Bacchanals in München (um 1617) lockert sich in dem Silen-Zug der Londoner Nationalgalerie zu weniger gebundenem

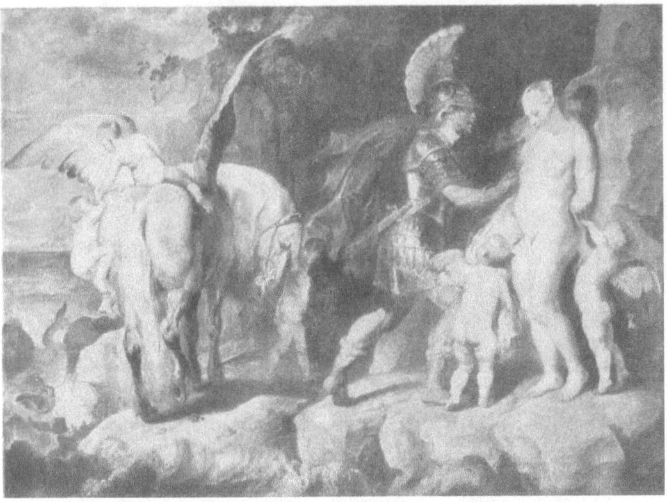

Abb. 17. **Rubens, Persens befreit Andromeda.** Berlin.

Aufbau und führt um 1620 zu der prachtvollen »Befreiung der Andromeda« in Berlin, die schon fast die freie Bewegung der Medici-Bilder besitzt (Abb. 17). Von einer Gruppe im früheren, klassizistischen Sinn ist hier nicht mehr die Rede, sondern das verbindende Element liegt, ähnlich wie in der Flucht des Loth von 1625 im Louvre, im Schmelz der Farbe und ihren vermittelnden Tonwerten.

An kirchlichen Aufträgen beschäftigte den Künstler zunächst das große Triptychon mit der Anbetung der Könige für St. Jean in Mecheln (1617—1619); zugleich entstand mit weitgehender Teilnahme von Gehilfen der tiefleuchtende Altar der Fischergilde von Mecheln, dessen Mittelstück den wunderbaren Fischzug darstellt, und der große Flügelaltar mit der Geschichte des Stephanus in Valenciennes. 1619 folgt, ganz von des Meisters Hand, die Kommunion des hl. Franz im Museum von Antwerpen, das ergreifendste unter allen seinen religiösen Bildern; im gleichen Jahr dürfte auch das weihevolle Ambrosiusbild im Wiener Hofmuseum entstanden sein Den Übergang zu einer leichteren, schillernden Färbung, die mit dem Beginn der zwanziger Jahre einsetzt, läßt zuerst der Engelsturz in München erkennen, den Rubens laut ausdrücklicher Verpflichtung 1622 ganz eigenhändig für den Kurfürsten Wolfgang Wilhelm von der Pfalz ausführte. Noch leichter und blumiger im Kolorit ist die Bekehrung des hl. Bavo

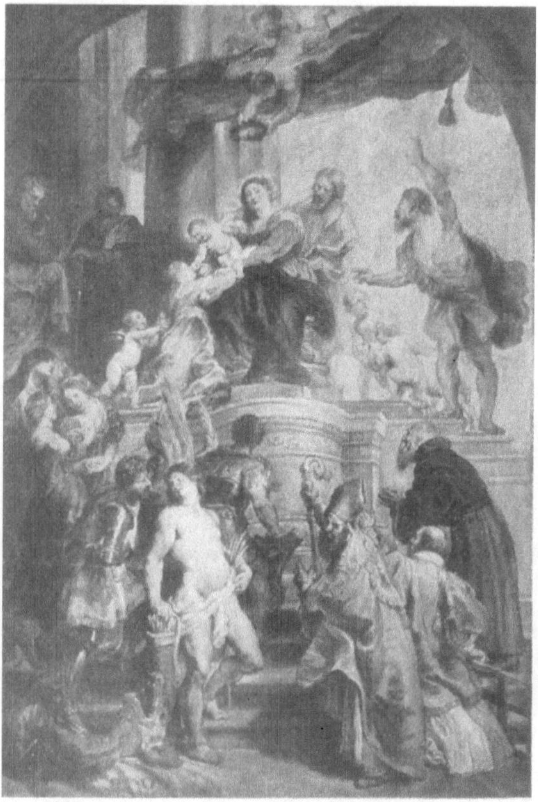

Abb. 18. **Rubens, Maria mit dem Kind und Heilige.** Berlin.

von 1623 in Gent, zwei Jahre später folgt das in der Auffassung zwar etwas äußerliche, aber in seiner Farbenpracht hinreißende Dreikönigsbild im Antwerpener Museum. Die Überlieferung, Rubens habe diese viereinhalb Meter hohe Tafel in sechs Tagen gemalt, ist, wenn auch kaum glaublich, so doch recht bezeichnend für die unerhörte Leichtigkeit seines Schaffens. 1626 entstand der Hochaltar der Antwerpener Kathedrale, eine Himmelfahrt Mariä, in der bereits alle starken Lokalfarben nach dem zarten violetten Gesamtton hin gebrochen sind, und 1628 der Hochaltar der Augustiner-Kirche in Antwerpen, eine reich gegliederte, in ihrer ursprünglichen Farbenpracht leider nicht mehr erhaltene Komposition, die die Madonna umgeben von den vierzehn Nothelfern darstellt. Welche Sorgfalt Rubens an dieses Werk wandte, erhellt aus dem Umstand, daß noch drei Skizzen dazu vorliegen, von denen die Frankfurter den Bildgedanken in einem früheren Stadium zeigt als die Berliner (Abb. 18). Die zahlreichen weiteren Altarbilder dieser Jahre, deren Ausführung Rubens teilweise oder ganz seinen Gehilfen überließ, vor allem verschiedene Varianten der Himmelfahrt Mariä und der Anbetung der Könige, können hier nicht einzeln erwähnt werden.

Das Jahr 1627 brachte der Schaffensfreude des Meisters eine jähe Stockung durch den Tod seiner Gemahlin, die achtzehn Jahre lang das arbeitsreiche Leben ihres Mannes in selbstverleugnender Treue verständnisvoll begleitet und erleichtert hat. Nur die tiefe Verstimmung und Entmutigung, die diesem Verlust folgte, wird Rubens veranlaßt haben, in politischen Geschäften, mit denen er sich auf Drängen der Statthalterin bisher schon gelegentlich, aber nur in beschränktem Umfang befaßt hatte, Ablenkung zu suchen, ja im Sommer 1628 sogar seinen Wirkungskreis ganz im Stich zu lassen, um in Madrid Verhandlungen wegen der Verständigung mit England einzuleiten. Man hat von jeher geltend gemacht, die Kopien, die Rubens damals in Madrid während der langen Monate des Wartens und Parlamentierens nach den Meisterwerken Tizians angefertigt habe, (die besten befinden sich heute in Stockholm, Madrid und Wien) seien für den farbigen Charakter seines letzten Dezenniums entscheidend geworden. Allein der fünfzigjährige Meister war doch schon eine zu ausgeprägte, abgeschlossene Persönlichkeit, als daß eine bloße äußere Anregung einen so bedeutsamen Wandel seiner Anschauung hätte hervorrufen können. Der Einfluß Tizians muß vielmehr dahin beschränkt werden, daß er ihn in einer bereits eingeschlagenenen Richtung noch bestärkte und förderte; denn, wie schon erwähnt, war seit dem Beginn der zwanziger Jahre mit der Bereicherung des Tones eine fühlbare Milderung der früher noch harten Lokalfarben und zugleich eine Auflösung der zeichnerischen Strenge, besonders in den Umrissen, eingetreten; die Himmelfahrt Mariä und das Augustinerbild stehen sogar in ihrem reichen tonigen Gehalt den Werken der dreißiger Jahre viel näher als etwa dem Franziskus von 1619 oder dem gleichzeitigen Ambrosius. Wenn also der Madrider Aufenthalt in dieser Hinsicht nicht so einschneidend war, als man anzunehmen pflegt, so wurde er andererseits für Rubens bedeutungsvoll durch die Bekanntschaft mit Philipp IV., der seither sein eifrigster Bewunderer und unersättlicher Auftraggeber war. Auch mit Karl I. von England, dem er ebenfalls durch seine diplomatische Mission 1629 in London vorgestellt wurde, knüpften sich er-

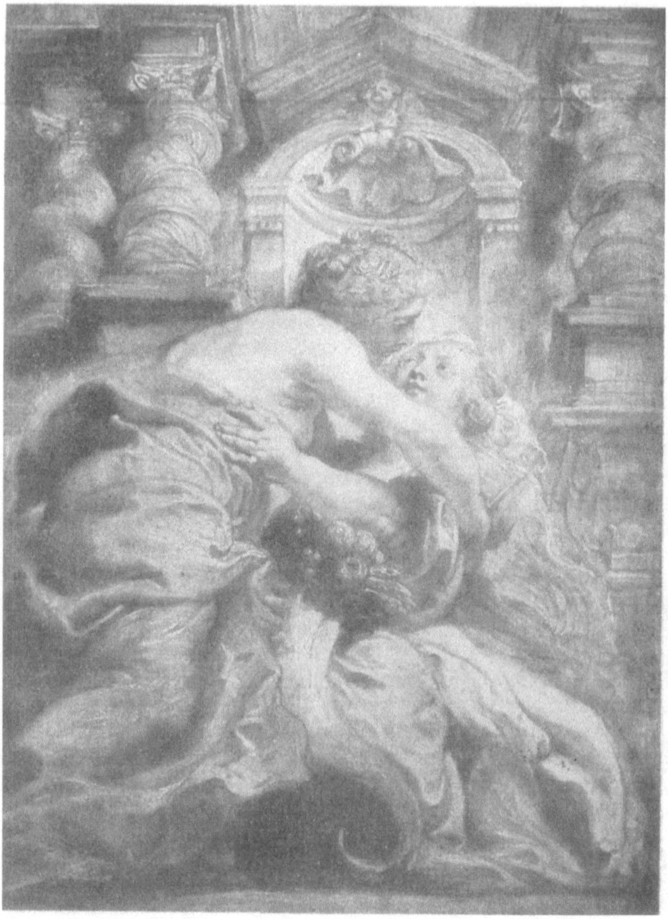

Abb. 19. **Rubens, Friede und Überfluß; Skizze.** Berlin, L. Koppel.

sprießliche Beziehungen an; der König erhob Rubens in den Adelstand und übertrug ihm die Ausschmückung der Decke im Bankettsaal des neuen Whitehall-Palastes mit Apotheosen seines Vaters Jakob I. Die Skizzen zu dieser Arbeit in den Museen von Petersburg, Wien, Brüssel sowie in Pariser, Kölner und Berliner Privatbesitz (Abb. 19) zählen zu den feurigsten Improvisationen von Rubens' Pinsel, die Ausführung wurde jedoch, augenscheinlich wegen der

Unlust des Meisters, bis 1634 hingezogen und trotzdem fast nur von Schülern besorgt.

Überhaupt steht die Produktion der Jahre 1630—1640 nicht mehr unter dem Gesichtspunkt des ungeheuren Ausdehnungsbedürfnisses, das für die Zeit von 1615—28 so bezeichnend war. Zunächst greift Rubens noch einmal mit Feuereifer die schon erwähnte Galerie Heinrichs IV. im Palais Luxembourg an; nach den Whitehall-Bildern aber hören wir bloß noch von einer großen zyklischen Arbeit, die auch nur das Bitten und Drängen des Königs von Spanien bei dem alternden Meister durchsetzte, denn seine Beteiligung an den Dekorationen zum Einzug des Kardinalinfanten im Jahre 1635 beschränkte sich, abgesehen von ein paar Bildnissen, lediglich auf Entwürfe (in Petersburg, Antwerpen und Aachen), in denen er allerdings architektonische Prunkbilder von erstaunlicher Mannigfaltigkeit und Eigenart hervorzauberte, die auf die zeitgenössische Architektur und dekorative Plastik einen starken, wenn auch nicht durchaus vorteilhaften Einfluß gewannen.

Auch die Zahl der großen Altäre nimmt im Vergleich zu früher ab; gleich im Anfang des Jahrzehnts steht zwar der strahlende Altar des hl. Ildefonso in Wien, in dessen Stifterbildnissen Rubens das Regentenpaar, an dem er seit dreißig Jahren in Verehrung gehangen hatte, mit aller ihm zu Gebote stehenden Großartigkeit verherrlichte. Dann aber folgen meist nur von ihm retuschierte Kultbilder, wie das Martyrium des hl. Livin und die Kreuzschleppung (beide im Brüsseler Museum), die Martyrien des Andreas in Madrid, des Thomas in Prag (1638) und des Petrus in Köln, letzteres allerdings, ebenso wie der Livin, mit starker Beteiligung des Meisters. Ein ganz eigenhändiges Werk der letzten Jahre, bezeichnenderweise von bescheidenen Dimensionen, ist die Madonna mit sechs Heiligen in Rubens' Grabkapelle, in der das leuchtende und doch so zarte Kolorit seines Altersstiles mit einzigartiger Reinheit und Breite zum Ausdruck kommt.

Im allgemeinen tritt in der letzten Schaffensperiode das Tafelbild, und zwar vorzugsweise in mäßigen Abmessungen, mehr als früher in den Vordergrund. Man kann dies bis zu einem gewissen Grad auf das schwere Gichtleiden zurückführen, das Rubens zeitweise am Malen hinderte und vor anstrengenden Unternehmungen zurückschrecken ließ. Der tiefere Grund des intimen Charakters dieser ganzen Periode liegt jedoch auf dem Gebiet des persönlichen Erlebens, das bisher nur mit starker Zurückhaltung in die Produktion des Meisters durchgedrungen war: Sein ganzes Wesen wurde eigentümlich erneut und verjüngt

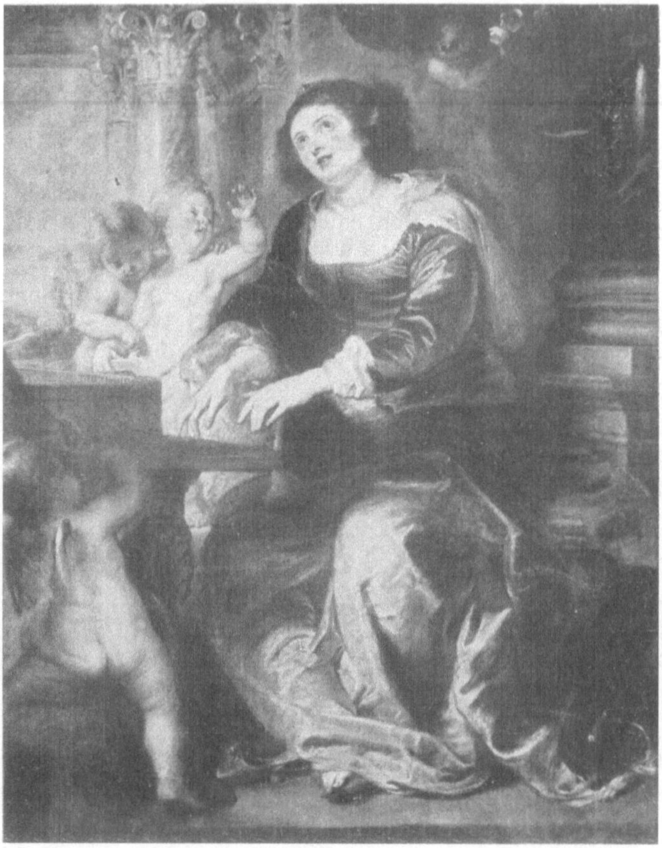

Abb. 20. **Rubens, Die heilige Cäcilie.** Berlin.

durch die Liebe zu der jungen Helene Fourment, die er im Jahre 1630 als Gattin heimführte. Die Schilderung ihrer Reize steht hinfort im Mittelpunkt seines schöpferischen Interesses, ihr überläßt er sich mit einer geradezu leidenschaftlichen Offenheit und einem keuschen Freimut, wie ihn nur die Antike kannte. Erlebnisse, die andere in ihrer Jugend zu zügellosen Ergüssen hinreißen, erschüttern und durchglühen nun die gesetzte Fülle seiner künstlerischen Erfahrungen. Naturgemäß erforderten solche höchst persönlichen, feurigen Geständnisse bis ins Letzte die ausführende Hand des Meisters, und deshalb sind gerade die Jahre von 1630—1640 an eigenhändigen Gemälden besonders reich. Jetzt schwindet auch die objektive, überlegte Ausdrucksform, in der Rubens bisher in mythologischen oder religiösen, in landschaftlichen oder figürlichen Bildern sein Inneres beliebig zu formen und in eine ganz unpersönliche Sphäre zu rücken vermochte; ein Drang nach freiester subjektiver Äußerung setzt sich unwiderstehlich durch, ohne je den schöpferischen Schwung der Phantasie zu hemmen, der durch eine mehr als dreißigjährige Erziehung zum Typischen, Idealen hinlänglich gesichert war. Mit Ehren und Glücksgütern überschüttet, hatte Rubens um nichts mehr zu sorgen oder zu werben und konnte sich, innerlichst unabhängig, der unersättlichen Schaffenslust überlassen, die die junge Frau in ihm anfachte. Ihr verdanken wir nicht bloß die köstlichen Bildnisse, in denen sie allein, in Begleitung ihres Gatten oder ihrer Kinder auftritt (Hauptstücke in München, Petersburg, Wien, Paris-Louvre und Baron G. Rothschild), sondern ihr Gatte überläßt ihr als seinem weiblichen Idealbild alle Glanzrollen der heidnischen und jüdischen Mythologie: wir treffen sie als Andromeda, als Venus, als Diana, als Nymphe, als Grazie, Batseba, Susanna usf.

Die Berliner Galerie besitzt gerade aus dieser Zeit ein paar Hauptwerke in dem blendend hellen Akt Helenens als Andromeda, in dem ausgelassenen »Bad der Nymphen« und der farbglühenden heiligen Cäcilie (Abb. 20). Die letztere stellt in der denkbar weitgehendsten Auflösung zeichnerischer Umgrenzung, in der vibrierenden Bewegung, die sich fast übertreibend allen Formen mitteilt (— man beachte die Finger! —) und alle festen Werte in Fluß bringt, sowie in der schrankenlosen Macht der Farbe, die sogar die kalte Architektur mit einem warmen Schimmer überzieht, das Letzte dar, was Rubens an Überwindung des Stofflichen erreicht hat. Welcher Gegensatz zu dem Ausgangspunkt seiner künstlerischen Entwicklung um 1610, wo ihm der Umriß und die Greifbarkeit der Form alles galt und auch die Farbe nur als unterscheidendes, durch ihre Schattentöne wölbendes Mittel in den Dienst der plastischen Erscheinung gestellt war!

Auch die figurenreichen Kompositionen gelten jetzt nicht mehr wie früher der alten oder zeitgenössischen Geschichte, sondern fast nur der Verherrlichung weiblicher Schönheit und behandeln vorwiegend mythologische Stoffe. Bilder wie die eherne Schlange in London oder der Kindermord in München, in dessen wüsten Episoden Rubens noch einmal die ganze zauberhafte Fruchtbarkeit seiner Phantasie ausschüttet, stehen dem Gegenstand nach vereinzelt da. Dagegen liegen Szenen, wie das Venusfest in Wien, dessen

4*

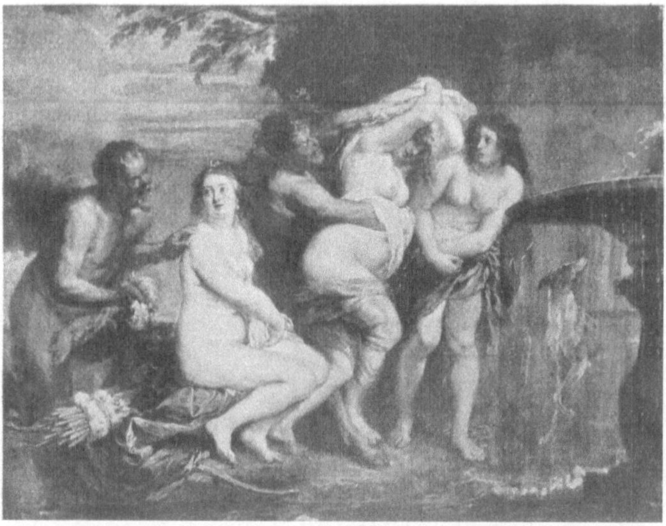

Abb. 21. **Rubens, Diana mit Nymphen von Satyrn überfallen.** Berlin.

quirlende Gruppenbildung dem Kindermord eng verwandt ist, oder der Raub der Sabinerinnen in London, diese übermütige Satire auf das pathetische Sträuben des Weibes gegen die Umarmung des fremden Mannes, ganz im Sinn dieser von Lebenslust überschäumenden Schaffenszeit. Von 1636 an folgen dann in ununterbrochener Reihe die mythologischen Bilder für das Jagdschloß Philipps IV., Torre de la Parada (heute im Prado), die ebenfalls vorzugsweise in idyllischen Gruppen (die Grazien, das Parisurteil, Diana und Kallisto, die Milchstraße, Orpheus und Euridike), manchmal auch in lebhaft erregten Szenen (Raub der Proserpina, Gastmahl des Tereus, Raub der Hippodameia) an Helenens blühendem Körper die Anmut des Weibes in immer neuen Momenten schildern. Sogar die Jagd- und Satyrbilder, die früher von dumpfem Pathos erfüllt waren, erhalten jetzt einen heiteren, burlesken Zug, wie die Hirschjagd und das Bad der Nymphen in Berlin (Abb. 21) und die ähnliche Szene in Madrid mit ihren hüpfend durcheinanderwirbelnden Figuren. Den Siedepunkt erregter Sinnenlust verkörpert Rubens in zwei Bildern, von denen das eine — im Prado — in seinem Nachlaßinventar als »Tanz italienischer Bauern« aufgeführt wird und mit der leichten Bekleidung der Tanzenden sowie durch die Pergola im Hintergrund tatsächlich noch in die ideale Ferne des Südens verlegt ist. Die »Kirmes« im Louvre jedoch läßt in den Typen, den derben Gebärden und handfesten Umarmungen keinen Zweifel darüber, daß wir uns im Land des alten Brueghel befinden und daß jener klaffende Riß, der früher die bodenständige niederländische Malerei von der romanistischen getrennt hatte, durch das Lebenswerk von Rubens jetzt endlich ausgeglichen ist. Als Zeugnis hierfür kann auch eine »Bauernschlägerei« in Rubens' Nachlaß gelten, die auf eine Zeichnung von Brueghel zurückging.

Damit haben wir die ungeheuere Spannweite seiner Entwicklung ausgemessen. In ruhigem, stets produktivem Fortschreiten dringt das Individuum allmählich immer stärker durch die strengen Formen der überkommenen akademischen Kunst, denen es sich zunächst willig gefügt hatte, und entfaltet erst im sechsten Jahrzehnt seine ursprünglichste Kraft und Fülle. Unter dem Gesichtspunkt dieser harmonischen, immer tieferen Selbstentäußerung darf das Leben des Künstlers als eines der glücklichsten bezeichnet werden, von dem wir Kunde besitzen. Mit seinem Erlöschen mußte aber auch notwendig der Niedergang der flämischen Kunst überhaupt eintreten, und tatsächlich kommt die jüngere Generation über das Epigonentum nicht mehr hinaus.

Die verwirrende Mannigfaltigkeit von Rubens' Schaffen hat uns genötigt, zwei Bildgattungen bisher aus der Betrachtung auszuscheiden, um sie hier im Überblick nachzuholen: das Bildnis und die Landschaft.

Man hat Rubens als Porträtisten unrecht getan, indem man ihm, wie Fromentin, bei seinem zugestandenen Hang zum Typischen die Fähigkeit absprach, auf das Individuelle einzugehen und ihm den Schwung seiner großzügigen zeichnerischen Stilisierung zu opfern. Daß er tatsächlich Bildnisse von packender Wahrhaftigkeit zu malen imstande war, würden das männliche Porträt in Braunschweig (um 1615), der Jan Vermoelen von 1616 in der Liechtenstein-Galerie und der sog. Dr. van Thulden in München, der bald darauf entstand, hinlänglich bekräftigen können. Der unerschütterlich sichere Blick, die bis ins Detail scharfe Zeichnung und die ungesuchte Haltung lassen keinen Zweifel, daß das Wesen des Modells von einem durchdringenden Auge klar erkannt und ohne stilistische Brechung wiedergegeben ist. Das schlichte, feine Wesen seiner ersten Frau hält Rubens in Momenten von ergreifender Wahrheit fest, wie in dem lieblichen Bild mit dem Fächer in der Berliner Galerie (um 1620; Abb. 22) und namentlich in dem kurz vor ihrem Tod entstandenen Brustbild der Uffizien, aus dem uns noch einmal

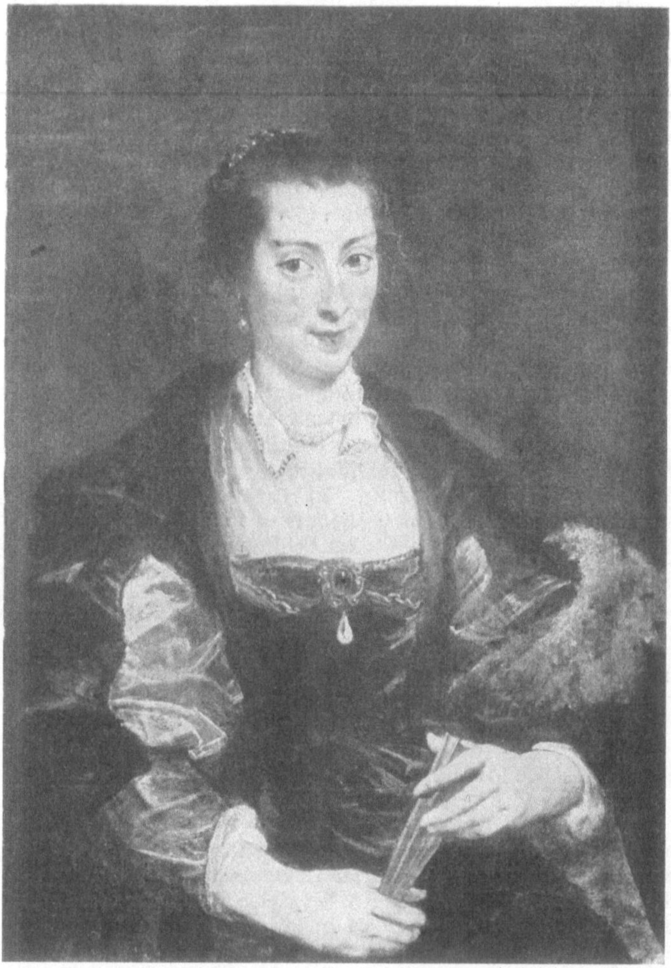

Abb. 22. **Rubens, Bildnis der Isabella Brant.** Berlin.

das liebenswürdige Lächeln der rasch gealterten Frau erwärmend entgegenleuchtet. Auch wo die Etikette eine gewisse Gebundenheit vorschrieb, wie in den Bildnissen der Erzherzöge, besonders in den von Jan Muller gestochenen, schlägt der persönliche Gehalt mühelos durch die äußere Kühle, ja in dem vielfach wiederholten Bildnis des Ambrogio Spinola,

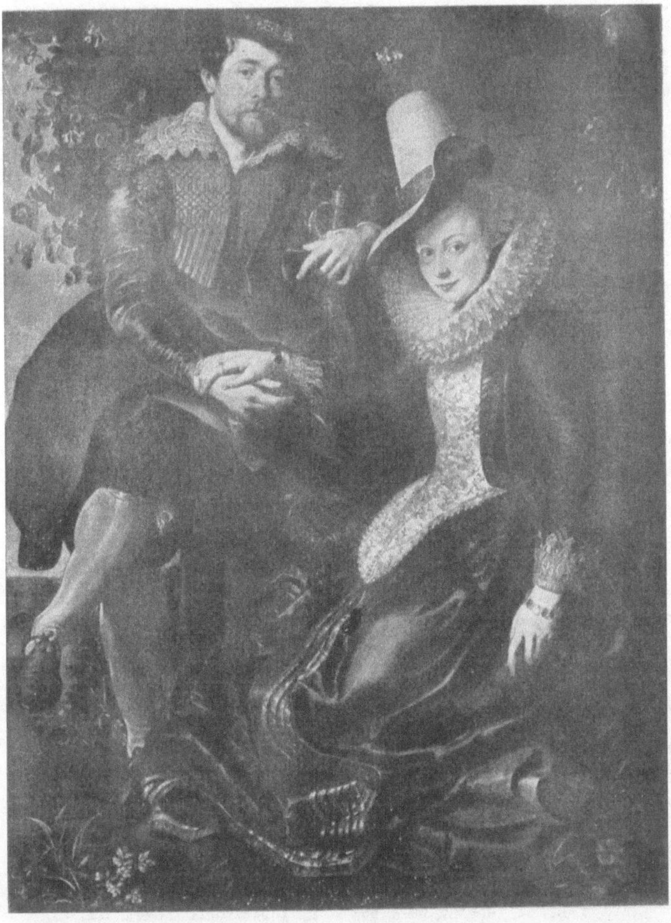

Abb. 23. **Rubens, die „Geißblattlaube".** München, Alte Pinakothek.

das in der obligaten, großen Geste den Feldherrn markieren mußte, sind die häßlichen Züge mit den Spuren überstandener schwerer Anstrengungen mit erschreckender Strenge wiedergegeben.

Wenn also Rubens auch im landläufigen Sinn, nämlich nach dem Gesichtspunkt bildnismäßiger Treue, zu den ersten Porträtisten gezählt werden kann, und als mächtige Triebkraft in die Entwicklung des flämischen Bildnisses, die seit

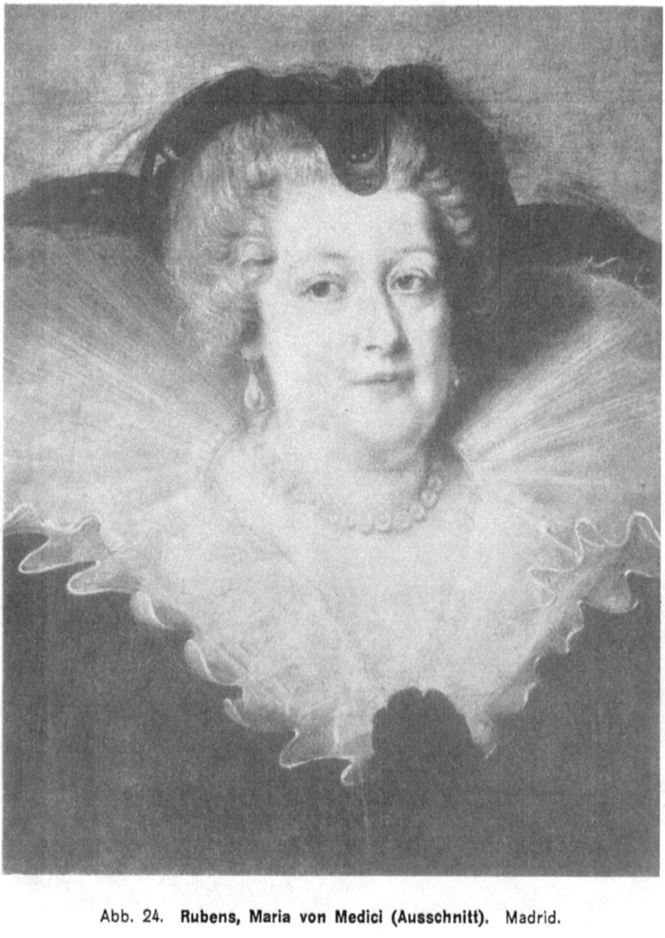

Abb. 24. **Rubens, Maria von Medici (Ausschnitt).** Madrid.

A. Mor stehen geblieben war, eingriff, so ist das Vorurteil gegen ihn allerdings insofern begründet, als sich sein Geist an der individuellen Schilderung des gegebenen Modells nicht genügen läßt, sondern es in einen weiteren Gesichtswinkel von allgemeiner symbolischer Bedeutung rückt, wobei dann vom Beschauer die geforderte Treue über der bildhaften Schöpfung leicht vergessen wird, selbst wenn sie voll vorhanden ist. So gibt etwa die »Geißblattlaube« in München (Abb. 23) die Züge des jungen Künstlers und seiner

Frau mit fast primitiver Strenge, der entscheidende Eindruck aber ist das Bild eines in sorgloser Liebe verbundenen Paares, das, in einem lauschigen Winkel des Gartens ruhend, sich still und heiter seines Glückes erfreut. Ähnlich gibt Rubens in dem Bildnis seiner beiden Söhne in der Liechtenstein-Galerie eine Gruppe, die die unbefangene Anmut des Knabenalters so rein verkörpert, daß die mit der Frische eines Frans Hals getroffenen Köpfe diese höhere, begriffliche Bedeutung nicht zu überbieten vermögen. Vor dem Bildnis der Helene Fourment als Braut in München vergessen wir fast, ein Porträt vor uns zu haben: die Erscheinung löst sich zum Inbegriff von Pracht und Anmut auf. Ähnlich schildert Rubens in der Person seiner zweiten Gattin das Glück der Mutter, die Freude am Gedeihen von Haus und Hof in dem sog. »Spaziergang«, den Zauber, den sie auf den Geliebten ausübt, in dem berühmten »Pelzchen« in Wien; ihr Bild erweitert sich in seiner Phantasie immer mehr, bis es jene alleinherrschende Geltung erreicht, von der bei den Kompositionen dieser Zeit die Rede war.

Lag die Erweiterung des Individuums zu allgemeiner, begrifflicher Bedeutung bei dem intimeren Charakter von Familienbildern am nächsten, so hat Rubens doch auch Fernstehende in ähnlicher Art aufgefaßt. Das Bildnis der Maria von Medici im Prado mit seiner majestätischen Frontalansicht und den breiten seitlichen Ausladungen kann als reinster Ausdruck angeborener königlicher Würde gelten (Abb. 24.). Ebenso ergreifend in seiner schlichten Anspruchslosigkeit ist anderseits der betende Abt Yrsselius in Kopenhagen. Den Nachfolger Spinolas, den Grafen van den Bergh, gibt Rubens in dem herrlichen Bildnis bei Frau Gardner in Boston (fälschlich als Arundel bezeichnet) mit dem ganzen noblen Pathos wieder, das seiner Stellung zukam und für das van Dyck in seinem Bildnis des Grafen im Prado nur eine gedankenlose Geste fand. Auch die Reiterbilder Philipps IV., Buckinghams und Karls V. werden mit ihren begleitenden Genien zu glänzenden Verherrlichungen fürstlicher Pracht und Größe.

Ähnlich wie das Porträt steht auch Rubens' Landschaftsauffassung ganz außerhalb der Entwicklung dieser Bildgattung in der flämischen Malerei, indem sie als ein Teil seines persönlichen Weltbildes spontan hervortritt und nur in diesem Zusammenhang verstanden werden kann. Wie sie losgelöst von jeder traditionellen Verbindung auftritt, so bleibt sie auch bei dem immer wechselnden, programmlosen Zuschnitt, den ihr der Wille des Meisters jeweils verleiht, für jüngere Künstler fast folgenlos.

Es ist bezeichnend für die Geringschätzung der romanistisch-idealistischen Schule gegenüber der Schöpfung in ihrem natürlichen Reichtum, daß Rubens die Vierzig überschreiten mußte, ehe er in der Landschaft ein darstellenswertes Objekt erkannte. Er hatte sie zwar schon längst als Folie für seine figuralen Kompositionen gebraucht und sie hierzu in eine feste Formel von stark dekorativem Charakter gezwängt, die ein paar Schüler mit wirkungsvoller Breite zu handhaben wußten. Doch fand er erst in den Jahren der vollen Reife, daß ihm die Landschaft viel weitere und eigenartigere Ausdrucksmöglichkeiten bieten könnte. Vielleicht hatte er von ihrer selbständigen Gestaltung mit Bewußtsein abgestanden, bis seine künstlerische Intuition ihrer verwirrenden Mannigfaltigkeit gewachsen sein würde; denn es hätte ihm nie genügt, ein Stück herauszugreifen und malerisch oder kompositionell abzurunden, sondern er suchte in der Landschaft den Ausdruck für den gesamten Kosmos. Nicht der Bach, der Baum oder das Tier fesselte ihn, sondern das vegetative und animalische Leben überhaupt, nicht die ruhige Existenz der Natura naturata, sondern die schaffende Gewalt ihrer Kräfte in kolossalen Entladungen der Elemente oder im segensreichen Zusammenwirken mit dem Menschen.

Sehr eigentümlich vollzieht sich kurz nach 1615 die Loslösung der selbständigen Landschaft vom Figurenbild in zwei stark genrehaften Szenen, die mit einem reichen Aufwand von Figuren das Arbeitsleben auf einem Gutshof schildern. Die eine in Antwerpen von epischer Breite im Vortrag zahlloser sinniger Einzelheiten ist bezeichnenderweise noch mit einem »verlorenen Sohn« staffiert, das Gegenstück in Windsor jedoch, der sog. Winter, gibt jeden Zusammenhang mit dem Geschichts- oder Erbauungsbild preis und veranschaulicht unbefangen und höchst mitteilsam das Treiben des Gesindes in einer offenen Tenne, während draußen dichte Flocken niederfallen. Von hier aus schreitet Rubens zur Schilderung der Vegetation weiter, deren Mannigfaltigkeit er in Zeichnung und Farbe je nach der durch die Staffage gegebenen Stimmung unbekümmert um realistische Treue bis zur phantastischen Erregung steigert. Die augenscheinlich befangene Landschaft mit einem Weiher in der Liechtenstein-Galerie besitzt noch nicht rein diese dichterische Gestalt, dagegen treffen wir sie in den satten Farben und ruhigen Flächen der Polderlandschaft in München und besonders in der unvergleichlichen Wildschweinjagd in Dresden (um 1618), wo Rubens eine seiner gewaltigsten Figurenkompositionen dieser Art auf kleine Dimensionen beschränkt, um ihre Wirkung durch die landschaftliche Umgebung orchestral zu erweitern. Der gefallene Stamm über den sich die wilde Horde wälzt, scheint mit seinen dürren

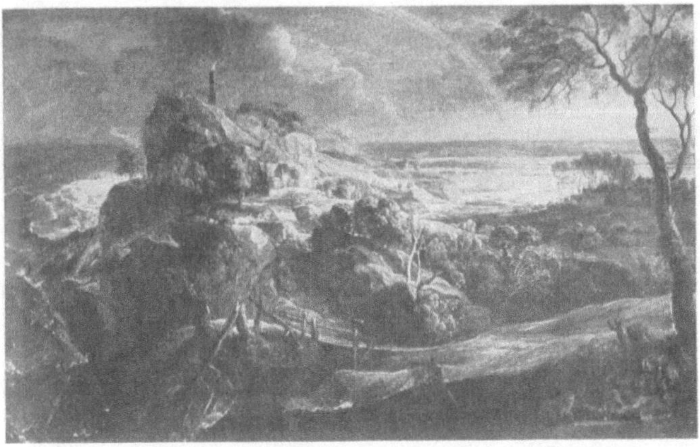

Abb. 25. **Rubens, Landschaft mit dem Schiffbruch des Aeneas.** Berlin

Ästen an dem erbitterten Kampf teilzunehmen, und das Rauschen der umgebenden Bäume begleitet die dramatische Szene mit einem vollstimmigen Echo.

Wenn die Landschaft neben den großen Aufträgen, die Rubens' Kräfte in den früheren Jahren voll in Anspruch nahmen, nur gelegentlich hervortreibt, so bildet sie in den beschaulicheren Jahren von 1630—1640 ein bevorzugtes Gebiet seiner Tätigkeit. Wie sie sich hier mit der Figurenkomposition innigst verquickt, zeigt der Kindermord, die Ruhe auf der Flucht im Prado und der hl. Georg im Buckinghampalast. An selbständigen Landschaften treffen wir zunächst auch hier Bilder von ungeheuerem Gesichtswinkel und elementarer Kraftentfaltung, wie die deukalische Sintflut mit einer Unzahl von einzelnen Episoden (in Wien), das vom Sturme überzogene bergige Meergestade im Pittipalast, in das die Begegnung von Odysseus und Nausikaa versetzt wird, oder die großartige Meerlandschaft mit dem Schiffbruch des Äneas im Berliner Museum (Abb. 25), wo ein in die Flut weit hinausragendes Felsgebirge, von einem leuchtenden Pharus gekrönt, dem wütenden Orkan trotzt, während von der anderen Seite her der versöhnende Regenbogen aufsteigt.

Ihren reinsten Ausdruck findet die Stimmung dieser letzten Jahre in Bildern der heimatlichen Gefilde, die Rubens von seinem Landsitz aus in unermeßlichen grünen Flächen vor sich ausgebreitet sah. Das sanfte Wehen in der Natur, der beglückende Anblick von Wachstum und Erntesegen bildet das Thema, das den alternden Meister zu immer

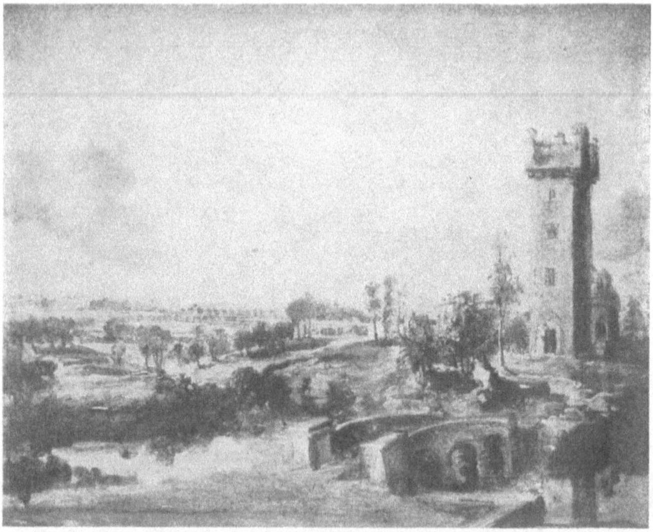

Abb. 26. **Rubens, Landschaft mit dem Turm.** Berlin.

neuen Werken entzückt. Wie er in dem kleinen Bild der Berliner Galerie sein eigenes Schloß von der Abendsonne vergoldet schildert (Abb. 26), so zeigt er die weiten Fluren des Polderlandes überflutet von Licht und Wärme in zwei großen, als Gegenstücke gedachten Abendlandschaften in der Londoner National-Galerie und der Wallace-Sammlung. Eine Unsumme von Anschauung und erzählender Belebung in der Staffage erzeugt hier von einem gewaltigen Auge einheitlich durchdrungen ein gesteigertes Gefühl von Leben, ein Bewußtsein von froher Tätigkeit und glücklichem Gedeihen, neben dem das Stoffliche der Landschaft ganz zurücktritt. Bei aller Sachlichkeit sind diese Naturausschnitte, denen sich die Heimkehr der Schnitter in Florenz, der »Weg zum Markte« beim Herzog von Alba in Madrid, der Meierhof im Buckinghampalast und andere anschließen, im tiefsten aus dem menschlichen Empfinden heraus gestaltet, und auch hier scheint, wie in der »Kirmes«, die gewaltige Bahn, die Rubens von den Idealen der römischen Kunst ausgehend durchlaufen hat, in innigster Teilnahme am Wohl und Wehe der flämischen Heimat und ihres Volkes auszumünden.

Anthonis van Dyck (1599—1641) und die flämische Bildnismalerei.

Als Rubens um 1615, schon fast als Vierzigjähriger, den Vollbesitz seiner künstlerischen Mittel erreicht hatte und den ganzen Kreis seiner Wirkungsmöglichkeiten auszufüllen begann, trat neben ihm der sechzehnjährige van Dyck mit einer Serie von Apostelbildern auf, die ihn allen übrigen Zeitgenossen als derartig überlegen zeigte, daß er nur mit Rubens selbst um die Palme streiten zu müssen schien. Bald erwies sich jedoch, daß der glänzend begabte Jüngling niemals das elementare künstlerische Selbstbewußtsein gewinnen würde, das ihn zu einem ernstlichen Rivalisieren mit Rubens hätte befähigen können. Nicht daß es ihm an Eigenart gebrach; er paßt sich zwar mit erstaunlicher Leichtigkeit zunächst an Rubens, später an italienische Vorbilder an, bleibt jedoch immer eine deutlich erkennbare, produktive Persönlichkeit. Aber unter seine schöpferischen Fähigkeiten, die besonders nach der koloristischen Seite sehr bedeutend waren, mischt sich ein blendendes Geschick, durch das Gefällige und bloß Geschmackvolle dem Publikum zu schmeicheln, und neben seinen reichen Gaben steht ein Mangel an künstlerischer Ethik, der ihn häufig über den Genuß seiner äußeren Erfolge eine tiefer dringende Selbstzucht vergessen ließ. Bei van Dyck war der Mensch dem Künstler nicht gewachsen: er besaß nicht die Kraft, um mit jener autonomen Sicherheit seinen Weg zu bahnen, die dem Lebenswerk des Rubens seinen stolzen, souveränen Glanz verleiht. Überhäufung mit Aufträgen, Ehrgeiz und Gewinnsucht treiben ihn mehr und mehr zur Routine hin, neben glänzenden Meisterwerken entstehen fade, gedankenlose Plagiate nach eigenen und fremden Arbeiten, kurz sein ganzes Schaffen bietet einen widerspruchsvollen Anblick, der ihn auch der gegensätzlichsten Beurteilung ausgesetzt hat. Man kann aus van Dycks Werken nicht wie bei Rubens ein beliebiges Stück herausgreifen und als typisch für den Meister hinstellen, sondern die Stimmung des Augenblicks, die künstlerische

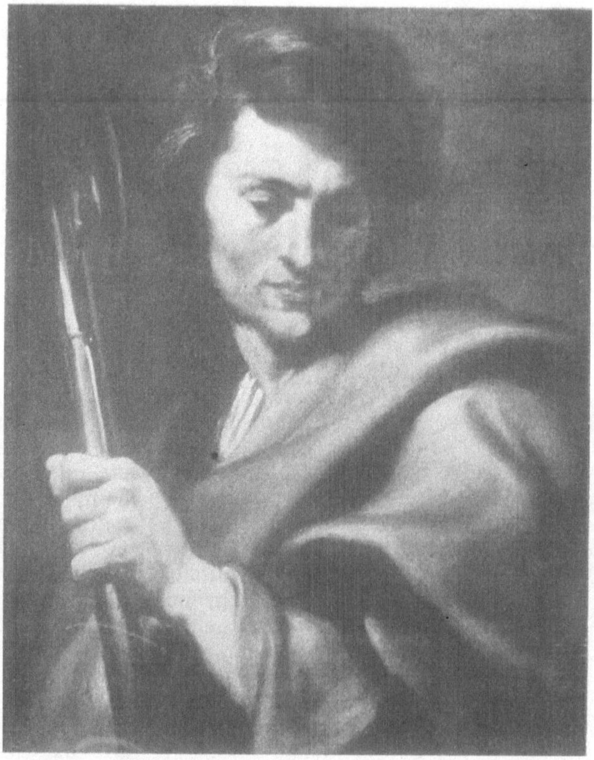

Abb. 27. **Anthonis van Dyck, Der Apostel Matthäus.** Berlin, Dr. Wendland.

Umgebung und die Eigenschaften des Modells bedingen weitgehend das Zustandekommen der einzelnen Arbeit.

Freilich muß schon hier für ihn geltend gemacht werden, daß die mangelhafte oder ungenaue Kritik das Bild seines Schaffens noch immer durch zahllose irrtümliche Zuweisungen verfälscht; so führt noch die letzte Zusammenstellung seiner Werke, der sonst verdienstvolle Band der »Klassiker der Kunst« von E. Schaeffer einige Dutzend nicht echter oder doch zweifelhafter Gemälde als seine Arbeiten an. Leider ist bisher die detaillierende Forschung über die geringeren Künstler des 17. Jahrhunderts, die in Holland mit ebensoviel Fleiß als Erfolg gewirkt hat, in Belgien noch kaum mit Ernst aufgegriffen worden, und es bleiben daher noch viele positive Aufschlüsse zu erbringen, die vorläufig nur durch Streichung aus den Werken der großen Künstler negativ angedeutet werden können [1]).

In der schon erwähnten Apostelfolge von 1615/16 steht uns van Dyck bereits als frei schaffender Künstler gegenüber, in den Typen und maltechnisch natürlich eng mit Rubens verwandt, aber doch, vor allem koloristisch, mit einer ganz persönlichen Note (Abb. 27). Rubens' Farben sind zu jener Zeit noch hell und seine Töne flach. Van Dyck dagegen besitzt die Tiefe und Leuchtkraft italienischer Barockmeister, wie sie in Antwerpener Sammlungen zu sehen waren. Zunächst behält er diese Richtung bei und nähert sich sogar noch mehr den spätvenezianischen Meistern. In der Kreuzschleppung von 1617 in St. Paul zu Antwerpen neigt die Farbe zu schwerer brauner Tönung, sie ist in zäher Masse breit aufgestrichen, und die Gruppierung setzt sich unbedenklich über alle jene klassizistischen Bemühungen hinweg, denen Rubens kurz vorher seine ganze Kraft gewidmet hatte. Die Figuren überschneiden sich mit harter Willkür und das Unwesentliche überwuchert das Bedeutsame. Farbig eng verwandt folgen zwei Varianten der Sebastiansmarter in München, die eherne Schlange in Madrid und Richmond (Sammlung Cook), die Gefangennahme Christi in Madrid, Juppiter und Antiope in Gent, die Susanne in München, der Simson in Dulwich, alles Werke von bestechender Farbenpracht und starkem Pathos, dabei aber vielfach unschön oder oberflächlich gruppiert, so daß die Entwicklung der einzelnen Figur häufig ganz unverständlich bleibt.

Spätestens 1617 muß van Dyck als Gehilfe in Rubens' Werkstatt eingetreten sein, denn die Kartons des Decius-Zyklus, deren Ausführung er zum größeren Teil bewältigte, waren bereits im Mai 1618 in der Brüsseler Teppichweberei. Jedenfalls wird man dieses Schülerverhältnis nicht im üblichen Sinn des Wortes aufzufassen haben, da van Dyck wohl auch äußerlich die Selbständigkeit und Bewegungs-

---

[1]) Es seien hier mit Anführung der Seitenzahl diejenigen Gemälde angegeben, die aus dem erwähnten Buch von Schaeffer zu streichen wären: 18 (Jordaens?); 34 rechts (Jordaens); 42; 59 (Rubensatelier); 63 (spanisch); 65 (Rubens); 67 (Kopie); 70 (italienische Kopie); 85 links (Nachahmung); 121 (Rubensatelier); 151 links; 164 fraglich; 172 (Kopie); 179 und 180 (geringe Schulbilder); 182, 194, 199, 207, 208, 212, 222, 231 (Nachahmer bezw. Kopisten); 236 (Kopie); 246 rechts (spanische Kopie); 263, 264 links; 268 links; 274 (Nachahmer); 286 (Kopie); 290 (um oder nach 1640); 291—293 (Kopien von van Dycks Schülern nach Rubens, für den das Porträt durch den Stich von Pontius beglaubigt ist); 296 (Kopie); 297 (Nachahmer); 299 (C. de Vos); 300, 323 Nachahmer; 351 Boeckhorst; 384, 388, 389 Nachahmer; 428, 429 und 432 Rubensatelier.

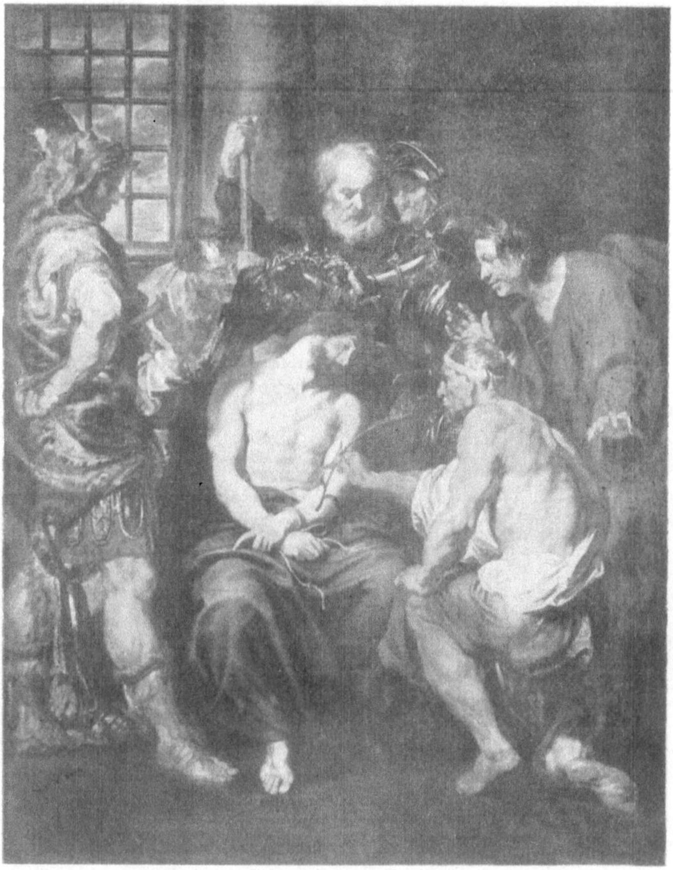

Abb. 28. **Anthonis van Dyck, Verspottung Christi.** Berlin.

freiheit beanspruchte, auf die ihm sein Talent und seine ungewöhnliche Reife Anspruch verliehen. Dafür zeugt allein schon die stattliche Anzahl selbständiger Arbeiten, zu denen er als reguläres Organ der Rubenswerkstatt weder Zeit noch Ruhe hätte finden können. Erstaunlich bleibt es, wie er in den Decius-Bildern, dem Achill unter den Töchtern des Lykomedes in Madrid, der Löwenjagd in München und ähnlichen für Rubens ausgeführten Gemälden seinen Pinsel der Eigenart des Meisters anpaßt und nebenbei in selbstständigen Arbeiten ganz unabhängig seine eigenen Gesichtspunkte verfolgt. Die überzeugende Klarheit von Rubens' Kompositionen blieb zwar nicht ohne Folge für ihn, ja sogar im Gegenstand zeigt er sich manchmal von seinem Meister abhängig, wie in den beiden Silensbildern in Dresden und Brüssel, in dem Thomas der Eremitage, dem Hieronymus in Dresden und dem Pfingstfest in Berlin; aber die Malweise bleibt bei dem schweren Impasto und der Vorliebe für branstige Töne. Die Berliner Galerie besitzt in dem tiefleuchtenden »Bad der Nymphen«, den beiden Johannes und der Dornenkrönung ein paar der reifsten Arbeiten aus dieser Zeit. Nach dem sicheren Aufbau und der Klarheit in der Figurenentwicklung steht die farbenprächtige Dornenkrönung (Abb. 28) an erster Stelle und wird nur noch von dem um 1620 gemalten heiligen Martin in Saventhem, der wirklich der Kraft einer Rubensschen Komposition nahekommt, an Schwung und innerem Gleichgewicht übertroffen. Wenn auch weniger tief in der Auffassung, so zeigen die beiden Johannes und das Pfingtsfest doch klar die eigentümliche Brechung ins Individualistische, die das Pathos von Rubens' gleichzeitigen Schöpfungen in den Händen des jüngeren Künstlers erfährt.

Im ganzen bietet van Dycks Schaffen in diesen Jahren eine ziemlich parallele Erscheinung zu Rubens. Das Schwergewicht liegt auf den figürlichen Kompositionen, zu deren Bewältigung er sogar schon helfende Kräfte heranzuziehen genötigt ist. Daneben steht allerdings auch ein bedeutendes Kontingent von Bildnissen, die sich in den Jahren 1615—1617 nach Form und Charakteristik noch kaum über das seit dem Ende des 16. Jahrhunderts übliche Kniestück erheben, im Vergleich mit den gleichzeitigen Figurenbildern aber besonders solide gemalt sind und zwar teilweise in so starker Anlehnung an die Technik von Rubens, daß ein paar der besten noch heute zwischen den beiden Künstlern strittig sind. Während man die Bildnisse eines alten Ehepaares in der Liechtenstein-Galerie, eines jungen Mannes in Hannover, ein ähnliches in Windsor und den »Mann mit dem Handschuh« in Dresden zweifellos als Werke van Dycks anzusprechen hat, muß das Bildnis eines jungen Mannes in Dresden (Nr. 960), das die neuere Kritik ebenfalls dem jüngeren Künstler zuschreibt, doch wohl dem älteren Meister verbleiben.

Bedeutender als diese äußerlichen Übereinstimmungen ist der Ernst der Auffassung und der tiefe Blick in die Persönlichkeit, den van Dyck aus den Bildnissen von Rubens übernahm. Unter seinem Eindruck entstand der Cornelis van der Geest in der Londoner National-Galerie, das ergreifende Brustbild einer alten Dame, sowie der Kopf des

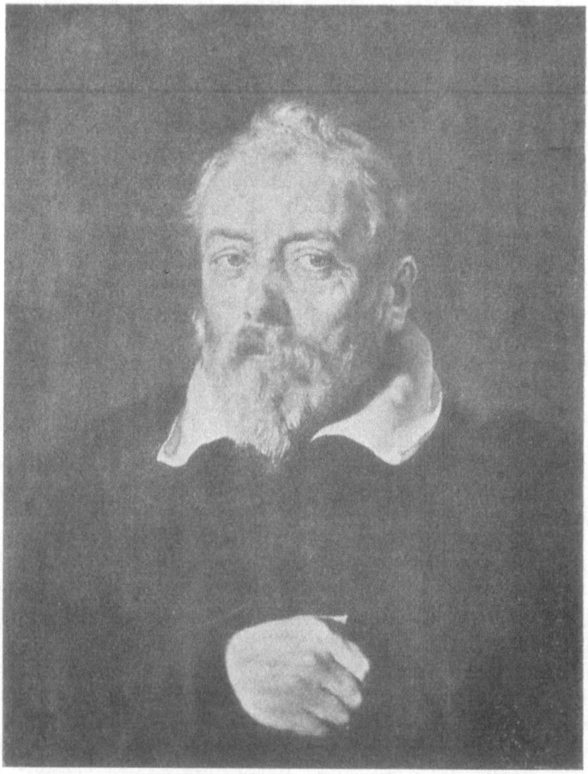

Abb. 29. **Anthonis van Dyck, Bildnis des Fr. Francken.** Ehem. Cronberg, A. de Ridder.

Jan Wildens in Kassel, das männliche Brustbild von 1619 in Brüssel und das Porträt des Frans Francken (Abb. 29) Arbeiten, denen bei anspruchlosester Form ein von van Dyck kaum wieder erreichtes Maß von innerer Sammlung und Scharfblick innewohnt. Mit den Porträts des Ehepaares Snyders bei Herrn Frick in New York, dem »Syndikus« im Museum Andrée in Paris, einem männlichen Bildnis bei Herrn Geheimrat Koppel in Berlin und einigen ähnlichen der Jahre um 1620 hat van Dyck die seelische Tiefe voll erreicht, die er überhaupt im Bildnis auszudrücken vermochte. Aber schon in diesen Jahren stehen neben solchen Perlen die gezierten Erzeugnisse eines gefallsüchtigen Geschmacks, von denen hier nur das prächtig gemalte Selbstbildnis in München angeführt sei. Die angeborene Gabe, die Persön-

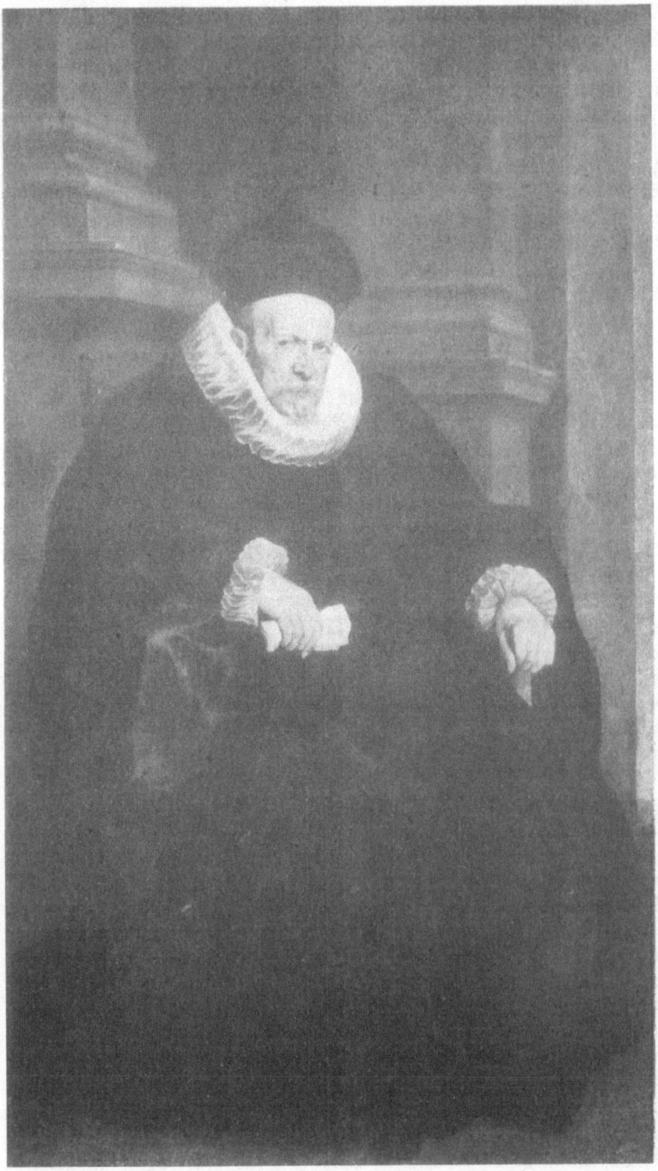

Abb. 30. **Anthonis van Dyck, Bildnis eines vornehmen Genuesen.** Berlin.

lichkeit zu einer eigentümlichen, ja bedeutenden und immer einschmeichelnden Geltung zu bringen, sollte dem Künstler verhängnisvoll werden; denn er besaß nicht die Kraft, um seine künstlerische Integrität gegen die Ansprüche frei zu wahren, die sein entzücktes Publikum an ihn stellte. Wenn er jedoch trotz dieser Verwöhnung durch seine Auftraggeber und trotz seines weiblich schmiegsamen Naturells, das bestechenden äußeren Einflüssen so leicht erlag, sich dennoch zeitlebens auf einer Höhe zu halten vermochte, die ihn unter die ersten Bildnismaler aller Zeiten stellt, so ist gerade dies ein Beweis seiner bedeutenden, häufig stark unterschätzten künstlerischen Potenz.

Im Jahre 1620 verließ van Dyck Antwerpen, um in London am Hofe Jakobs I. sein Glück zu suchen. Da er aber dort seine Hoffnungen betrogen fand, zog er nach Italien, wo er sich zunächst in Genua niederließ. Nach seinen Werken zu urteilen, brach hier die glücklichste Zeit seines Lebens an. Was ihn, namentlich im Bildnis, im Norden unwahr oder oberflächlich erscheinen lassen konnte, der Hang zur schönen Allüre, ja zur Pose, erwies sich in der vornehmen Welt des Südens als bis zu einem gewissen Grade berechtigt und natürlich. Hier lebten tatsächlich Menschen, die sich so bewegten, wie der Künstler es bisher mehr gefordert, als beobachtet hatte, und daher besitzen seine Werke aus den Jahren, die er in Italien verbrachte, den vollen inneren Einklang des künstlerischen Wollens mit dem Stoff. Die großen, leider ganz verdorbenen Bildnisse im Palazzo Rosso zu Genua, sowie die entsprechenden in Berlin, New York (Metropolitanmuseum und Sammlung Morgan) und Philadelphia (Sammlung Widener) sind ebenso wahre, als prächtige Verkörperungen der reichen und stolzen Aristokratie der ligurischen Hauptstadt. Daß van Dyck die Achtung vor dem Modell der glanzvollen äußeren Erscheinung nicht opferte, beweisen die fesselnd lebhaften Cattaneobildnisse in der Londoner National-Galerie und noch mehr die großen Porträts eines Ehepaares in Berlin, in denen er den Konflikt zwischen einem von Jugend auf gepflegten, stolzen Auftreten und der unverhehlbaren Gebrechlichkeit des »tückischen Alters« in ergreifender Aufrichtigkeit schildert (Abb. 30). Den Glanzpunkt seiner Arbeiten in Italien bildet das große Porträt des Kardinals Bentivoglio im Pitti-Palast (Abb. 31), doch tritt hier zugunsten der repräsentativen Erscheinung und der gesteigerten Farbenpracht eine starke Abnahme an tieferem persönlichen Gehalt zutage, die in dem nicht weniger glänzend gemalten Bildnis eines jungen Prinzen in Rüstung im Wiener Hofmuseum fast bis zur Gleichgültigkeit gegen das Inviduum führt.

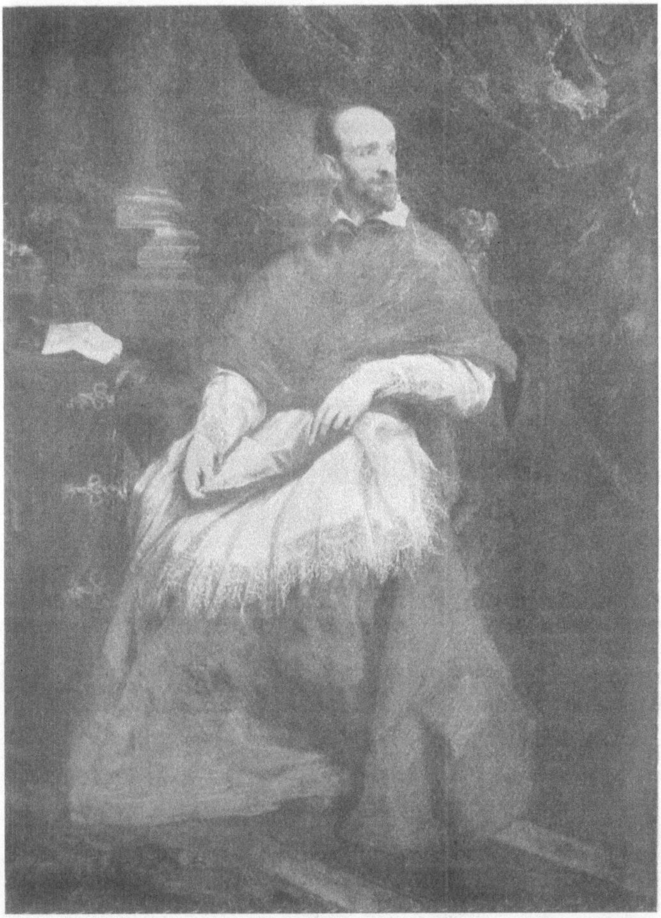

Abb. 31. **Anthonis van Dyck, Kardinal Guido Bentivoglio.** Florenz, Palazzo Pitti.

In Italien entscheidet sich nun auch, was später noch klarer zutage tritt: daß van Dyck nur nach der Richtung des Bildnisses starke schöpferische Gaben besaß, oder wenigstens seit dem Verlust der von Rubens ausgehenden Anregung im Kompositionellen mehr und mehr an Schwung und Kraft einbüßte. Diese Seite seines Schaffens tritt denn auch von jetzt an quantitativ stark zurück; meistens handelt es sich nur um geschmackvolle neue Redaktionen veneziani-

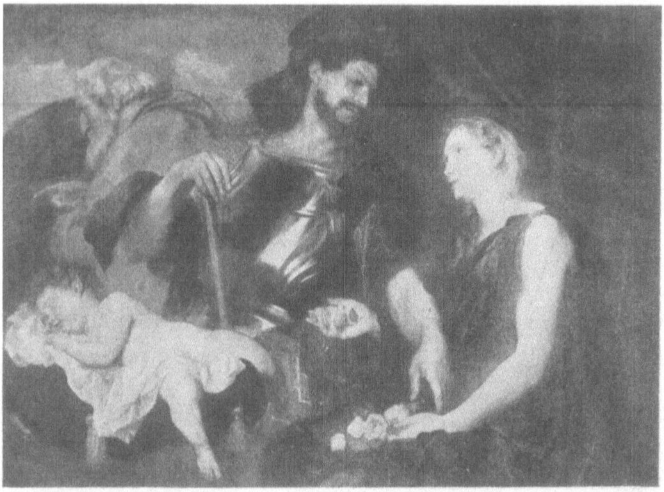

Abb. 32. **Anthonis van Dyck, Die vier Lebensalter.** Vicenza.

scher Motive, die allerdings, dank ihrer koloristischen Kraft, zum Erfreulichsten gehören, was van Dyck an Figurenbildern hinterlassen hat. An erster Stelle stehen hier die »Lebensalter« in Vicenza (Abb. 32), denen wahrscheinlich eine Komposition Giorgiones zugrunde liegt. Ähnliche Neugestaltungen Tizianischer Bildgedanken bringen »der Zinsgroschen« in Genua, die »Verlobung der Katharina« im Prado, derselbe Vorwurf, sowie Christus mit dem Lahmen im Buckingham-Palast, die Madonna mit den reuigen Sündern im Louvre, ferner Madonnenbilder in mannigfachen Varianten, namentlich in Grosvenor-House und Bridgewater-House in London. Das interessanteste Zeugnis für van Dycks rezeptive Haltung in Italien besitzt der Herzog von Devonshire in zwei Skizzenbüchern mit einigen hundert flüchtigen Nachzeichnungen nach italienischen Originalen, deren sich der Künstler gelegentlich für eigene Kompositionen bediente. Wo er aber die nahe Fühlung mit bewährten Vorbildern verliert und größere Flächen zu bewältigen hat, wie in dem Altarbild für das Rosenkranzoratorium in Palermo oder in der Kreuzigung in S. Michele bei Rapallo, wird sein Mangel an monumentalem Empfinden peinlich fühlbar. Die Kreuzigung mit dem prachtvollen Stifterbildnis beweist außerdem, daß van Dyck noch im Süden die rauh-pastose, warme Farbe gegen das kühle, metallisch schimmernde, manchmal fast seifige Kolorit vertauscht, das man im allgemeinen erst als

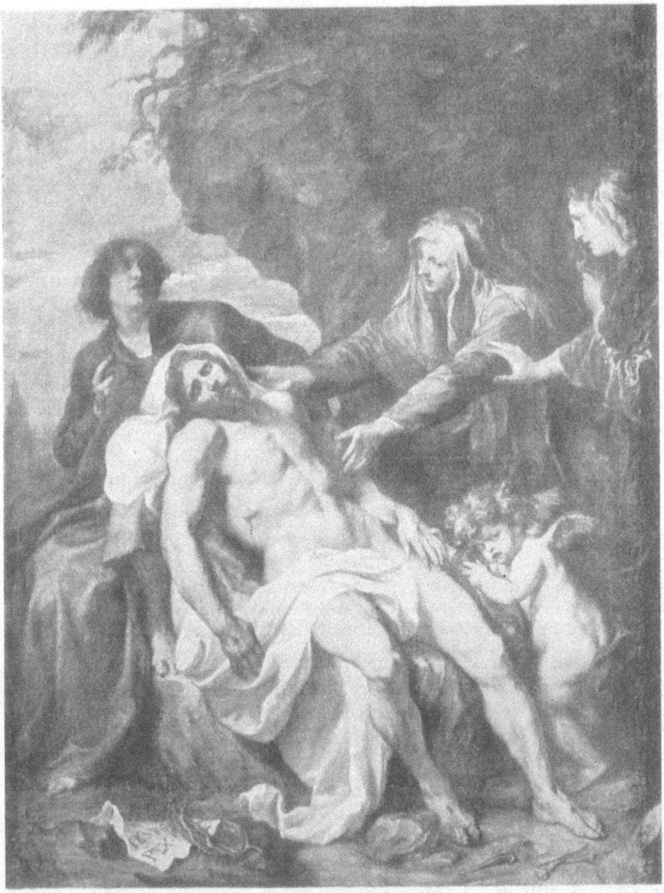

Abb. 33. **Anthonis van Dyck, Beweinung Christi.** Berlin.

die Folge der Rückkehr nach dem Norden anzusehen pflegt. Demnach könnten auch die kleine Beweinung in München und ähnliche Werke, die sich vor den beglaubigten Altären der folgenden Jahre durch leuchtende, tiefe Farben auszeichnen, sehr wohl noch in Italien gemalt sein.

Nach der Rückkehr in die Heimat um 1626 hätte van Dyck mit seinen eklektisch geschmacksmäßigen Arbeiten neben der sicheren, immer neuartigen Bildgestaltung von Rubens nicht mehr wie früher bestehen können, wenn ihm nicht die wenig später erfolgende Abreise des Meisters nach Spanien zustatten gekommen wäre. Die Augustiner übertrugen ihm 1627, wohl auf Empfehlung von Rubens, der zugleich den Hochaltar für die Kirche malte, einen Altar mit der Verzückung des heiligen Antonius, bei deren höchst äußerlicher Auffassung das Bildnis eines knienden Mönches bezeichnenderweise den genießbarsten Teil bildet. In die folgenden Jahre, während deren Rubens in Madrid und London weilte, drängt sich dann eine größere Anzahl von Altarblättern, die jedoch meistens von Schülern ausgeführt sind und keineswegs, wie ähnliche Werke aus dem Rubens-Atelier, den herrschenden Willen des Meisters auch in der Hand des Gehilfen vollwertig zum Ausdruck bringen, sondern seine Malweise nur ins Leere und Flüchtige hinabziehen. Hierher gehört die große Madonna mit der heiligen Rosalie in Wien (1629), ferner die Kreuzigungsbilder in Lille (1627 bis 1628), Antwerpen (1629), Dendermonde (1629), Gent (1630), Mecheln und Kortryck. Im Gegensatz zu der Oberflächlichkeit dieser Arbeiten trifft van Dyck, wo er sich die Ausführung selber vorbehält, ein warmes, überzeugendes Pathos, wie in der Pietà in Antwerpen, die er 1628 für das Grab seiner Schwester malte, und der etwas späteren Fassung des nämlichen Themas in Berlin, das farbig matter, inhaltlich aber fast noch ernster und tiefer empfunden ist (Abb. 33). Sie gehört mit der prachtvollen »Madonna mit einem Stifterpaar« im Louvre zu den letzten Figurenbildern, in denen van Dyck noch im klaren Zusammenhang mit der Rubensschen Kunst steht. Die gefühlsselige, manchmal fast banale Auffassung dieser religiösen Gemälde fand den Beifall eines großen, wenn auch nicht des besten Teiles des Publikums und rief eine Unzahl von Nachahmungen und Kopien ins Leben, die man sich hüten muß, dem Meister selbst zur Last zu legen.

Nach der Übersiedelung nach London (1632) scheint van Dyck nur noch ausnahmsweise das Gebiet der Figurenkomposition betreten zu haben, von dem ihm schon seine Eitelkeit abraten mußte, da seine Unterlegenheit gegenüber Rubens zu augenscheinlich war. Nur ein paar mythologische Bilder lassen sich nach ihrer bunt schillernden, blumigen Färbung zu den Bildnissen des letzten Jahrzehntes in Beziehung setzen, so der Zaubergarten Armidas im Louvre, der Ikarus bei Lord Spencer u. a.

Um als selbständige Persönlichkeit neben Rubens in Antwerpen Fuß zu fassen, mußte van Dyck vor allem seine Begabung für das Portät im weitesten Umfang bekannt und nutzbar machen, da Rubens' Abneigung gegen das Bildnismalen ihm gerade dieses Feld willig einräumte. Nach dem Vorbild seines Meisters begnügte er sich nun nicht mehr mit der Arbeit, die sein Pinsel allein zu bewältigen vermochte, sondern er sann auf Erweiterung seiner Wirkungsmöglichkeit, die freilich nicht mit den nämlichen Mitteln zu erreichen war, wie bei Rubens, da das Porträt nur in ganz beschränktem Maß, für die Ausführung der Kleider und des Hintergrundes, die Mitwirkung von Gehilfen gestattete, das Entscheidende aber immer dem Meister selbst zuwies. Van Dyck verfiel daher auf den Gedanken, weniger die künstlerische, als die ikonographische Seite seiner Tätigkeit auszunützen, indem er nach seinen Vorlagen eine Porträtsammlung bedeutender oder bekannter Persönlichkeiten, von Feldherren, Staatsmännern und Künstlern, stechen ließ, die er zum Teil gar nicht gesehen hatte, für die er aber ein weiteres Interesse voraussetzen konnte. Er stellte hierfür teils kleine Grisaillen her, die den Stechern als Vorbild dienten, teils griff er selbst mit glänzendem Geschick zur Radiernadel und brachte so eine Serie von ikonographisch und auch künstlerisch bedeutungsvollen Blättern zustande, die zwar erst nach seinem Tod als geschlossenes Werk erschien, ihm jedoch schon durch den Einzelvertrieb eine breite Popularität sicherte. Was die Vorlagen in Grisaille anlangt, so stammen nur die wenigsten, die man in öffentlichen und privaten Sammlungen trifft, von van Dyck selbst. Als besonders wertvolle seien genannt die Bildnisse des M. de Blon und des H. Liberti in Amsterdam, des D. Ryckaert bei Baron Oppenheim in Köln und (dieser freilich nicht zur Ikonographie gehörig) der heilige Laurentius in Aachen. Die bekannte Serie der Münchener Pinakothek sowie eine Reihe ähnlicher Skizzen in anderen Sammlungen können wir dagegen nur Schülerhänden zuweisen.

Über die zahlreichen Bildnisse, die van Dyck zwischen 1626 und 1632 in Antwerpen schuf, und deren beste im Louvre, in der Wallace-Sammlung und in den Museen von Wien, München und Kassel aufbewahrt werden, ist im einzelnen wenig anderes zu sagen, als über die genuesischen, nur mit dem Vorbehalt, daß bei der massenhaften Produktion die Auffassung des Modells nicht selten an Überzeugungskraft einbüßt und zur überlegten Pose verflacht. Neben den anziehenden Bildnissen eines Ehepaares (in Halbfiguren) in Kassel, eines jungen Mannes in prächtigem schwarzen Atlaskostüm im Louvre oder eines jungen Ehepaares mit Kindern in der Wallace-Sammlung stehen gleichgültige Erzeugnisse wie die Portäts des Kupferstechers Mallery oder des Organisten Liberti in München. Gemeinsam aber ist allen der perlmutterartige bläuliche Schimmer der Fleischfärbung und die geistvolle malerische Bewältigung der meist

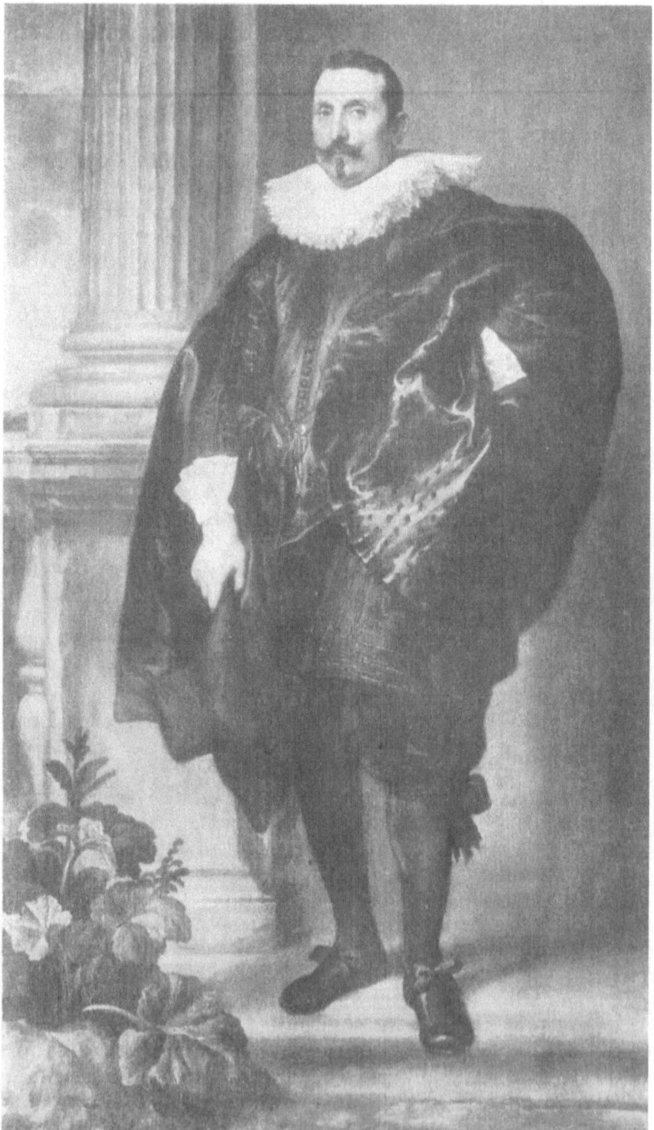

Abb. 34. **Anthonis van Dyck, Männliches Bildnis.** München, Alte Pinakothek.

schwarzen Kleider in einem reichen Spiel von schillernden Tönen (Abb. 34). Wenn auch noch nicht mit dem glänzenden Geschmack der späteren Jahre gehandhabt, bildet sich jetzt schon die gespreizte, unnahbar vornehme Geste aus, die in den dreißiger Jahren gelegentlich zum Puppenhaften erstarrt, aber noch über hundert Jahre in der Bildnismalerei maßgebend sein sollte, da sie dem Geist und Geschmack Ludwigs XIV. und seines allbewunderten Hofes vorausgreifend entgegenkam.

Begreiflicherweise hat man gerade in diese zweite Antwerpener Zeit des Künstlers, in die das Schwergewicht seines Einflusses auf die flämischen Zeitgenossen fällt, eine große Anzahl von Nachahmungen und Schularbeiten setzen wollen, die in Wirklichkeit nur die Reflexe seines eigenen Schaffens sind. Einzelne Hinweise nach dieser Richtung sind in der vorstehenden Anmerkung an Hand der Schaefferschen Monographie gegeben worden. Je mehr aber die Beliebtheit und damit der Atelierbetrieb des Künstlers zunimmt, um so vorsichtiger darf seine eigentliche schöpferische Kraft, die er immer mehr dem Gelderwerb opferte, nur nach ganz gewählten Arbeiten beurteilt werden. Vor allem gilt dies für seine Tätigkeit in England, in der neben einer ungeheuren Anzahl oberflächlich aufgefaßter und maltechnisch vernachlässigter Bildnisse (wie z. B. fast alle in der berühmten Pembroke-Sammlung) Werke von tiefer und besonders koloristisch ganz neuartiger Bedeutung stehen. Das Bildnis Karls I. im Louvre, des Herzogs von Richmond mit seinem Hund im Metropolitanmuseum zu New York oder die köstlichen Gruppen der königlichen Kinder in Windsor und Turin beweisen, wie frei und kühn van Dyck, trotz der schablonenhaften Arbeitsweise, die er gleichzeitig betrieb, noch immer zu gestalten wußte und wie geistvoll er Landschaft, Tiere und Akzessorien nicht nur wiedergibt, sondern als inhaltliche und dekorative Attribute den Dargestellten beiordnet. Eine Reihe besonders wertvoller Schöpfungen dieser Art brachte ein vorübergehender Aufenthalt in Brüssel 1634—1635, in dem die Reiterbildnisse des Marquis Moncada im Louvre und des Prinzen Thomas von Savoyen in Turin entstanden, sowie das nicht ganz gleichwertige Kniestück des nämlichen Prinzen in Berlin. Van Dyck ist jetzt viel farbiger, als in der vorausgehenden Zeit; wo er schwarze Kleider geben muß, stellt er sie nicht wie früher vor eine neutrale graue Wand, sondern setzt, wie in dem delikaten Porträt der Margarete von Lothringen in den Uffizien, in einem Vorhang oder Teppich lebhafte Farben daneben. Mit Vorliebe sucht er in den Seidenkleidern seiner Modelle bunte, ja grelle Far-

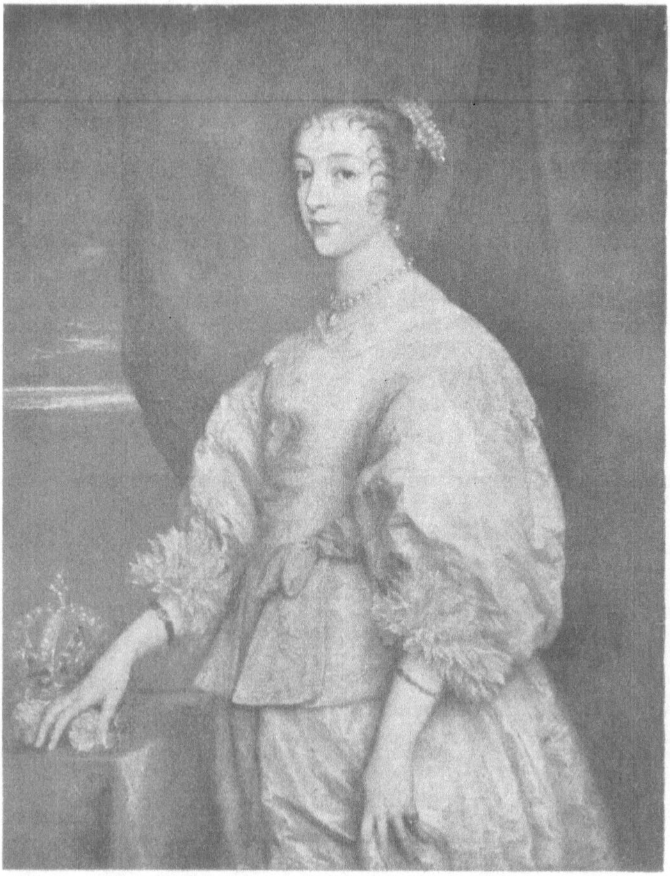

Abb. 35. **Anthonis van Dyck, Henriette, Königin von England.** Windsor.

ben, die er in den feinsten tonigen Abstufungen und mit einem blendenden Geschick in der Wiedergabe des Stofflichen behandelt (Abb. 35). Gemälde wie die Gräfin von Southampton (Welbeck-Abbey) in ihrer strahlenden blauen Atlasrobe, oder das Doppelbildnis der Grafen von Bristol und Bedford (Althorp) mit seiner Pracht von roten, erdbeerfarbenen und goldgelben Tönen bringen in ihrer freien und eigenartigen farbigen Gestaltung gegen alle früheren Leistungen des Künstlers noch einmal eine glänzende Steigerung. Dieser ungemein raffinierte Kolorismus wird fortan für die Bildnismalerei der Niederlande sowohl, als Frankreichs maßgebend, während die kühle, fast prahlerisch vornehme Porträtauffassung van Dycks noch das ganze 18. Jahrhundert beherrscht und erst durch Reynolds und seine Nachfolger eine persönliche Neugestaltung erfährt. Die Jahre in England sind daher für van Dyck als historische Erscheinung bei weitem die bedeutungsvollsten und bringen zugleich auch in seiner persönlichen Entwicklung den eigentlichen Höhepunkt. Innere Reife und vielleicht auch das Fehlen von starken äußeren Eindrücken, denen der empfindsame Künstler in Antwerpen und Italien immer so leicht unterlag, läßt ihn in England klarer als je zuvor seine eigene Persönlichkeit finden und frei entwickeln.

Daß van Dyck zunächst die flämische Bildnismalerei völlig beherrschte, ist nur zu begreiflich, denn bei ihm fanden die Epigonen, was Rubens ihnen nicht geben konnte: die anwendbaren Formeln, das Rezept zur bildmäßigen und imposanten Aufnahme einer Persönlichkeit. Als eine universelle, voll in sich abgerundete Erscheinung war Rubens viel schwerer zugänglich und gerade deshalb wandte sich die große Schar nicht nur der Porträtisten, sondern auch der Figurenmaler, sogar solcher, die bei Rubens angefangen hatten, zu van Dycks spezialisierender Kunst, wobei freilich im Auge zu behalten ist, daß so vieles, was sie von diesem empfingen, ursprünglich von Rubens stammt.

Was wir vor van Dyck oder außerhalb der Zone seines Einflusses an Bildnismalern antreffen, gibt sich als belanglose Ausläufer der alten Tradition des 16. Jahrhunderts zu erkennen, die ihre letzte Prägung durch Antonis Mor erhalten hatte. Die internationale Anerkennung dieses Künstlers vererbte sich auf den nüchternen Frans Pourbus II. (1570—1622). Er war 1591 in Antwerpen Meister geworden, und das im gleichen Jahre gemalte sogenannte Selbstbildnis in den Uffizien (augenscheinlich ist es das Bildnis eines älteren Kollegen), zeigt ihn in solider, farbig kraftvoller Art die Tradition seines Vaters fortsetzend. Die Verpflichtung, die er 1600 einging, Bildnisse für die Schönheitsgalerie des Herzogs von Mantua zu malen, die zerstreuenden Reisen von Hof zu Hof und die Forderungen des auf kühle Eleganz und peinliche Durchführung gerichteten höfischen Geschmacks ließen jedoch seine lebhafte Auffassung, die aus jenem Bildnis von 1591 spricht, in konventionellen Formen erstarren und jede selbständige koloristische Note verlieren, so daß seine zahlreichen Fürstenbildnisse, namentlich vom französischen Hof, für den er 1610—1622 arbeitete, kaum mehr als ikonographisches Interesse beanspruchen können (Beispiele in Paris und Florenz). Als sein unmittelbarer

Nachfolger wäre Justus Sustermans (1597—1681) zu bezeichnen, der zwischen 1610 und 1620 bei Pourbus in Paris lernte, um dann seit 1620 sein einseitiges Geschick im Dienst der Medici in Florenz auszuwerten. In seinen zahllosen Fürstenbildern in allen Sammlungen und Schlössern von Toskana zeigt er sich kaum wandlungsfähiger als Pourbus, und nur selten erhebt er sich über das auch koloristisch festgelegte Schema. Das eindrucksvolle Frauenbild im Berliner Museum (Nr. 405), das ihm herkömmlich zugeschrieben wird, steht in der lockeren malerischen Behandlung über seinem Können und scheint überhaupt eher rein italienischen Ursprungs zu sein. Ebenfalls im Sinne von Pourbus arbeitete am englischen Hof Paulus van Soomer (1576—1621), dessen kalte, fast steife Bildnisse in englischen Sammlungen häufig vorkommen, namentlich in der National-Porträtgalerie und in Hamptoncourt. Sein Einfluß und sein künstlerisches Ansehen am Hofe Jakobs I. scheint bedeutend gewesen zu sein, da van Dyck sich bei seinem ersten Aufenthalt in London im Jahre 1620 nicht gegen ihn durchzusetzen vermochte. — In der Heimat wahrte die alte Tradition Jeroom van Kessel (1578), dessen nüchterne Bildnisse wir in Hannover und Schleißheim antreffen.

Den Umschwung, der sich durch Rubens in Form und Auffassung des flämischen Bildnisses vollzog und seit der Rückkehr van Dycks aus Italien von diesem Künstler weiter bestimmt wurde, veranschaulicht am klarsten die Entwicklung des Cornelis de Vos (um 1585—1651), dessen früheste Arbeiten etwa noch auf einer Stufe mit Frans Pourbus gestanden haben müssen. Wie er schon um 1615 die nüchterne Bildauffassung mit dem drängenden Kontur und der energischen Färbung von Rubens zu beleben suchte, zeigen die Bildnisse eines Ehepaars in Schleißheim, die dort fälschlich als Kopien nach Rubens gelten. Die ernste Auffassung seiner folgenden Arbeiten, wie z. B. der Abraham Grafäus von 1620 in Antwerpen, die Damenbildnisse im Haag und in Stockholm oder das Männerporträt von 1621 in Braunschweig, machen es begreiflich, daß sie nicht selten mit Rubens verwechselt werden, wie z. B. das Frauenporträt der Sammlung Doria in Rom, die beiden prächtigen Bildnisse beim Herzog von Devonshire, das männliche Bildnis bei Herrn Cook in Richmond u. a. Eine charakteristische Arbeit von Vos unter Rubens' Einfluß ist auch das Frauenbildnis von 1622 in der Sammlung Johnson in Philadelphia, das dort van Dyck zugeschrieben wird, augenscheinlich wegen seiner Pseudo-Rubensschen Auffassung und Malart. Jedoch abgesehen davon, daß van Dyck 1622 seine Abhängigkeit von Rubens im Bildnis schon längst überwunden

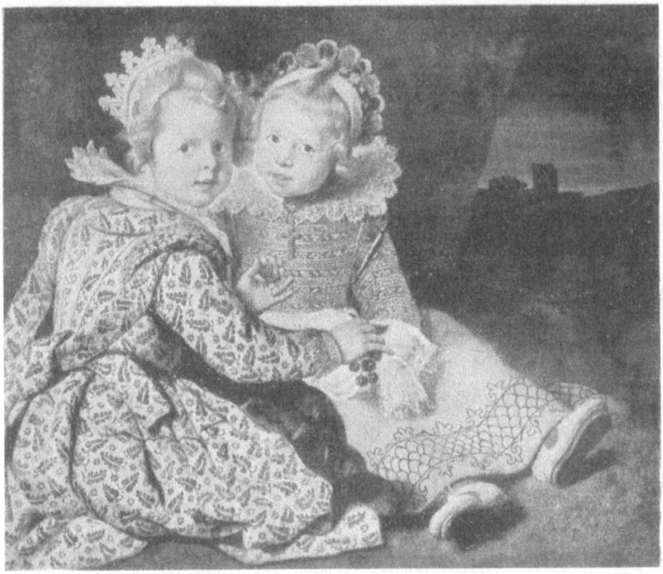

Abb. 36. **Cornelis de Vos, Die Töchter des Künstlers.** Berlin.

hatte, läßt sich das Porträt durch seine schlagende Analogie mit dem gleichzeitigen Frauenbild der Walace-Sammlung für de Vos sichern und rechtfertigt zugleich die hohe Wertschätzung, die Rubens für seine Arbeiten hegte.

Auch für die Gruppenbildung knüpft de Vos an Vorbilder wie das Familienporträt von Rubens in Karlsruhe an, doch bleibt er hier zunächst noch, z. B. in den Gruppenbildern in Braunschweig und Köln, in dem Münchener Familienbild (um 1620) oder dem sehr viel größeren, etwa fünf Jahre jüngeren im Museum von Philadelphia, schwerfällig und stockend, wenn ihm auch einzelnes, namentlich dic Wiedergabe der Kinder, höchst anmutig gelingt. Wie weit sein sprödes Naturell in der belebenden Nähe von Rubens auftaute, zeigen seine köstlichen Kinderbildnisse bei Lord Northbrook in London, im Städelschen Institut zu Frankfurt (1626) und vor allem die Töchter des Künstlers in Berlin (Abb. 36). Mit unübertrefflichem Verständnis ist hier die Unbefangenheit des Kindes in Blick und Haltung beobachtet, und durch einen leichten genrehaften Zug das Individuelle zu allgemeiner Bedeutung erweitert, ähnlich wie wir es in Bildnissen von Rubens fanden; in diesem Sinn ist hier auch das reizvolle Interieur des Stockholmer

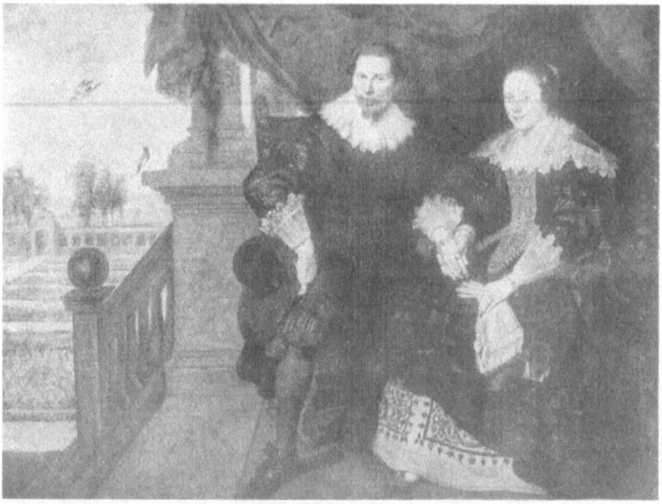

Abb. 37. **Cornelis de Vos, Bildnis eines Ehepaares.**

Museums, der sog. Salon des Rubens, zu nennen, das de Vos mit fünf Porträtfiguren höchst anmutig ausgestattet hat. Der Höhepunkt nicht nur seiner darstellerischen Kraft, sondern vor allem der malerischen Reife erreicht de Vos in dem prächtigen Familienbild in Brüssel (um 1628) und dem in seiner unbefangenen Frische so ansprechenden Bildnis eines Ehepaares von 1629 im Berliner Museum (Abb. 37). In den als Gegenstücke komponierten Familienbildern von 1631 in Antwerpen beginnt er dagegen sowohl in der Anordnung als in der überlegten, geschmeidigen Bewegung van Dycks bestechender Bildnisauffassung nachzustreben und mit dieser Absicht, die seiner zur Nüchternheit neigenden Anlage entgegenlief, gerät er in Widerspruch mit sich selbst. Zunächst gelingen ihm noch ein paar Bildnisse nach der neuen Geschmacksrichtung, wie die Dame mit Kind im Museum von Gotha, ein flottes Frauenporträt ebendort, ein Familienbild in Turin und ein imposantes Frauenbildnis mit zwei Kindern in römischem Privatbesitz, die sämtlich noch heute unter van Dycks Namen geführt werden. Die erwähnten Familienbilder in Antwerpen aber zeigen bereits eine verflachende Auffassung und ein Ermatten der koloristischen Kraft, dessen Zunahme wir in den wenigen aus den letzten zwanzig Jahren des Künstlers nachweisbaren Bildnissen weiter verfolgen können. An datierten Arbeiten fehlt es fast völlig, jedoch beweist das kraftlose Bildnis eines Mannes mit seinem Sohn (signiert, um 1640 entstanden) in Kassel, daß de Vos jedenfalls nicht als Autor für das prächtige, früher Frans Hals zugeschriebene Familienbildnis in der Münchener Pinakothek in Betracht kommen kann, das man in der treffenden Erwägung, es müsse von einem der ersten Porträtisten stammen, die um 1630 in Antwerpen tätig waren, ihm hat zuschreiben wollen. — In seinen religiösen oder genrehaften Gemälden in Wien, Braunschweig, Stockholm, Antwerpen (Museum und bei Frau M. Rooses) entwickelt der Meister einen soliden, von Rubens abhängigen Geschmack, dem in der matten, zum Grau neigenden Tönung eine gewisse Schwäche anhaftet.

Von den flämischen Porträtmalern der van Dyckschen Generation blieb der tüchtigste, Philippe de Champaigne (1602—1674), seinem Vaterland dauernd vorenthalten. Schon mit neunzehn Jahren zog er nach Paris, wo er von 1630 an der maßgebende Bildnismaler wurde, indem er zwar sichtlich der vornehmen, ansprechenden Auffassung van Dycks nacheiferte, jedoch unter dem Druck des am französischen Hof herrschenden Klassizismus die etwas aufdringliche Geltung der Persönlichkeit, mit der van Dyck seinen Modellen geschmeichelt hatte, ins Typische abstumpfte. Wenn also auch etwa das Porträt des Bischhofs Carmus in Gent oder seine Richelieubildnisse im Louvre und in der Londoner Nationalgalerie ohne die Kenntnis von van Dycks Werken der dreißiger Jahre nicht denkbar wären, so gehören sie doch ebenso wie die seines Neffen Jean Baptiste de Champaigne (1631—1681) durchaus der französischen Kunstgeschichte an. Ein weiterer Ableger der van Dyckschen Bildniskunst wurde seit 1651 durch Frans Leux (1604—1668) nach Deutschland verpflanzt, wo er allerdings rasch entartete. Die zahlreichen in der Zeichnung flauen und farblosen Porträts dieses Künstlers in den Sammlungen und Schlössern von Wien zeigen ihn als eine sehr viel mattere Parallelerscheinung zu Sustermans in Florenz.

Etwas jünger als Champaigne und Leux dürfte Jan van Meert gewesen sein, der 1629 in die Brüsseler Malergilde aufgenommen wurde (gest. 1669). Seine wenigen nachweisbaren Arbeiten, die Vorsteher der Fischergilde im Brüsseler Museum und die Bildnisse eines Ehepaares (1661) in der Sammlung Janssen in Brüssel, (vielleicht auch zwei ähnliche unter der Bezeichnung C. de Vos in Hannover) zeigen ihn als einen schwerfälligen, von van Dycks geistvoller Kunst kaum berührten Provinzmaler, dem man das sehr viel feinere und lockerer gemalte männliche Bildnis im Berliner Museum nicht zutrauen darf. Auch Jan

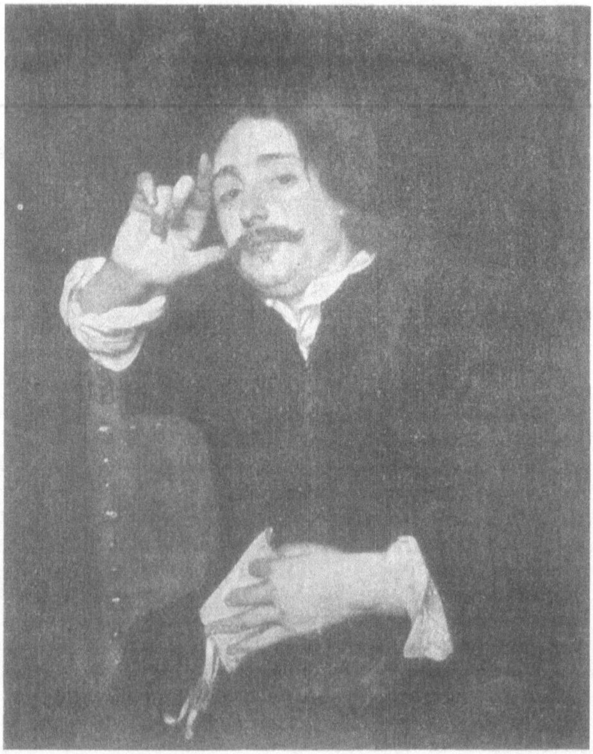

Abb. 38. **Pieter Franchoys, Männliches Bildnis.** Frankfurt a. M., Städelsches Institut.

van Ryn (1610—1678), der van Dyck nach England begleitet haben soll, erweist sich in seinem Frauenporträt des Brüsseler Museums als unselbstständiger Epigone. Sehr viel eigenartiger treten dagegen zwischen 1630 und 1640 zwei anonyme Künstler auf, die wir aus dem Gruppenbild der Familie Ribaucourt in Brüssel und dem schon erwähnten, imposanten Familienporträt der Münchener Pinakothek kennen.

Der eigenartigste Bildnismaler dieser Generation, der van Dycks Anregungen — freilich auch nur bedingt — auf sich wirken ließ, war Pieter Franchoys (1606—1654). Aus Mecheln gebürtig, empfing er seine künstlerische Erziehung von Gerard Seghers in Antwerpen, der ihm jedoch bei seiner Neigung zum Bildnismalen weniger zu geben hatte, als die Werke van Dycks, die er in Fülle vor sich sah. Das zarte kleine Bildnis eines Kriegers in Dresden zeigt den Künstler in der miniaturhaften Umwertung des van Dyckschen Porträttypus als Gesinnungsgenossen eines G. Coques und auch das bald darauf entstandene Porträt eines Trinkers in Brüssel von 1639 besitzt die sprechende Gebärde der van Dyckschen Bildnisse um 1630. Abweichend ist nur das warme, ganz persönliche Kolorit, namentlich im Inkarnat, das uns auf dem eleganten Männerbildnis im Städelschen Institut (Abb. 38) wieder begegnet und den Künstler, der um 1640 wieder in Mecheln ansässig geworden war, von allen Antwerpener Kollegen scharf unterscheidet. Die stumpfe, pastos aufgetragene und glatt vertriebene Farbe des Frankfurter Bildnisses legt die Vermutung nahe, daß Franchoys in dieser Zeit mit den Nachahmern Caravaggios, die namentlich in Brüssel und Lüttich stark vertreten waren, in Fühlung kam und das Bildnis des Gilbert Mustaerts von 1645 in Lille, noch mehr aber das kleine männliche Brustbild von 1654 in Köln mit seiner scharfen, nüchternen Zeichnung, der schweren Schattengebung und der bräunlichen Farbe, aus der das Rot der Wangen hart hervorsticht, legt diesen Verlauf von Franchoys' Entwicklung, so ungewöhnlich er an sich scheinen mag, klar an den Tag. Aus diesem Grunde haben wir auch das Bildnis eines Mannes mit lang herabwallendem Haar im Berliner Museum, das helle Farben in lockerer Malweise aufweist, und nicht vor 1650 entstanden sein kann, Franchoys abzusprechen. — Von den späteren, indirekten Trägern der van Dyckschen Bildnistradition in Belgien wäre Jakob van Reesbroeck (1620—1704) zu nennen, von dem das Plantin-Museum geschmackvolle Porträts besitzt, ferner Augustin Coppens, der freilich nur gelegentlich, wie in dem Selbstbildnis von 1694 in Brüssel, auf diesem Gebiet auftritt, und Jacob van Oost d. J. (1639—1713).

Ein besonderer Zweig der Porträtmalerei, das ganzfigurige Bildnis in kleinem Format, das in Holland etwa seit 1625 durch Thomas de Keyser eingeführt worden war, faßte in den südlichen Niederlanden erst später Boden, um dann aber, ebenfalls von der eleganten Haltung der van Dyckschen Kunst beherrscht, um so reicheren Beifall zu finden. Der führenden Meister auf diesem Gebiet war Gonzales Coques (1614—1684), der seine Laufbahn in Fühlung mit der Genremalerei begonnen und auf diesem Gebiet gelegentlich, z. B. in den »fünf Sinnen« in London, Erlesenes geleistet hat. Neue Anregungen brachte er jedoch erst mit seinen genrehaft ausgestatteten Bildnissen, deren frühestes von 1640 wir in der Kasseler Galerie antreffen: in einer vornehm ausgestatteten Wohnstube sitzt der Hausherr

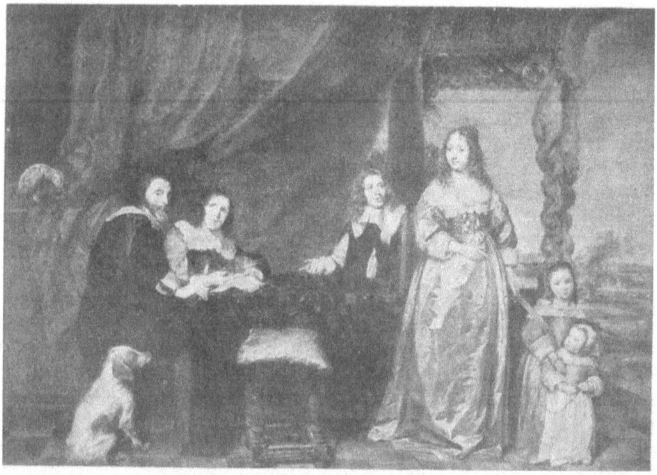

Abb. 39. **Gonzales Coques, Familienbild.** Berlin.

am Tisch, die Dame steht am Spinett, beide in der Auffassung ebenso wie in der realistischen Wiedergabe etwas stockend. Geht Coques hier noch kaum über die Befangenheit eines Francken hinaus, so verdankt er der bald darauf eintretenden, engeren Fühlung mit van Dyck eine Reife sowohl der Bildnisauffassung als des gesamten Aufbaus, die ihn zum gesuchtesten Porträtisten seiner Zeit machte. Statt der umständlichen Milieuschilderung, eine klug berechnete Folie von Säulen und Draperien, vor der sich die Figurengruppen in schön umrissenen Massen verteilen und trotz ihrer geringen Größe einer gewissen Monumentalität nicht entbehren. Dabei liegt in Blick und Gebärde jene einnehmende, wenn auch etwas hohle Grandezza, die van Dyck als unwandelbaren Ausdruck alles edlen, gesitteten Wesens festgelegt hatte. Ein besonders gewähltes Beispiel dieser Gruppenbildnisse besitzt das Berliner Museum in dem Familienbild (Abb. 39), das gerade jenes eigentümliche Gleichgewicht von reiner Porträtauffassung und genrehafter Beziehung der Figuren besitzt, wie es der Künstler in zahlreichen ähnlichen Werken in Budapest, Dresden, London (Buckingham-Palast) usw. variiert hat. Im Gegensatz zu diesen repräsentativen Schilderungen der wohlhabenden Antwerpener Bürgerschaft stehen zahlreiche ganz unbefangene und sehr lebensvoll akzentuierte Einzelbildnisse (z. B. in Schwerin), von denen Berlin in dem Porträt des Cornelis de Bie ebenfalls eine vorzügliche Probe besitzt (Abb. 40).

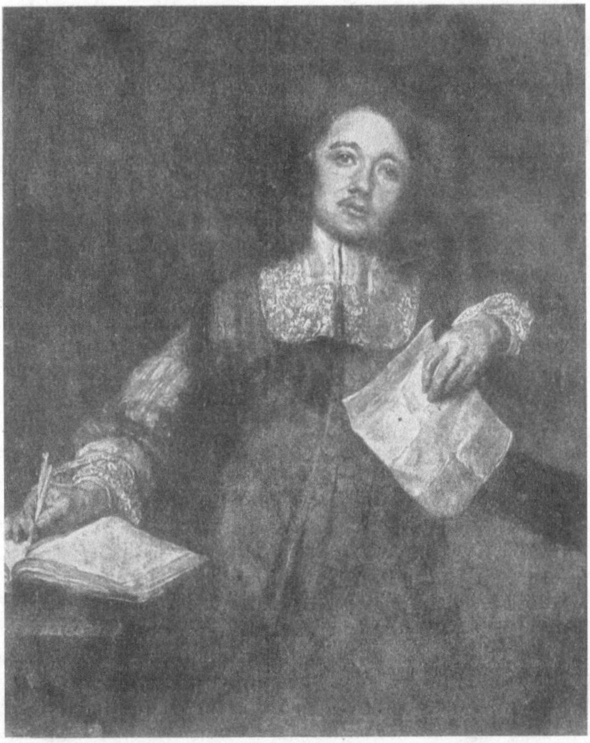

Abb. 40. **Gonzales Coques, Bildnis des Cornelis de Bie.** Berlin.

Wenn auch die meisten flämischen Sittenmaler sich gelegentlich im kleinfigurigen Bildnis versucht haben — namentlich Brouwer und Teniers, — so fand Coques einen eigentlichen Nachfolger doch nur in Charles Emanuel Biset (1633 — um 1710). In seinem Hauptwerk, dem Gruppenbild der Antwerpener Armbrustschützengilde von 1672 in Brüssel, verbindet er seine Modelle inhaltlich, indem er sie die Schützenszene aus der Geschichte des Wilhelm Tell aufführen bezw. zuschauend miterleben läßt, ein Gedanke, der gegenüber der unumwundenen Auffassung der frühen holländischen Schützenstücke die parfümierte Verweichlichung empfinden läßt, der die ganze niederländische Kunst nach 1650 anheimfiel. Im einzelnen übertrifft Biset seinen Vorgänger in der malerischen Durchführung der Köpfe, die geradezu an Ter Borch erinnert, steht aber in der Beherrschung der Komposition weit hinter ihm zurück; das nämliche gilt von seinen Werken in Schleißheim und Brüssel (Sammlung Lampe), in denen er ebenso wie in dem Schützenstück in Gemeinschaft mit dem Architekturmaler Schubert von Ehrenberg auftritt.

Um den allseitigen Einfluß voll zu ermessen, der von van Dyck ausging, müssen wir den Blick auch über die Grenzen Belgiens hinaus werfen und namentlich der Holländer gedenken, die mit erlesenem Geschmack und meist glänzenden malerischen Fähigkeiten den allbewunderten Meister des Bildnisses nachahmten. Nach einem prächtigen Frauenbildnis bei Dr. Bredius im Haag zu schließen, war der Utrechter Paulus Moreelse schon 1627 durchaus vertraut mit der Kunst des flämischen Meisters. 1634 siedelte sich Jan Lievens für elf Jahre in Antwerpen an und vergaß hier die Rembrandtsche Malart seiner Jugend so völlig, daß seine Werke, namentlich die Bildnisse, von flämischen kaum zu unterscheiden sind. Ebenso suchte der meist in London tätige Cornelis Janssen van Ceulen in zahlreichen Bildnissen dem morbiden Ausdruck und der zarten, pikant schillernden Färbung gleichzukommen, die durch van Dycks Spätwerke gerade in England als die unerläßlichen Eigenschaften des vornehmen Porträts galten. Bei weitem der gediegenste dieser holländischen Bildnismaler im Fahrwasser von van Dyck ist Adriaen Hanneman, der durch seinen längeren Aufenthalt in London ebenfalls in den Wirkungskreis des flämischen Meisters trat. Von seinen höchst geschmackvollen Bildnissen, die dem späten van Dyck ebenso in der überlegenen, etwas süßlichen Auffassung, als in dem brillanten Kolorit nahekommen, sei nur an das unter van Dycks Namen populäre Bildnis des Prinzen Wilhelm II. von Oranien in St. Petersburg erinnert, dem die Bildnisse der Familie Huygens im Haag an gefälliger Charakteristik kaum nachstehen.

In England war William Dobson der eigentliche Nachfolger van Dycks. Nach seinem frühen Tod aber (1646) übernahmen zwei Deutsche das Erbe des Meisters und führten es in stereotypen Formen bis ins 18. Jahrhundert hinüber: Peter Faes, genannt Lely aus Soest und Gottfried Kneller aus Lübeck, deren zahllose, äußerliche Bildnisse in allen Museen Englands, namentlich im Schloß von Hamptoncourt reichlich vertreten sind.

Der Neuromanismus.

Während des 16. Jahrhunderts hatten sich die Niederländer in immer erneuten Ansätzen der Ausdrucksformen des Südens und seiner stofflichen Gebiete zu bemächtigen gesucht und dabei, ebenso wie ihre italienischen Zeitgenossen, in der Verquickung von Raffaels Zeichnung mit der Farbe der Venezianer das Ideal der Malkunst erblickt. Rubens bleibt dieser Tendenz seiner Vorgänger, die wir als Romanismus zu bezeichnen pflegen, zunächst unverbrüchlich treu, wenn auch seine geniale Erfindungsgabe und sein feuriger Vortrag schon innerhalb der Grenzen dieses Eklektizismus Proben einer gewaltigen persönlichen Kraft und Selbständigkeit lieferte. Erst in seinem vierten Jahrzehnt überwindet er endgültig die unmittelbare Abhängigkeit von der südlichen Kunst und stellt damit die flämische Malerei überhaupt erst auf eigene Füße.

Zwischen seinen durchaus romanistischen Jugendwerken, wie der Verklärung oder der Taufe Christi von 1605, und dem Einsetzen seiner vollen Reife um 1610 liegt, als letzte Phase der vom Süden aufgenommenen Anregung, die Auseinandersetzung mit dem Naturalismus Caravaggios, dessen grundsätzliche Bedeutung für Rubens an seiner Stelle gewürdigt worden ist. Wie sich nun aber in seiner Person das Bild der gesamten flämischen Malerei und ihrer Entwicklung symbolisch zusammendrängt, so finden wir auch für diese Berührung mit Caravaggio die korrespondierende Erscheinung in einer ganzen Gruppe von Malern, die dem römischen Naturalismus nacheifern, ihn nach ihrer Art weiterbilden und in einem förmlichen, schulmäßigen Zusammenschluß durch mehrere Jahrzehnte in den Niederlanden vertreten. Und zwar kommen dabei nicht bloß die eigentlichen Caravaggesken in Betracht, sondern die mächtige Persönlichkeit des Lombarden hatte in den ersten zwei Jahrzehnten des 17. Jahrhunderts die Ideale des alten Romanismus so weit verdrängt und — wenigstens vorübergehend — alle besseren Talente der niederländischen Figurenmalerei in ihren Bann gezogen, daß sich unter dem

Gesichtspunkt dieses von Caravaggio abhängigen »Neuromanismus« ein Querschnitt durch die gesamten künstlerischen Interessen der Niederlande, mit Einschluß von Holland, ergibt.

Es ist schon darauf hingewiesen worden, wie stark der unbeirrbare Wirklichkeitssinn Caravaggios den natürlichen Anlagen der Niederländer entgegenkam und dazu geeignet war, sie nicht weiter im Zwang der Nachahmung zu halten, sondern sie zu selbständiger Schaffensfreude anzuregen. Dementsprechend trägt diese letzte Phase des Romanismus einen freieren, spontaneren Charakter, als die früheren, ja der Norden nähert sich jetzt dank einer gewissen Wahlverwandtschaft dem Süden so weit, daß nicht selten ein Gemälde zwischen der niederländischen und der italienischen Schule strittig bleibt.

Erinnern wir uns, ehe wir vor die eigentlichen Anhänger dieser Richtung treten, der bedeutsamen Jahre von 1608—1610, in denen Rubens mit dem ganzen Schwung seines Genies die von Caravaggio eröffneten Aussichten durchmaß, nicht allein unmittelbar nachschöpfend, wie in der schauerlich kaltblütigen Judith oder dem Simson (— die beiden, heute nicht mehr erhaltenen Gemälde waren bezeichnenderweise Nachtstücke mit Fackelbeleuchtung —), sondern im tiefsten befruchtet durch die unumwundene Frische der Auffassung und des Vortrags, die er bei seinem Vorbilde fand. Auch Jordaens muß hier genannt werden, obgleich wir uns bei dem Mangel an Urkunden über seine Jugend kaum erklären können, wie er zu den herb realistischen Lichteffekten und den absichtlich unklassischen Typen kommt, die gerade seine frühesten Arbeiten, die hl. Familien in Schleißheim (Abb. 48), Stockholm und New-York, die Madonna in Kassel und die Anbetung der Hirten in Stockholm (1618), aufweisen. Das überraschend lebhafte Verständnis, mit dem er hier auf Caravaggio eingeht, möchte fast hinreichen, um gegen Sandrarts ausdrückliche Angabe, Jordaens sei nie in Italien gewesen, Einspruch zu erheben.

Schwächere Talente brauchten naturgemäß länger, um sich mit der bezwingenden Überzeugungskraft des neuen Naturalismus' abzufinden, ja viele kamen zeitlebens nicht darüber hinaus, obwohl ihnen doch durch Rubens eine nationale Kunst großen Stils geboten war, die der vorausgehenden Generation der Romanisten gefehlt hatte.

Zu den ersten Niederländern, die das starke Helldunkel[1])

[1]) Schon früher werden uns Niederländer genannt, die sich mit »Nachtstücken« befaßten, wie z. B. G. Coignet. Allein diese gingen dabei von der ganz anders gearteten Kunst der Venezianer aus, namentlich der Bassani.

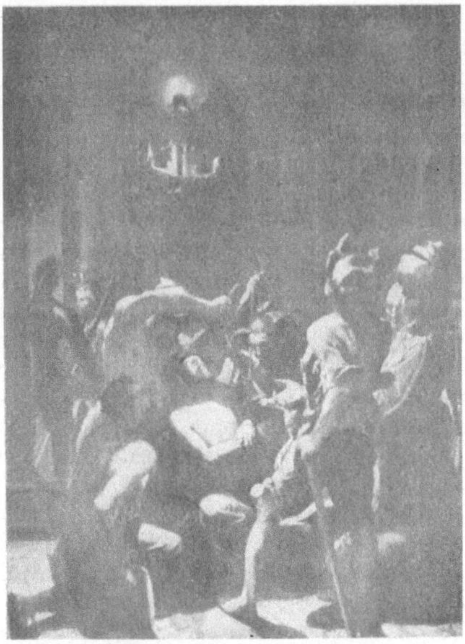

Abb. 41. Arnout Mytens, Die Dornenkrönung. Stockholm.

Caravaggios, seine harte Formengebung und seinen dramatischen Bildaufbau nachahmten, scheint Arnout Mytens gehört zu haben (um 1541 bis 1602), der den größten Teil seines Lebens in Neapel und Rom, also in den eigentlichen Zentren der neuen Schule, verbrachte. Leider läßt sich nur ein einziges Werk dieses augenscheinlich sehr begabten Künstlers mit einiger Wahrscheinlichkeit nachweisen: die große Dornenkrönung im Museum von Stockholm, die mit einem von van Mander beschriebenen Gemälde, das Mytens von Neapel nach Amsterdam gebracht haben soll, übereinstimmt (Abb. 41). In den gespreizten, etwas gekünstelten Bewegungen und dem bunt-kalten Kolorit verrät sich ein Niederländer aus der Richtung von Spranger, während die realistische Beobachtung des Fackellichtes und die brutalen Typen auf die Berührung mit Caravaggio hinweisen. — Ein Künstler, der die neue Anschauungsweise auf allen Gebieten der Malerei in den Niederlanden verbreitet zu haben scheint, ist Adam de Coster (1586—1643), von dem wir auch nur ein gesichertes Werk besitzen, ebenfalls ein Nachtstück, in dem mit packender Drastik die Mordtat der Judith geschildert wird (Madrid, Prado). Im Beleuchtungseffekt verwandt und von ganz italienischem Kolorit ist das singende Paar in der Liechtenstein-Galerie, das wohl mit Recht de Coster zugeschrieben wird; wenigstens scheinen alle dem Namen nach überlieferten Werke des Künstlers, wie die »Verleugnung Petri«, der »hl. Franziskus bei der Andacht«, die »Befreiung Petri«, ebenso wie das durch Vorstermans Stich bekannte Familienbild in ähnlichen Helldunkelerscheinungen mit künstlichem, sehr konzentriertem Lichteinfall gehalten gewesen zu sein.

Festeren Boden gewinnen wir erst mit Abraham Janssens (1575—1632), obwohl auch von ihm datierte Arbeiten kaum nachzuweisen sind. Die einzige Ausnahme bildet sein Hauptwerk, das er 1610 für das Antwerpener Rathaus lieferte und auf dem er den Flußgott Scaldis (Schelde) mit der Jungfrau Antwerpen in überlebensgroßen Figuren darstellte. Mit diesem Werk, das jetzt im Museum von Antwerpen hängt, erweist sich Janssens unstreitig als der erste Künstler seiner Vaterstadt nach Rubens, er kommt diesem sogar an Größe der zeichnerischen Stilisierung und Farbenkraft so nahe, daß die Überlieferung von seinem Rivalisieren mit Rubens gerade in diesen Jahren ihre Richtigkeit haben mag, wenn auch nicht in der naiven Form, in der Sandrart sie vorträgt. Namentlich die sichere Beherrschung des Tones bei einer überreichen Pracht von funkelnden Lokalfarben stellt sich durchaus ebenbürtig, ja fast überlegen neben die gleichzeitigen Arbeiten von Rubens. Mit ihm hat Janssens auch die starke Bildfüllung und das schwere Helldunkel gemein, in dem das Fleisch etwas fahl wirkt, die starken Farben der Gewänder aber, besonders ein tiefes Rotbraun und schweres Blau, in allen Abstufungen voll erstrahlen. Diese Verwandtschaft kann nicht als Abhängigkeit von Rubens aufgefaßt werden, sondern sie ist in den gleichen Vorbildern der beiden Künstler begründet. Augenscheinlich liegt Janssens' direkte Berührung mit Caravaggio nur kurze Zeit vor dem Antwerpener Bild, und da wir wissen, daß er 1601 Meister wurde, so werden wir in Analogie mit dem Lehrgang von Rubens seine Italienreise nach der Erreichung dieser Würde setzen dürfen, also in die Jahre von 1601—1606, — wenn nämlich wirklich Gerard Seghers, der 1608 Meister wurde, vorher noch bei ihm in der Lehre war. In die Zeit um 1600 wäre dann die Anbetung der Könige im Antwerpener Museum und das Triptychon mit der Krönung Mariä in St. Jakob zu setzen, die sich nach den massigen Formen, den plumpen Typen und einem sehr persönlichen Geschmack in der Wahl der Lokalfarben als seine Arbeiten deutlich zu erkennen geben, wenn auch die matte Belebung der Figuren und das tonlos abgewandelte Kolorit noch ganz dem nüchternen Romanismus des späten 16. Jahrhunderts angehören. Etwa gleichzeitig mit der Allegorie auf Antwerpen dürfte der Hieronymus in der Nikolaskirche zu Gent mit seinen schweren, stumpfen Schattenmassen und der eigentümlich eindringlichen Beweguug entstanden sein, wenig später die schlecht erhaltene Allegorie auf die Stützen des Alters in Brüssel. Das flackernde Helldunkel dieses Werkes, das bei den kühlen Farben bis zur Härte führt, sammelt sich in der Madonna der Sammlung Cremer in

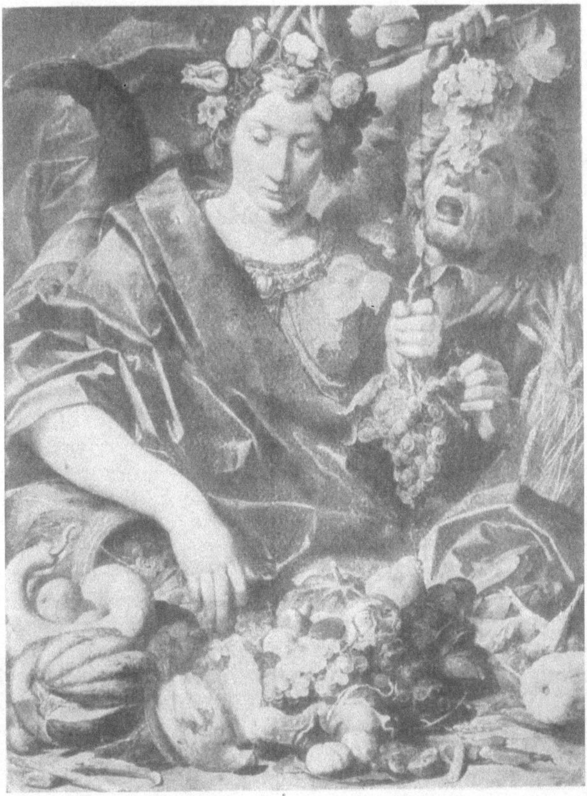

Abb. 42. **Abraham Janssens, Vertumnus und Pomona.** Berlin.

Dortmund, besonders aber in den Gegenstücken des Berliner Museums, dem »Meleager mit Atalante« und dem »Vertumnus mit Pomona« zu ruhigen Massen (Abb. 42). Hier zeigt sich Janssens (in sehr gewandter Zusammenarbeit mit Snyders, der die Tiere und Früchte malte), von seiner günstigsten, nämlich der rein dekorativen Seite, für die ihn seine klare, großzügige Zeichnung und sein eigenartiger Farbensinn besonders befähigte. Gerade der Mangel an innerer Belebung der Figuren, mit dem er schon hier so weit hinter Rubens zurücksteht, lenkt das Interesse ganz auf seine sichere, stilisierte Gestaltungsart, die ihre Selbständigkeit neben Rubens voll behauptet. Die Schattenmassen an den vierschrötigen, im besten Sinn akademisch gestellten Figuren werden jetzt mit leuchtenden Reflexen immer mehr aufgestellt, wobei eine höchst pikante Farbenwirkung entsteht, namentlich wenn neben das blasse Inkarnat und die hell schillernden Gewänder in der Landschaft, in Tieren oder Früchten die markige Buntheit von Snyders' Palette oder das herbe Grün eines zur Mitarbeit herangezogenen Landschaftsmalers tritt. Zu den besten Arbeiten dieser Art gehört außer den Berliner Stücken die »Diana mit Satyrn« in Kassel, die »Krönung des Aeneas« im bayerischen Nationalmuseum und der strahlende »Olymp« in Augsburg, die alle um 1615 entstanden zu denken sind.

Schon wenig später setzt jedoch ein merkbarer Verfall der Erfindung und auch der technischen Durchbildung ein. Ob sich Janssens, wie Sandrart meint, aus Entmutigung über das sieghafte Emporkommen von Rubens dem Müßiggang und der Trunksucht ergeben hat, mag dahingestellt bleiben. Jedenfalls besitzt die große mythologische Szene in der Münchener Residenz oder die Gruppe von Venus und Adonis im Wiener Hofmuseum weder zeichnerisch noch farbig die Energie der vorausgegangenen Arbeiten, und in der noch trockeneren Apostelfolge der Antwerpener Jesuitenkirche sucht man vergeblich die robuste Typik der früheren Zeit. Die Kirchenväter in der Kathedrale von Antwerpen, die sich an eine um 1615 entstandene Komposition von Rubens anlehnen, enthalten zwar noch stellenweise, namentlich in den reich gezierten goldenen Mänteln, Proben des alten malerischen Könnens, diese vermögen jedoch über den stockenden Zusammenhang der Figuren und die Armut ihrer physiognomischen Gestaltung nicht hinwegzutäuschen. Vor allem aber mischt sich in die sonst so klare Farbgebung ein stumpfer bräunlicher Ton, durch den der Künstler augenscheinlich die primitiv wirkende Buntheit seiner früheren Werke zu vereinheitlichen und dem neueren Geschmack anzupassen dachte. Bei diesem nachweislichen Verlöschen seiner künstlerischen Kräfte darf man ihm schließlich auch eine Reihe von Bildern, wie die »Anbetung der Könige« in Sanssouci oder die Kirchenväter im Kölner Rathaus, zutrauen, die nach alter Überlieferung seinen Namen tragen, obwohl sie kaum mit seinen früheren Arbeiten in Einklang gebracht werden können. Es sind matte Kompositionen in enger Anlehnung an Rubens, in denen das schwere, in flachen Tönen gehaltene Kolorit vergeblich den Glanz der Rubensschen Palette zu erreichen sucht.

Angeblich ein Schüler von Janssens und zugleich der fruchtbarste Vertreter der Caravaggio-Schule in Antwerpen ist Theodor Rombouts (1597—1637). 1616 zog er nach Italien, wo er über sechs Jahre verweilte. Wenn die Kreuz-

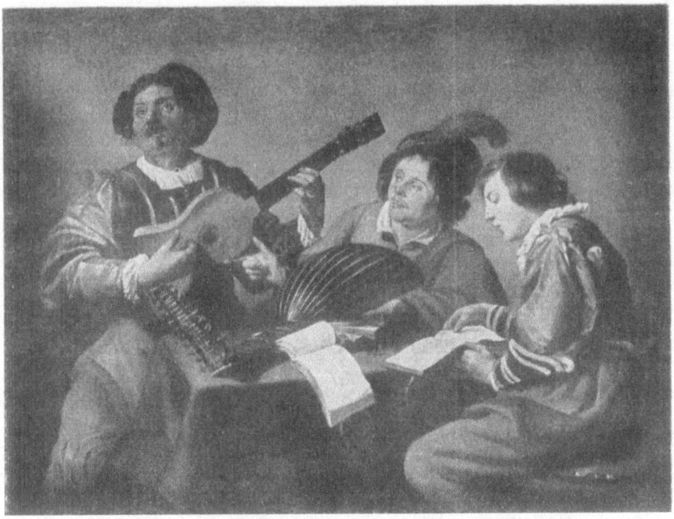

Abb. 43. **Theodor Rombouts, Sängergesellschaft.** München, Pinakothek.

abnahme von 1617, die in S. Pietro in Montorio zu Rom der Grablegung Baburens gegenüber hängt, wirklich von Rombouts gemalt sein sollte, so müßte er sich in die neue Kunstweise überraschend schnell und verständnisvoll eingelebt haben. Sein eigentliches Gebiet ist das Sittenbild großen Stiles, und zwar vorwiegend im Rahmen des Halbfigurenbildes, das von Caravaggio gerade für Genreszenen bevorzugt worden war. Seine »Kartenspieler« oder »Musikanten« in verschiedenen Varianten in Madrid, St. Petersburg, Sanssouci, München u. a. O. decken sich in den starken Lichteffekten, den derben Typen und der stumpfen, vertriebenen Farbe mit den entsprechenden Darstellungen von Manfredi, Honthorst und Valentin so völlig, daß die vier Künstler in ihren früheren Werken, die unter dem unmittelbaren Einfluß des gemeinsamen Vorbildes entstanden waren, kaum auseinanderzuhalten sind. Im weiteren Verlauf freilich bildet Rombouts, ebenso wie die anderen, seine persönliche Eigenart aus; er verliert die schweren Schatten und befleißigt sich eines glatten, saftigen Farbauftrags, der ihn ebenso von den pastosen Italienern, als von dem trockenen Honthorst unterscheidet und ihn als den Flamen aus der Umgebung des Rubens deutlich kennzeichnet.

In der »Musikgesellschaft« der Münchener Pinakothek (Abb. 43), den »Kartenspielern« in Antwerpen und den »fünf Sinnen« in Gent verblaßt bereits der tiefe Gesamtton, die Lokalfarben brechen stärker hervor und die Darstellung verliert inhaltlich an Drastik und Überzeugungskraft. Dagegen gelingen dem Künstler in der Zeit um 1630 ein paar hervorragende religiöse Gemälde: seine Kreuzabnahme in St. Bavo zu Gent mit ihren wuchtigen Figuren und der schweren Bildfüllung dürfte in der gesamten flämischen Malerei die einzige Behandlung des Gegenstandes sein, die sich neben Rubens zu behaupten vermag, und dem großzügigen zeichnerischen Stil, der allen von Caravaggio erzogenen Künstlern eigen ist, verdankt auch das Verlöbnis der hl. Katharina von 1634 in St. Jakob ihre sichere, feierliche Haltung.

Zuletzt scheint auch Rombouts, wie Janssens, künstlerisch verkümmert zu sein, augenscheinlich weil ihm die fortlaufende Berührung mit der Anregung, von der er ausgegangen war, fehlte, und er sich in die herrschende Richtung nicht einfühlen konnte. Aufgaben wie die kolossale Allegorie der Gerechtigkeit im Museum von Gent überstiegen seine Kräfte überhaupt; aber auch in bescheideneren Vorwürfen, wie der Madonna, dem Christus in Emmaus von 1636 im Antwerpener Museum oder dem hl. Sebastian in Karlsruhe, versagt die innere Belebung, während die Farbe, die er wohl auf Wunsch seiner Besteller immer mehr aufzuhellen bestrebt war, in scheckige Buntheit verfällt.

Rombouts hat den Übergang zur Rubensschen Kunst, an dem Janssens gescheitert war, und der auch ihm gefährlich zu werden drohte, kaum überlebt; dagegen mußte Gerard Seghers (1591—1651) das Schicksal des überholten Künstlers, der sich den Forderungen eines von neuen Idealen beherrschten Publikums anzupassen hat, voll auskosten. Auch er soll ein Schüler von Janssens gewesen sein, der ihn dem römischen Naturalismus zuführte. Ein längerer Aufenthalt in Italien, dem — vielleicht unmittelbar — eine Reise nach Spanien folgte, mußte ihn in dieser Richtung nur bestärken, und so treffen wir zunächst auch von ihm nur genrehafte Halbfigurenbilder bei künstlicher Beleuchtung in der Art von Rombouts oder Honthorst, von denen allerdings nur wenige, wie »Christus bei Maria und Martha« in Madrid, im Original nachzuweisen sind; durch Stiche aber ist eine Anzahl ähnlicher Kompositionen beglaubigt, so eine musikalische Unterhaltung, die hl. Cäcilie, die »Verleugnung Petri«, »Christus bei Nikodemus« u. a. Zweifellos verbergen sich diese frühen Arbeiten von Seghers unter der Masse von niederländischen Nachtstücken, die man, namentlich in Italien, mit Namen wie Honthorst oder Manfredi summarisch zu benennen pflegt.

Als Seghers 1620 nach Antwerpen zurückkehrte, muß er mit seiner »Tenebroso-Manier« zunächst noch Beifall gefunden haben, wenigstens besitzt sein Altar in St. Jakob mit der »Erscheinung des auferstandenen Christus bei seiner Mutter« sowie die Grablegung in St. Nicolas zu Gent noch ganz den Ernst der Auffassung, die klare zeichnerische Durchführung und das zurückhaltende, von schweren Schatten gedämpfte Kolorit der Caravaggio-Nachfolger; das nämliche gilt auch für die kraftvolle »Anbetung der Könige« in St. Jakob. Allein der Eindruck von Rubens' heiterer, farbenfroher Kunst war, wie wir schon bei Janssens beobachten konnten, zu überwältigend und beherrschte zu stark den allgemeinen Geschmack, als daß die anfangs höchst wirkungsvolle, allmählich aber rezeptmäßig erstarrende Halbdunkelmalerei sich noch länger des Beifalls weiterer Kreise hätte erfreuen können. Als gewandte und auf praktischen Vorteil bedachte Natur suchte sich daher Seghers den Wünschen seiner Kundschaft anzupassen aus der Erwägung, »daß diese des Rubens und van Dyck Manier mehr den Leuten beliebig wäre; daher mußte er bei dieser expedienza verbleiben und seine Gedanken mehr, um viel Geld zu machen, als die Kunst zu erheben, abrichten«. Mit diesen Worten charakterisiert Sandrart nicht nur die Gründe und Art von Seghers' Gesinnungswechsel, sondern er gibt auch ein treffendes Werturteil über das Verhältnis seiner früheren zu den späteren Arbeiten, das wir zugleich fast auf alle Künstler, von denen in diesem Kapitel die Rede ist, ausdehnen können: mit der Entfernung von der ihnen geläufigen Bildform und Auffassung verfallen sie in Unselbständigkeit, Flüchtigkeit und Verflachung.

Da Seghers in der traditionell auf 1630 datierten Anbetung der Könige in Notre-Dame zu Brügge die Rubenssche Manier schon voll beherrscht, so muß sich der Umschwung seiner Malweise während der zwanziger Jahre vollzogen haben. Wir beobachten ihn zunächst an der Geißelung Christi in der Michaelskirche zu Gent, wo die Henker noch ganz im Sinn Caravaggios mit rohen Gebärden, tief gebräuntem Inkarnat und zerschlissenen Kleidern charakterisiert werden, während der Christus die Fleischbehandlung von Rubens in einer fast süßlichen Glätte aufweist. In die nämliche Zeit fällt ferner der »Traum Josephs« im Berliner Museum, in dem zwar die Räumlichkeit noch von schwerem Dunkel erfüllt ist, die Figuren aber schon in kalten, tonlosen Farben hervortreten. Bald darauf folgt eine zweite Redaktion des nämlichen Gegenstandes in Gent, »Christus mit den reuigen Sündern« in Amsterdam (in unmittelbarer Anlehnung an Rubens) und die Madonna im Wiener Hofmuseum, in der jetzt auch die süßlichen Typen die Abkehr von Caravaggio bezeichnen. Um 1630 entstand die Anbetung der Könige in

Brügge, der hl. Ivo in St. Jakob zu Antwerpen und wohl wenig später die Vermählung Mariä im Museum von Antwerpen, ein Kolossalgemälde von gemessenem Aufbau und mattem innerlichen Leben, in dem Seghers mit einem Einschlag von schweren, unreinen Tönen die Farbskala von Rubens' Palette der Jahre um 1620 erreicht. Er blieb jedoch auch hierbei nicht stehen, sondern in Spätwerken, wie der Vision des hl. Simon Stock im Kölner Museum, der Anbetung der Könige in der Liechtenstein-Galerie oder dem Martyrium des hl. Dympna in Schleißheim gelingt es ihm, sich auch noch dem zarten Kolorit des alternden Rubens anzupassen und die breit aufgetragene, durch schillernde Reflexe gebrochene Farbe sicher und frei bis zu den lichtesten Tönen aufzuhellen. Freilich mangelt ihm dabei völlig die Bewegung und das Temperament, mit dem Rubens gerade in seinem letzten Jahrzehnt die malerische Wirkung steigert, und die auf seine eigentlichen Schüler Thulden, Schut, Boeckhorst u. a. wie von selbst überging. Seghers hat tatsächlich keinen Anteil an der Auflösung der Figurenkomposition im Sinne des entwickelten Barock, sondern er bleibt, ähnlich wie Crayer, trotz seiner geschmeidigen Anpassungsfähigkeit bei dem klar umrissenen Bildaufbau der Caravaggio-Schule stehen, von dem er ausgegangen war.

In seiner Unabhängigkeit von Rubens und der Neigung zu dem schweren Kolorit der Caravaggio-Nachahmer reiht sich auch Jan Cossiers (1600—1671) in diesen Zusammenhang ein. Ob er wirklich, wie Quellinus behauptet, nicht in Italien war, müßte der Augenschein seiner frühesten datierten Arbeit, der »Dreieinigkeit« von 1628 in Culemborg, aufklären. Seine zahlreichen Genreszenen in Valenciennes, Karlsruhe, Antwerpen und Stockholm (Sammlung Tamm) stehen in der Anlage im engsten Zusammenhang mit den lebensgroßen Halbfigurenbildern von Rombouts und Seghers und weichen nur in ihrem Mangel an monumentaler Haltung, in der kleinlichen Formbildung und der erdigen Farblosigkeit von diesen Künstlern ab. Die nämliche Schwäche im Verein mit sichtlicher Flüchtigkeit macht sich auch in Cossiers Altargemälden in den Museen von Antwerpen und Lille sehr unvorteilhaft geltend, ja seine zahlreichen Gemälde in der Beguinenhofkirche zu Mecheln (1656—1658) verdienen kaum noch als Kunstwerke bewertet zu werden. Zugleich bewährt er sich in seinen mythologischen Gemälden im Prado sowie in dem eindrucksvollen Bildnis eines Chirurgen in Antwerpen als ein beweglicher Geist, der gelegentlich auch technisch Vorzügliches leistet.

Ähnlich wie Cossiers vermied auch Gilles Backereel († vor 1662) die blühenden Farben der Rubensschüler zugunsten des gedämpfteren Kolorits seiner italienischen Vorbilder. Wie nahe er ihnen gelegentlich kommt, zeigt seine »Hero« in Wien oder die Vision des hl. Felix in Brüssel, aus deren düsterer Stimmung ein Weinrot wirksam hervorleuchtet; möglicherweise wäre ihm auch die anmutige Danaë der Dresdener Galerie (Nr. 1039) zuzuschreiben. Zugleich mit Backereel muß Gillis Remeeus (geb. um 1620) genannt werden, dessen büßende Magdalena in St. Jakob in einem ähnlichen Verhältnis zur venezianischen Kunst steht, wie etwa van Dycks religiöse Gemälde in den Jahren um 1625, während seine »Lautenspieler« in Graz und Paris mehr nach der Art Manfredis schlagen. Endlich scheint sich auch Pieter van Lint (1609—1690) nach seinen Aposteln in Brüssel und dem hübschen Kinderbildnis in Antwerpen in bewußten Gegensatz zu Rubens gestellt zu haben, indem er dem zähen Farbauftrag und den schweren Schatten der Caravaggio-Nachahmer den Vorzug gab. Später allerdings lenkte auch er in der »Heilung des Lahmen«, seinem Selbstbildnis von 1646 in Brüssel und einem Bildfragment in Antwerpen zur herrschenden Buntheit ein. An die erwähnten Apostelbilder von Lint wären auch die beiden genrehaft ausgestatteten Halbfiguren eines Greisenpaares in Karlsruhe anzureihen, die 1663 von einem nicht näher bekannten J. D. Herdt gemalt wurden.

Wenn wir mit dem Begriff des Neuromanismus die fortlaufende Fühlung mit der italienischen Kunst bezeichnen, die ein Teil der flämischen Maler, Rubens gleichsam übersehend, aufrechterhält, so wäre hier auch noch Jan Erasmus Quellinus (1634—1715) zu nennen, obwohl er von seinem Vater zweifellos in der Tradition der Rubensschule angeleitet worden war. Ein längerer Aufenthalt in Italien änderte dann aber seinen Kurs und auch ohne sein ausdrückliches Zeugnis würde man leicht erkennen, daß es ihm nur noch um eine täuschende Nachahmung von Veronese zu tun war. Wenn er auch in zwei Plafondgemälden in Wien gelegentlich auf die Bildform von Rubens zurückgreift, so entlehnt er doch in dem Christus in Emmaus von 1674 in der Antwerpener Andreaskirche oder dem Abendmahl von 1690 in Notre Dame au delà de la Dyle zu Mecheln Aufbau, Typen und Farbe ohne Rückhalt den entsprechenden Kompositionen von Veronese.

Nur die unmittelbare Nähe von Rubens hat es vermocht, Janssens, Rombouts oder Seghers von ihrer ursprünglichen Richtung abzuziehen; außerhalb Antwerpens wären die selben Künstler zweifellos, und nicht zu ihrem Schaden, ihren Anfängen länger treu geblieben, wenigstens sehen wir

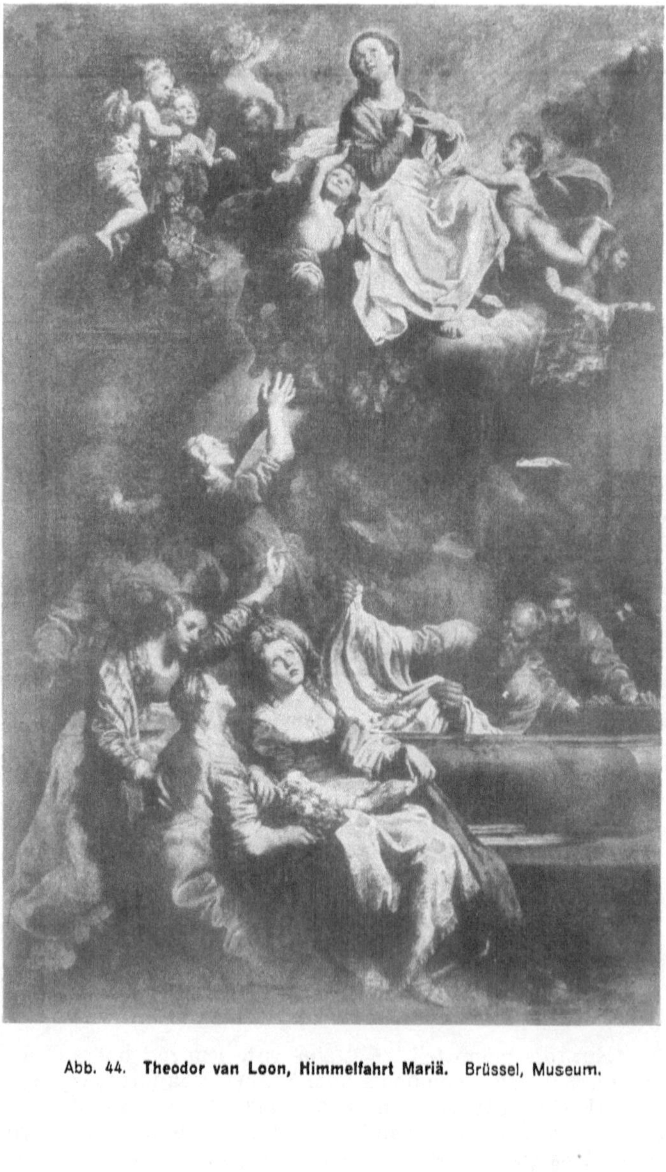

Abb. 44. **Theodor van Loon, Himmelfahrt Mariä.** Brüssel, Museum.

in Brüssel und Lüttich den Neuromanismus unbeirrt bis in die dreißiger Jahre fortblühen und das Wertvollste hervorbringen, was die flämische Figurenmalerei außerhalb Antwerpens überhaupt aufzuweisen hat. Sein Einfluß konnte hier auch von der Altarkunst Besitz nehmen, die in Antwerpen, ebenso wie die mythologische Malerei, schon seit 1614 von Rubens widerspruchslos beherrscht wurde, so daß sich die Naturalisten hier im wesentlichen auf das Gebiet des Genrebildes, wie wir es bei Coster, Rombouts und Seghers trafen, verwiesen sahen. So sehr Rubens zeitlebens an allen neuen künstlerischen Erscheinungen in Italien teilnahm, so hatte er doch selbst das lebendige Interesse der Antwerpener Malerschule für die südliche Kunst auf immer unterbunden, denn seine unerschöpfliche Gestaltungsfülle fesselte und beschäftigte die Phantasie seiner Umgebung derart, daß sich jeder weitere Kunstimport aus dem Süden erübrigte. Dies schloß jedoch nicht aus, daß außerhalb seines engeren Wirkungskreises die seit dem Anfang des 16. Jahrhunderts fortlaufende Beziehung zur italienischen Kunst unbehindert fortbestand, ja sogar noch eine weitere Entwicklungsphase erlebte, indem der caravaggesken Einflußwelle um die Mitte des Jahrhunderts der Klassizismus Poussins aus Rom nachfolgte.

In Brüssel suchte Theodor van Loon (geb. um 1590) den Bildaufbau der Romanisten mit den neuen Ausdrucksformen Caravaggios in Fühlung zu bringen, ganz parallel den Bestrebungen des jungen Domenichino oder Reni. In seinem Meisterwerk, der Himmelfahrt Mariä im Brüsseler Museum (Abb. 44), schließt er sich sogar in den Typen und im farbigen Geschmack aufs engste an Domenichino an, bewährt sich aber zugleich, gerade in der Erfindung, als eine ganz selbständige Kraft. Die volle Modellierung, die große Geste, verbunden mit schärfster Beobachtung des Details, die vornehme Tönung der Farbe und die Einheit des ganzen Bildgedankens ist um so beachtenswerter, als nicht die geringste direkte Berührung mit Rubens vorliegt, sondern nur so viel Verwandtschaft, als die gemeinsamen Ausgangspunkte der beiden Künstler mit sich brachten. Sein umfangsreichstes Werk hat van Loon in sieben großen Gemälden der Wallfahrtskirche von Montaigu geschaffen, die die Geschichte von Joachim und Anna schildern; auch die Beguinenkirche in Mecheln besitzt zwei vorzügliche Werke seiner Hand. Seine übrigen Gemälde im Museum von Brüssel, die Bekehrung des hl. Hubertus, derselbe Heilige als Bischof von Lüttich und die Madonna mit den beiden Johannes, besitzen nicht mehr den koloristischen Reiz und die energische Lichtführung der Himmelfahrt

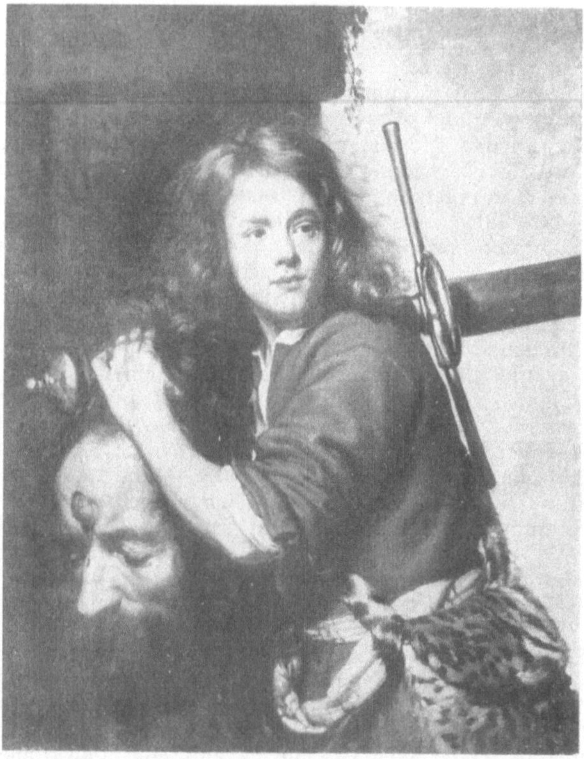

Abb. 45. **Jacob van Oost d. Ä., David.** St. Petersburg, Eremitage.

Mariä, halten sich jedoch ebenfalls von jeder Berührung mit der Rubensschen Kunst frei. In Übereinstimmung mit den parallelen Antwerpener Künstlern zeigen sie nur, wie die schöpferische Kraft dieser Romanisten nachläßt, wenn sie durch die unmittelbare Fühlung mit der südlichen Kunst nicht neu gespeist wird.

In Brügge lebte als eifriger Vertreter der italienischen Kunst in unverfälschter Form Jacob van Ost d. Ä. (1601—1671), den man als Bildnismaler von sachlicher Auffassung in dem braun getönten männlichen Brustbild von 1633 in Berlin kennenlernt. Bezeichnend für seine solide, durchaus von Italien abhängige Malart ist der David von 1645 in St. Petersburg (Abb. 45), sowie die stattliche Anzahl seiner Arbeiten in den Kirchen Brügges. Ein noch

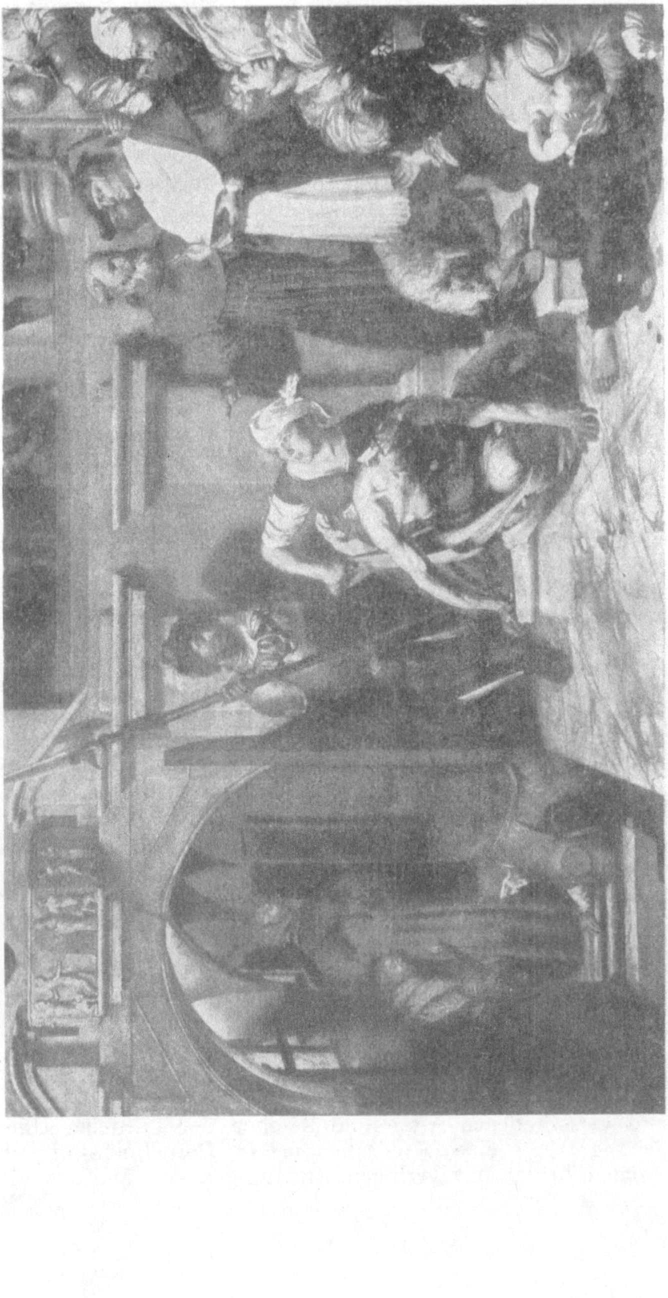

Abb. 46. **Gerard Douffet, Sixtus V. besucht das Grab des hl. Franz (Ausschnitt)** München, Pinakothek.

überraschenderes Beispiel für die Unabhängigkeit gegenüber dem Rubensschen Einfluß aber bietet der Führer der Lütticher Malerschule, Gerard Douffet (1594—1660), obwohl er in den Jahren 1612—1614 im Atelier des Meisters gearbeitet hatte und im Stofflichen gelegentlich auf ihn zurückgreift. Gerade in Antwerpen wird er mit dem südlichen Naturalismus, den Rubens zu jener Zeit eben erst überwunden hatte, bekannt geworden sein. Die Tatsache, daß er damals die große Judith von Rubens kopierte, jenes schon erwähnte Nachtstück von grauenerregender Drastik, das nach den vielen Kopien zu schließen zu seiner Zeit eines der gefeiertsten Werke des Meisters gewesen sein muß und den Höhepunkt seiner Reaktion auf die Anregungen Caravaggios darstellt, wirft ein klares Licht auf die Anfänge des jungen Lütticher Künstlers. Auch ein Prometheus, den er 1614 gemalt haben soll, entstand wahrscheinlich in Nachahmung des kurz vorher vollendeten Gemäldes von Rubens. Von Antwerpen zog Douffet nach Italien, wo er neun Jahre — vorzugsweise in Rom — verweilte; seine Absicht, Neapel zu besuchen, das durch die Werke Caravaggios für die Romanisten eine neue Anziehungskraft erhalten hatte, wurde zwar vereitelt, jedoch beweist die große »Kreuzauffindung« in München, die er ein Jahr nach seiner Heimkehr 1624 in Lüttich malte, wie nachhaltig er die Kunst des römisch-neapolitanischen Naturalismus in sich aufgenommen hatte. Mit absichtlichem Verzicht auf Formenschönheit oder fließende Gruppierung zeigt das Gemälde die greise Kaiserin zu Pferde, während ein Toter durch die Berührung des heiligen Holzes, das von ein paar rohen Knechten aus der Erde gehoben wird, zum Leben zurückkehrt. Die längere Trennung von Italien bewirkte auch bei Douffet einen Rückschlag zum akademischen Klassizismus. Sein figurenreiches Hauptwerk, der breit angelegte »Besuch Nikolaus' V. im Grab des hl. Franziskus« in München, den er 1627 für die Minoritenkirche in Lüttich malte, besitzt gerade im Aufbau und in der Aufeinanderfolge der Figuren eine überlegte Klarheit und Harmonie, wie sie der eigentliche Naturalismus ablehnte (Abb. 46). Dabei läßt aber die zurückhaltende Farbe, in der ein helles, toniges Grau vorherrscht, und die kräftige Modellierung der rundlichen Formen in einem gedämpften Gegensatz von Licht und Schatten den Nachfolger Caravaggios nicht verkennen. In dieser Hinsicht bleibt sich Douffet auch in seinen späteren Arbeiten, der schwächlichen »Schmiede des Vulkan« in Lüttich, dem Rochusbild in St. Veronika ebenda und verschiedenen Altären in Kirchen der Lütticher Umgebung treu; eine Kreuzabnahme in Cornelimünster bei Aachen bringt mit geringen Änderungen das Meisterwerk von Rubens in derselben unrubensschen Weise zum Vortrag, und sein »Thomas« von 1648 in Augsburg zeigt sogar eine ganz besondere Härte des Helldunkels und kalte, glasige Farben. Als Bildnismaler von Geschmack und strenger Aufrichtigkeit erweist sich Douffet in den Porträts im Rathaus von Lüttich und in der Münchener Pinakothek (Nr. 876 und 877), während er in dem Gruppenbild der Sammlung de Melotte, wenn es ihm überhaupt mit Recht zugeschrieben wird, der gefälligen Auffassung der Franzosen, etwa Champaignes, nachfolgt.

Als einen Schüler Douffets dürfen wir Jean Guillaume Carlier (1638—1675) ansehen, obwohl dieser bei B. Flémalle gelernt haben soll. Sein zerstörtes Deckenbild in St. Denis zu Lüttich war, nach der Skizze im Brüsseler Museum zu schließen, ganz in der Art des Nikolausbildes von Douffet aufgebaut, und sein hl. Joseph in Mainz ist nach Typik, Lichtbehandlung und Färbung von Douffet kaum zu unterscheiden.

Der bedeutendste Schüler Douffets, Bertholet Flémalle (1614—1675), hatte zweifellos ebenfalls im Sinn des neuen, caravaggesken Romanismus begonnen. Während seiner Wanderjahre in Italien (ab 1638) und eines darauf folgenden längeren Aufenthalts in Paris wurde er jedoch in die neue Strömung des französischen Klassizismus gezogen, der in Rom erblüht war und sich seit Poussins Anwesenheit in Paris (1640—1642) allgemeine Geltung verschafft hatte. Flémalles Gemälde in Lüttich sowie in den Museen von Brüssel, Dresden und Bamberg weisen alle Eigenheiten früher Poussinscher Kompositionen auf: reliefartige Anordnung der Figuren, starke Inanspruchnahme von architektonischen Gründen und Kulissen, die gegen die bunten Figuren in matter Einfarbigkeit zurücktreten. Sie besitzen gelegentlich, wie der Heliodor in Brüssel, einen Schwung und eine sichere Monumentalität, die Poussin zum Verwechseln nahekommt, während die späteren Werke in akademischer Trockenheit verkümmern. Im Sinne Flémalles führen Jean Gilles del Cour (1632—1695), Walther Dammery (1610—1672) und Englebert Fisen (1655—1735) die Tradition der Lütticher Malerei fort, während Nikolas Lafabrique (1649—1733) sich mit seinen Typen aus dem Volk von ihnen absondert.

Als Schüler Flémalles und Fortsetzer seiner vom Süden überkommenen Kunstübung muß hier endlich noch Gerard de Lairesse (1640—1711) genannt werden, obwohl er schon mit zwanzig Jahren Belgien auf immer verließ, um sich in Amsterdam anzusiedeln und dort bald der tonangebende Meister zu werden. Heute ebenso sehr gescholten, als ehedem bewundert, hat Lairesse mit seiner Leichtigkeit im

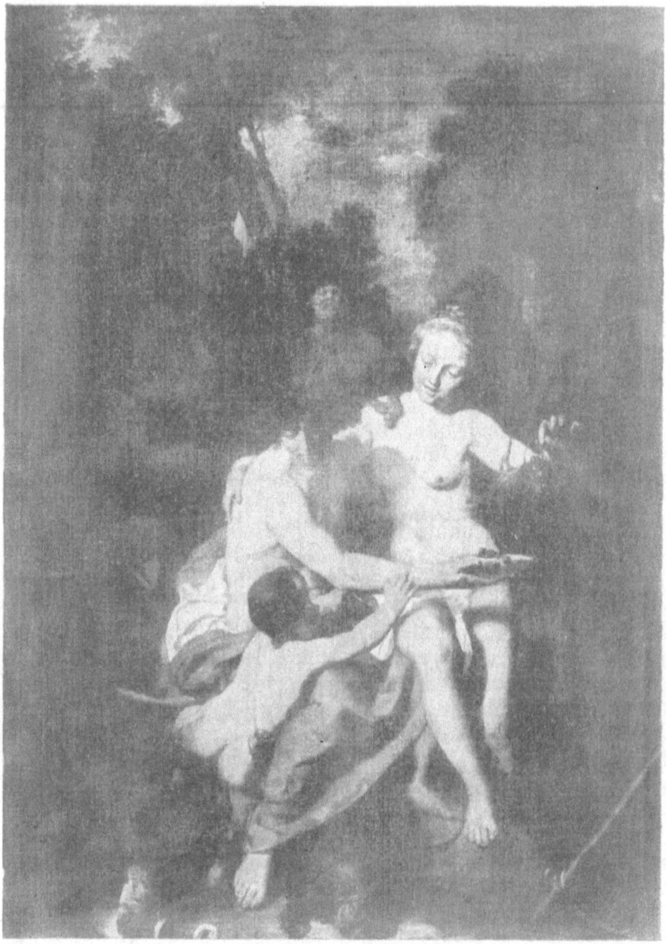

Abb. 47. **Gerard Lairesse, Satyr und Nymphe.** Berlin.

Entwurf und einer starken malerischen Begabung, die gerade in den frühen, noch ganz von Flémalle und Poussin abhängigen Werken zum Ausdruck kommt, immerhin als eines der stärksten Talente zu gelten, die in der zweiten Hälfte des 17. Jahrhunderts in den Niederlanden hervortraten. Unter seinen frühen Arbeiten, die allein in unseren Rahmen fallen, ist vor allem die zyklische Darstellung des Triumphzuges von Paulus Emilius im Museum von Lüttich zu nennen, in dem er ähnlich wie sein Lehrer Frühwerke von Poussin in der Art der Einnahme von Jerusalem in Wien nachahmt. Ungefähr gleichzeitig wäre der Parnaß in Dresden zu setzen, während uns das Liebespaar des Berliner Museums (Abb. 47) in die späte Zeit des Künstlers führt, in der er, obwohl er wahrscheinlich nie in Paris war, mit Geschick und feinem koloristischem Geschmack auf die jüngere französische Malerei eingeht, die die Schlösser Ludwigs XIV. mit ihren gefälligen, nicht eben tiefen Allegorien und mythologischen Szenen ausschmückte.

Die allgemeine Wertschätzung, die Lairesse genoß, und die er durch seine kunsttheoretischen Abhandlungen auch literarisch zu befestigen verstand, ist geschichtlich bedeutungsvoll. Einerseits zeigt sich, wie das romanisch-flämische Element, sei es durch die Rubens-Schüler (namentlich in den Dekorationen des Huis ten Bosch), sei es in der Form des stets mit dem Süden in Fühlung gebliebenen Lütticher oder Utrechter Romanismus, die einst so starke holländische Kunst zersetzt, anderseits aber kommt gerade durch Lairesse zum Ausdruck, in welcher Gestalt der romanische Geist seine Herrschaft auch über die künstlerisch unabhängigen Gebiete der germanischen Rasse verbreitete: der französische Hof hatte seine Geschmacksdiktatur über Europa endgültig durchgesetzt, und die süßlich schmeichelhaften Allegorien, die anmutigen mythologischen Szenen ohne tieferen seelischen Gehalt verdrängten selbst in dem puritanischen Holland die kraftvolle, heimische Kunst

Jakob Jordaens (1593—1678).

Im 16. Jahrhundert hatten die Gegensätze von unbefangener, individualisierender Naturbeobachtung und importierter, klassischer Bildform die flämischen Künstler in zwei Lager gespalten: das Brueghelsche und das der Manieristen. Während nun Rubens, von letzteren ausgehend, die Elemente der bodenständigen Kunst allmählich so weit in sich aufnahm, daß er endlich jene Gegensätze voll umspannte und harmonisch in seinem Schaffen ausglich, sind sie in Jordaens von früh auf als solche fühlbar, kommen zwar in einzelnen Werken, aber in keiner Epoche seines langen Lebens zur Versöhnung und verursachen in ihrer jeweiligen Spannung die widerspruchsvolle, bewegliche Erscheinung, die der Künstler trotz seiner homogenen, ja einseitigen Begabung bietet. Schon in früher Jugend und ohne äußeren Zwang nahm er die idealistisch-typischen Formen der Rubensschen Kunst an, vermochte sie aber niemals völlig zu assimilieren. Deshalb leistete er sein Bestes da, wo jene von Rubens übernommene Form mit dem Stoff seines persönlichen Gestaltungskreises in Einklang zu bringen war: in Schmausereien, festlichen Aufzügen usw. Auf anderen Gebieten aber hält er sich immer nur für Momente in einem angemessenen Pathos, um gleich wieder in seinen unüberwindlichen Hang zur derben, ja platten Realistik zurückzufallen. Seine religiösen Bilder entbehren der Tiefe und Innigkeit, die mythologischen der reinen idealen Gestaltung, und wenn er etwa den Moses von Michelangelo mit Eselsohren als Midas zu Gericht sitzen läßt (Gent), oder den nächstbesten dickwanstigen Gastwirt mit einem Chor von Stallmägden nur ihrer Kleider entledigt, um sie als Neptun und Nymphen auszugeben (Sammlung Arenberg), so will es scheinen, als ob er den Sinn für das Klassische, den Rubens so glänzend erneut hatte, bewußt parodieren wolle, eine Vermutung, die sich jedoch bei näherer Betrachtung als durchaus irrtümlich herausstellt.

Früher reif als Rubens und selbstsicherer, aufrichtiger als van Dyck, teilt er mit beiden die erstaunliche Fruchtbarkeit des Schaffens, den angeborenen Sinn für monumentale Gestaltung und die Bereitwilligkeit, seine Kunst allen äußeren Anforderungen anzupassen. Er steht ihnen nach durch die starke Gebundenheit an gewisse Stoffe, namentlich aber durch seine national-beschränkte Bildung, die ihm den Ruhm des echtesten flämischen Malers eingetragen hat, während er doch nur der am ausschließlichsten flämische war.

Über die Jugendentwicklung von Jordaens sind wir kaum unterrichtet. Er hatte bei dem nämlichen Adam van Noort gelernt, der auch Rubens' Lehrer gewesen war, jedoch nicht genug Individuelles besaß, um seinen Schülern mehr als die allgemeinsten Anschauungen des Romanismus übermitteln zu können. Aus dieser Lehrzeit läßt sich nur der »Jesus als Kinderfreund« bei Frau Pauwels in Brüssel nachweisen, in dem die später so eigenwillige Ausdrucksweise des Künstlers unter dem theoretischen Ebenmaß des Romanismus erst ganz schüchtern hervordringt. Zunächst scheint es ihm auch noch wenig um die Ölmalerei zu tun gewesen zu sein, denn er ließ sich 1615 bei der Gilde als Wassermaler aufnehmen. Als solcher lieferte er auf dünn bemalter Leinwand oder Kartons teils Surrogate für die kostspieligen gewirkten Wandteppiche, teils fertigte Entwürfe für die Manufakturen. Seine ungewöhnliche Fertigkeit in der Behandlung der Wasserfarbe können wir heute nur noch in den zahlreichen, geistvollen Skizzen bewundern, mit denen er zeitlebens seine Ölbilder vorzubereiten pflegte.

Schon bald scheinen dem temperamentvollen jungen Künstler die Grenzen seines eigentlichen Gewerbes nicht mehr genügt zu haben, wenigsten treffen wir ihn um 1617 stilistisch und technisch in engster Berührung zur Rubens-Werkstatt, gelegentlich sogar teilnehmend an der Ausführung des großen Triptychons für die Fischergilde in Mecheln (1618—1619). Zur selben Zeit entstand die »Berufung Petri« in der Jakobskirche zu Antwerpen, in der sich der eigentliche Jordaens unter der mit lebhaftem Verständnis erfaßten Allüre des Rubens-Stiles ebenfalls nur in der flachen Physiognomik und ein paar aus der Gesamthaltung herausfallenden, plumpen Bewegungen zu erkennen gibt, ähnlich wie in der Kreuzigung von 1617 in St. Paul, wo der Christus rein im Pathos von Rubens gehalten ist, während die dralle Magdalene ohne Umschweif mit dem Zipfel ihres Brokatkleides das vom Weinen geschwollene Gesicht trocknet. In den gleichzeitig entstandenen Studienköpfen in Madrid, München, Brüssel und Bamberg, sowie in der »Verwandlung der Syrinx« in Brüssel steht Jordaens mit dem fetten Auftrag der schweren, opaken Farbe sowie namentlich mit dem unnatürlich branstigen Inkarnat in engster Beziehung

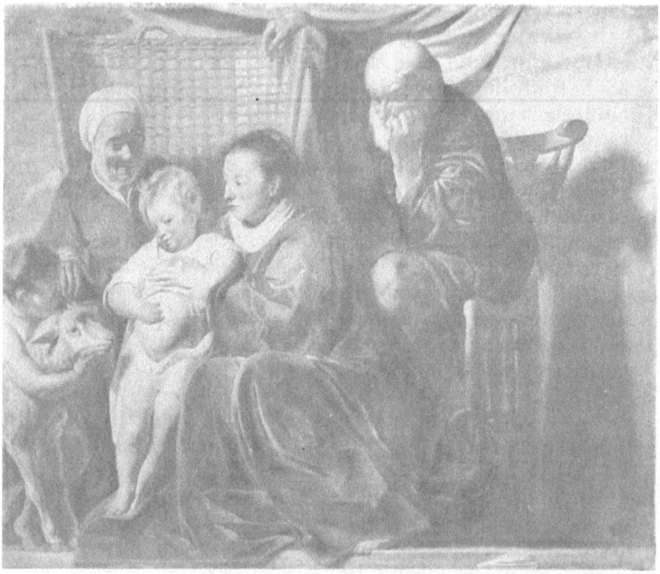

Abb. 48. **Jakob Jordaens, Die hl. Familie.** Schleißheim.

zu den gleichzeitigen Arbeiten des jungen van Dyck, mit dem er augenscheinlich im Atelier von Rubens zusammen gearbeitet hat. Die »Syrinx« zeigt außerdem in ihrem leuchtenden Wechsel von Licht und Schatten, daß Jordaens neben Rubens noch einen zweiten Künstler stark auf sich hat wirken lassen: Caravaggio. Obwohl er nie in Italien war und den Einfluß des Meisters überhaupt wohl nur aus zweiter Hand empfangen hat, tritt derselbe in der fast aufdringlichen Drastik seiner Frühwerke, in ihrer packenden Auffassung und dem grellen Helldunkel deutlich zutage. Überhaupt scheint ihm die Betonung des Alltäglichen, das Behagen, mit dem die Caravaggesken beschränkte Typen aus dem Volk in ihren linkischen Bewegungen festhielten und in allen Einzelheiten treu wiedergaben, lebhaft angesprochen zu haben, wenigstens beherrscht er diesen Ton in den heiligen Familien in Kassel, Schleißheim (Abb. 48) und New York mit überraschender Sicherheit, weshalb man diese Arbeiten, die noch ganz frei sind von dem veredelnden Einfluß der Rubensschen Formgebung, vor seinem Eintritt in das Atelier des Meisters entstanden denken möchte.

Jordaens hatte nun die beiden von Caravaggio und Rubens angenommenen Elemente, die uns auf die eingangs erörterten Gegensätze zurückführen, in sich auszugleichen und an einem seinem spezifischen Geschmack entsprechenden Stoff zur Anschauung zu bringen. Dies gelang ihm zum ersten Mal in der Anbetung der Hirten von 1618 in Stockholm. Die eigentümliche Form des Halbfigurenbildes entlehnte er von Rubens, dessen Farbe er in eine sehr glückliche Verbindung mit dem starken, früher noch so trockenen Helldunkel bringt; dabei ist die Erfindung, sowie der unverfälschte, bäurische Ton, der namentlich in der Mutter und dem schlafenden Kind so ergreifend zum Ausdruck kommt, durchaus sein Eigentum. Einen weiteren, merkwürdigen Versuch, sich in der religiösen Malerei Gelegenheit zur Darstellung derber Typen aus dem Volk zu verschaffen, unternimmt er in dem Wasserwunder des Moses in Karlsruhe. Der Moses rückt hier, im Profil nach rechts, so hart an den rechten Bildrand, daß der Rahmen seinen Stab durchschneidet und weder der Fels noch das Wasser zu sehen ist. Von links aber drängt sich das dürstende Volk herzu, angedeutet durch ein paar zum Teil entblößte Figuren, die, unorganisch zusammengepreßt, den Rahmen zum Zersprengen anfüllen. Die Behandlung des Nackten aber besitzt hier, besonders in den zarten Kinderakten, eine geradezu hinreißende Sinnlichkeit der stofflichen Charakterisierung, wie sie van Dyck nie, und Rubens nur ganz selten erreicht hat. Wenn Jordaens in den nämlichen Jahren um 1620 in den Meleagerbildern in Antwerpen und Madrid, in der Pomona ebenda oder der Beweinung Christi in der Verwaltung der Antwerpener Gotteshäuser, meist mit wenig Glück, nach dem ihm angemessenen Stoffgebiet tastet, so findet er es endlich in einer ganz besonderen Art zunächst des mythologischen, dann des unverhüllten Genrebildes, nämlich in der Darstellung von Gastmählern, die einerseits die ihm unentbehrliche dekorative Haltung im großen Stile zuließen, anderseits aber seinem Hang zur Beobachtung des Alltags, womöglich des Burlesken, Vorschub boten. Zunächst hält er sich noch an die Szene der äsopischen Fabel, wo der Satyr am Tisch des Bauern die Falschheit der Menschen bespottet. Mit praller Greifbarkeit der Körper, die bei einer starken, warmen Beleuchtung schwere Schatten werfen, formt er in den Gemälden in Brüssel (Sammlung Cels), Kassel und München (Abb. 49) aus dem nüchternen Gegenstand Gruppen von höchster monumentaler Wucht, in denen das Helldunkel den Kontrast der schweren Farben in einem glühenden, gelbbraunen Gesamtton aufsaugt. Die unerhört drastische Schilderung dieser Holzhackerfamilie in jeder einzelnen Bewegung, in den plump übereinandergeschlagenen nackten Füßen, den Gesten der harten, ausdruckslosen Hände oder der naiven Spannung in ihren gesunden, stupiden Mienen, steht außer jedem Vergleich selbst mit Caravaggio und ist in ihrer von Gefühlsseligkeit ebenso wie von Übertreibung freien, unverfälschten Wahrheit und dekorativen Pracht auch von keinem Genremaler wieder erreicht worden. Man wird nicht müde, die eigentümliche Verquickung dieser beiden Elemente in allen Einzelheiten, in der Wiedergabe einer irdenen Schüssel,

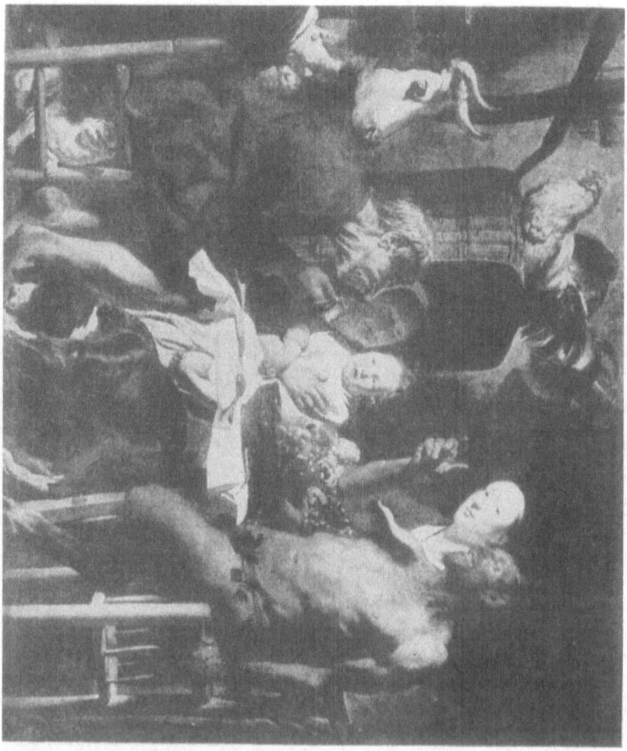

Abb. 49. **Jakob Jordaens, Der Satyr beim Bauern.** München.

in der schnurrenden Katze, dem freundlichen, leuchtenden Gesicht des Säuglings oder dem prächtigen Hahn, der sich auf dem überflochtenen Korbstuhl der Großmutter niedergelassen hat, zu verfolgen, und die Größe, ja die Gewalt der farbigen Haltung zu bewundern, die die Wirkung des meskinen Stoffes auf eine Linie mit den grandiosen mythologischen Szenen von Rubens hebt. Hier sowie in dem gleichzeitig entstandenen Familienbild im Prado

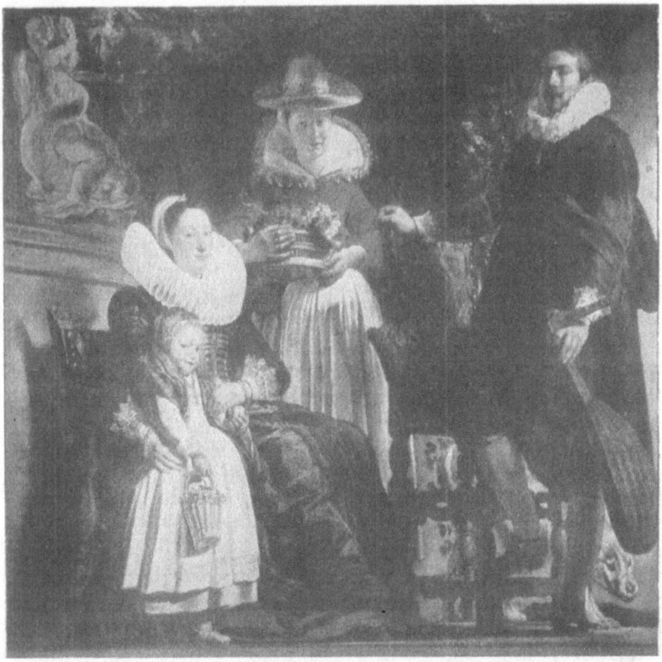

Abb. 50. **Jakob Jordaens, Familienbild.** Madrid, Prado.

(Abb. 50) und dem sog. Selbstbildnis in den Uffizien hat Jordaens durch die Vereinigung eines unbefangenen Realismus mit großzügig dekorativer Gestaltung Werke geschaffen, die ihn ebenbürtig neben van Dyck stellen und dicht an Rubens heranrücken.

Seine weitere Bedeutung als Bildnismaler sei schon hier im Zusammenhang vorweggenommen: Jordaens besaß weder den hohen Begriff vom Menschen, den Rubens im Bildnis zu verkörpern wußte, noch den bildnerischen Schwung, durch den van Dyck jedes Modell mit seiner Idee von Noblesse und menschlicher Bedeutung in Einklang brachte. Sein unbefangener Blick hält sich an die handgreifliche Wirklichkeit, und seinen Bildnissen ist daher eine packende, ganz unmittelbare Lebhaftigkeit eigen, wie sie schon das um 1616 zu datierende, noch recht schwerfällig angeordnete Familienbild in Kassel und das wenig jüngere in St. Petersburg besitzt. Das Gruppenbild in Madrid verbindet dann diese sprechende Ausdruckskraft mit dem großartigen, monumentalen Aufbau der gleichzeitigen Figurenkompositionen zu einer der eindrucksvollsten Leistungen des Meisters. Im allgemeinen aber überwiegt die Freude an der spontanen Bewegung und dem hell aufblitzenden Blick, und so besitzt schon das erwähnte Jünglingsbildnis in Florenz die ganze heitere Lässigkeit der Haltung, die für die Bildnisauffassung von Frans Hals so bezeichnend ist. Ganz nahe verwandt folgen in der späteren Zeit die prächtigen Porträts eines Ehepaares in Köln, das Brustbild eines jungen Mädchens in der Wiener Akademie das Ehepaar beim Herzog von Devoshire in London und das Selbstbildnis des Meisters bei Baron Schrenk-Notzing in München. Den gemessenen Ernst aber, den Jordaens gelegentlich im Bildnis auszudrücken vermochte, finden wir in dem Brustbild seines Schwiegervaters van Noort in Berlin und den eindrucksvollen Herrenporträts in Budapest, Paris und St. Petersburg.

Solange der Stoff nicht unausweichlich zu idealen Gestalten nötigt, hält Jordaens die in den Satyrbildern erreichte Höhe ein, z. B. in der Erziehung des Jupiter in Kassel, dem freundlichen kleinen Satyr in Amsterdam oder den beiden an Formen und Farbe überschwänglich reichen Allegorien der Fruchtbarkeit in Brüssel und London (Wallace-Sammlung), in denen er den heiter derben Verkehr zwischen den jugendlichen Naturgottheiten mit gutmütigem Humor schildert. Schon dieses Thema wird jedoch dem Künstler gefährlich, wenn er es weniger nach seinen dekorativ monumentalen, als nach den inhaltlichen Möglichkeiten ausbaut, wie in dem um 1625 entstandenen Gemälde in Gent und den zahlreichen ähnlichen Szenen bacchischen Charakters aus der späteren Zeit in Dresden, Brüssel, Kassel, Oldenburg und Kopenhagen (1649). Seine unverfälscht aus dem Leben gegriffenen Modelle, die es den göttlich heiteren Bacchanten von Rubens gleichtun wollen, fallen mit ihrem derben Gebaren nicht selten in eine abgeschmackte, ja zotige Lustigkeit, die auch sonst gelegentlich die mythologischen Szenen des Meisters, etwa den Neptun beim Herzog von Arenberg oder die Rhodope in Stockholm, lächerlich und ungenießbar macht. Sein Merkur in Lyon bleibt trotz des Petasus ein roher Bauernknecht, der Prometheus in Köln, der unter der Mißhandlung des Adlers so erbärmlich brüllt, eine mehr komische als tragische Figur, und vor dem Pegasus in Antwerpen glaubt man geradezu einer Parodie auf die edlen Gestalten der Mythologie gegenüberzustehen.

Auch die religiöse Malerei besitzt bei Jordaens nur da überzeugende und ergreifende Momente, wo sie sich mit den gemütvollen Seiten der heiligen Geschichte befassen

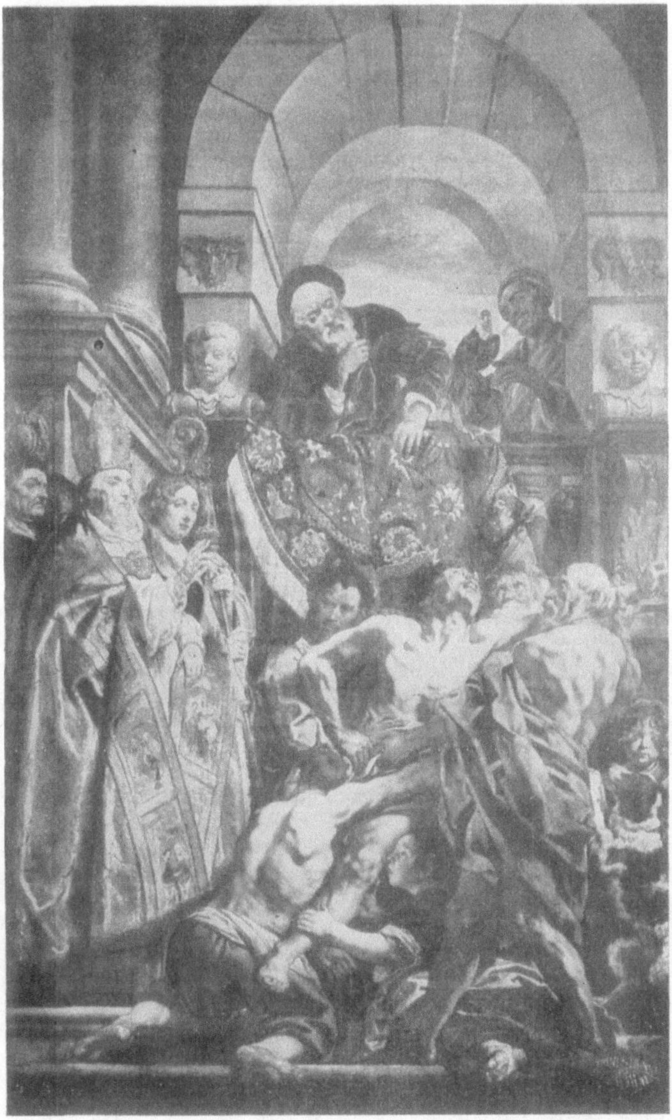

Abb. 51. **Jakob Jordaens, Der hl. Martin heilt einen Besessenen.** Brüssel, Museum.

kann. Gegenüber der erwähnten Kreuzigung von 1617 mit ihrem von Rubens erborgten Pathos und den fast gleichzeitigen, mit van Dycks Frühwerken eng verwandten Evangelisten im Louvre besitzt die Anbetung der Hirten von 1618, ihre zweite Redaktion in Braunschweig und die sehr viel umfangreichere Fassung des nämlichen Themas in der Sammlung Six in Amsterdam, die ganze erwärmende Unmittelbarkeit, deren Jordaens in der Gestaltung bäurisch-genrehafter Szenen fähig ist. Auch in den späten, unruhigeren Wiederholungen dieses Gegenstandes in Lyon, Antwerpen und Frankfurt (1653) herrscht noch ungebrochen die selbe frohe Herzlichkeit. Sonst aber knüpft der Künstler auf dem ihm von Natur aus nicht sympathischen Gebiet der religiösen Malerei häufig an bewährte Vorbilder an. In der »Susanne« in Verona und Brüssel folgt er einem heute verschollenen Gemälde von Rubens (gestochen von Vorsterman) und in den beiden Redaktionen der Beweinung in der Kirche des Beguinenhofes in Antwerpen und in der früheren Sammlung Weber in Hamburg den um 1630 entstandenen Vorbildern von van Dyck in Antwerpen und Berlin. Sein erstes repräsentatives Altargemälde seit jener Kreuzigung, das Martyrium der heiligen Apollonia von 1628 in der Antwerpener Andreaskirche lehnt sich dann wieder an Rubens, indem es, ähnlich wie jener am Hochaltar der nämlichen Kirche seine vierzehn Heiligen, den gräßlichen Vorgang auf einen mannigfaltig gegliederten architektonischen Sockel stellt. Freilich begibt Jordaens sich trotzdem der Wirkung eines großzügigen Figurenaufbaues, weil er durch hinzudrängende Reiter und flatternde Engel die Gliederung verwischt und dem Beschauer nur den Eindruck der ungemein reichen farbigen Gesamterscheinung läßt. War dieses Zurücktreten des Stofflichen bei dem abstoßenden Martyrium der Apollonia wohl am Platz, so erweist es sich schon in der nächsten großen Altartafel des Meisters, wie überhaupt in seinem gesamten weiteren Schaffen, offenkundig als Unfähigkeit, die Fabel bei einer formal reichen Ausgestaltung klar zur Geltung zu bringen. Die Heilung eines Besessenen durch den heiligen Martin von 1630 in Brüssel (Abb. 51) erzählt zwar den Vorgang in den erdenklich stärksten Ausdrücken, allein es fehlt jene Ökonomie des Aufbaues, die bei dem berauschenden Aufwand von Farbe den Kern der Handlung sofort als solchen hervorhebt. Wir sehen rot und gelb leuchtende Gewänder und Teppiche, ein goldfunkelndes Pluviale neben einem leuchtend blauen Mantel, Akte von hinreißender Lebendigkeit; aber das sachlich Bedeutungsvolle springt gerade vor der verwirrenden Farbenpracht des Originals nicht in die Augen. Immerhin gehört das Bild zu den ge-

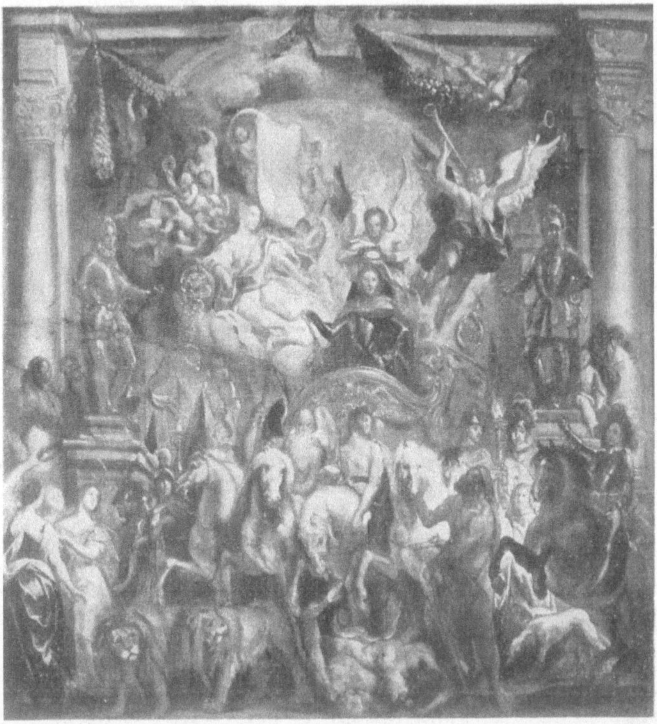

Abb. 52. **Jakob Jordaens, Der Triumph Friedrich Heinrichs; Skizze.** Brüssel, Museum.

waltigsten Leistungen des Meisters, auch wenn es dem Stoff die dämonische Erregung schuldig bleibt, die Rubens bei ähnlicher Gelegenheit so erschütternd miterlebt und versinnlicht hat.

Noch in den späten religiösen Bildern bleibt Jordaens vom Stoff abhängig, wenn er z. B. für die Begegnung (1642) in Lyon, die Anbetung der Könige (1649) in Dixmuiden, den verlorenen Sohn in Dresden und Brüssel, Jesus als Kinderfreund in Kopenhagen warme, überzeugende Töne findet, während rein ideale Szenen wie das Wunder des hl. Dominikus in Oldenburg, der hl. Ivo (1645) in Brüssel, Pauli Predigt in Lystra (1645) in der Wiener Akademie, die Verehrung des Sakramentes in Dublin, der hl. Karl Borromäus in der Jakobskirche oder der zwölfjährige Jesus im Tempel (1663) in Mainz bei durchgehend großzügiger malerischer Gestaltung über eine konventionelle Bildform nicht hinauskommen.

Das nämliche gilt auch für die Apotheose Friedrich Heinrichs im großen Saal des Huis ten Bosch (1652, Abb. 52), für die Jordaens gewiß nicht allein wegen seiner schon damals ruchbaren Neigung zum Protestantismus nach dem Haag berufen wurde, sondern weil er nach dem Ableben von Rubens und van Dyck zweifellos die stärkste Persönlichkeit auf dem Gebiet der Monumentalmalerei in den Niederlanden war. Allein es fehlte ihm jener hohe, noble Geist, mit dem Rubens ähnliche Aufgaben zu einer triumphalen Kundgebung von Herrscherglanz und -größe zu gestalten vermochte: Anstatt die Geltung der Hauptperson durch überlegte Disponierung zu steigern, verschüttet er sie unter einer verwirrenden Masse von Trabanten, Viktorien und Genien und läßt unbedenklich die lärmenden Begleitmotive das eigentliche Thema übertönen. Das Ganze besitzt dank dem immer noch jugendlich sprudelnden Temperament des Künstlers ein prunkhaft festliches Gepräge, erschöpft sich aber hierin, ohne seinen besonderen inhaltlichen Zweck zu erfüllen. Glücklicher als in dem großen Triumphzug enthüllt der Künstler die hinreißende Kraft seiner Erfindung in einer zweiten, kleineren Allegorie des Oraniersaales, wo Chronos als athletischer Greis Lüge und Laster mit seiner Sense dahinrafft, während sich zwei Putten, das Sinnbild der Unschuld, vergnügt auf seinen mächtigen Schwingen wiegen.

Gleichzeitig beweist Jordaens seinen Geschmack für anspruchslosere dekorative Aufgaben in Teppichentwürfen mit reicher Ornamentik, wie sie die Zeichnungssammlungen in London, Berlin und Wien besitzen. Er bringt dabei ländliche Feste und Idyllen ohne tiefere Absichten mit einer Anmut zum Vortrag, die ebenso wie die Liebesgärten von Rubens auf das Zeitalter Watteaus hinweist. Von ausgeführten Tapisserien nach seinen Entwürfen (Abb. 53) hat sich u. a. eine Serie von illustrierten Sprichwörtern beim Fürsten Schwarzenberg erhalten. Auch hier bewährt sich, daß die eigentlich schöpferische Fähigkeit des Meisters auf dem Gebiet des Genre liegt, freilich immer mit der Voraussetzung des großen, monumentalen Rahmens.

Wir werden damit zunächst noch einmal auf die Bauernmahlzeiten zurückgeführt, von denen man, zum Teil mit Weglassung des Satyrs, noch eine Reihe weiterer Repliken in Kassel, Brüssel (Museum und Sammlung Harcq) und noch später ähnliche in Straßburg (1652) und Wien (Liechtenstein-Galerie) antrifft, jetzt aber weniger streng in den Formen, in milderem Wechsel von Licht und Schatten und weichen Farben. Damit wäre überhaupt der stilistische Wandel zu charakterisieren, der seit etwa 1630 bei Jordaens

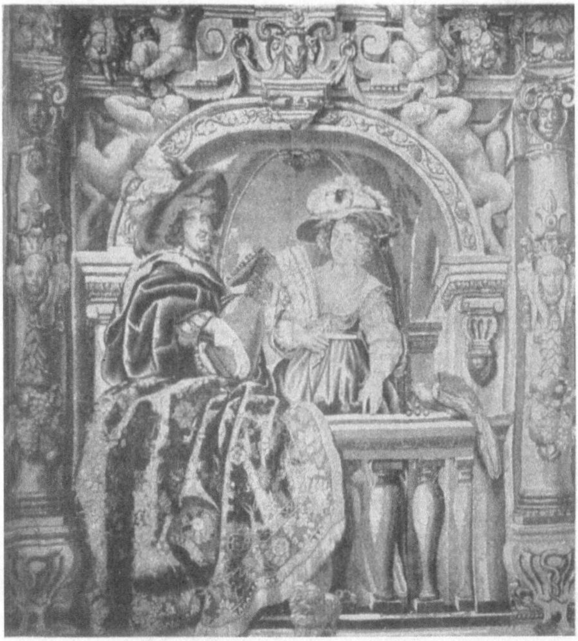

Abb. 53. **Wandteppich nach Jakob Jordaens.** Privatbesitz.

eintritt: Der Eindruck des Martin-Wunders war noch durch den ungebrochenen Glanz der Lokalfarben bestimmt, die in dicker, zäher Masse die Leinwand deckten. Bald darauf aber bricht Jordaens die Geltung des einzelnen Farbtones, die zeichnerische Form wird komplizierter und reicher an Details, auf dem wirren Gefältel der Gewänder und den unruhig gebuckelten, muskulösen Körpern läßt das Licht die Farben schillernd aufflackern, und diese werden jetzt nicht mehr fett und breit aufgesetzt, sondern dünn vertrieben. Ein buntes Flimmern überzieht die ganze Bildfläche, die Umrisse verschwimmen, die früher so sinnfällige Körperlichkeit zerschmilzt in wechselvollen Farbflecken und die monumental geschlossene Gruppe löst sich in einer diffusen, wenig durchdachten Füllung des Rahmens auf. Dafür enthüllt Jordaens aber eine berauschende Pracht von kaleidoskopisch durcheinanderfunkelnden Farben, namentlich in einer in den dreißiger Jahren einsetzenden Serie von festlichen Mahlzeiten, die den Höhepunkt seines ganzen Schaffens bezeichnet. Er schützt jetzt nicht mehr ein mythologisches Motiv vor, sondern schöpft den Gegenstand unmittelbar aus seinem Gesellschaftskreis und läßt nur nebenbei erkennen, daß es sich um das in den Niederlanden am Epiphaniastag übliche »Festmahl des Bohnenkönigs« oder, wenn seine Gäste gar zu lustig im Chore singen, um eine Illustration des Sprich-

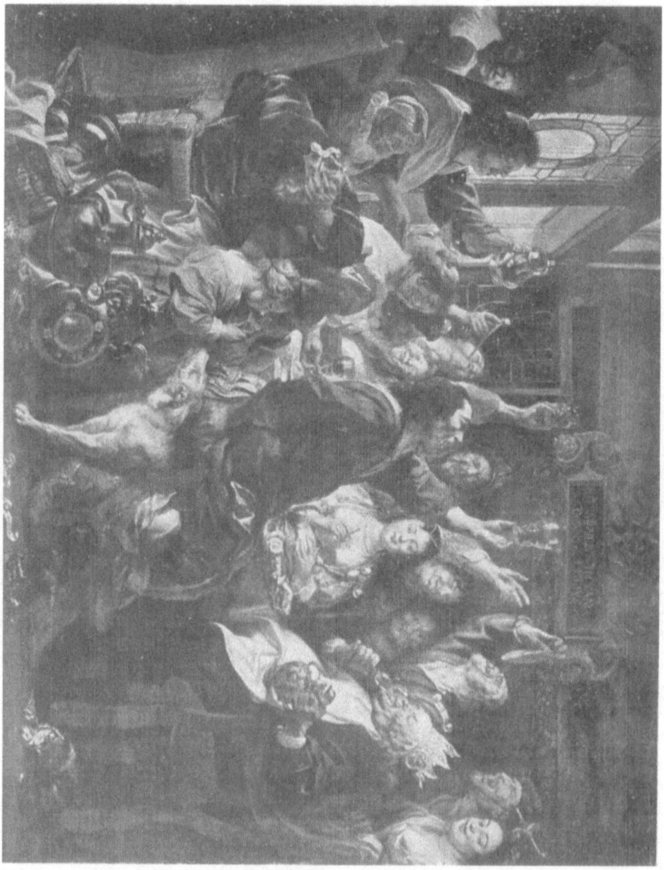

Abb. 54. **Jakob Jordaens, Das Fest des Bohnenkönigs.** Wien, Hofmuseum.

wortes »Wie die Alten sungen, pfeifen die Jungen« handeln soll (Abb. 54).

Der enge Raum ist bis zum Bersten gefüllt: in der Mitte sitzt der joviale Großvater mit der Papierkrone, rechts und links eine Schar von lachenden Mädchen und ein paar Burschen, von rückwärts drängt der niemals fehlende Dudel-

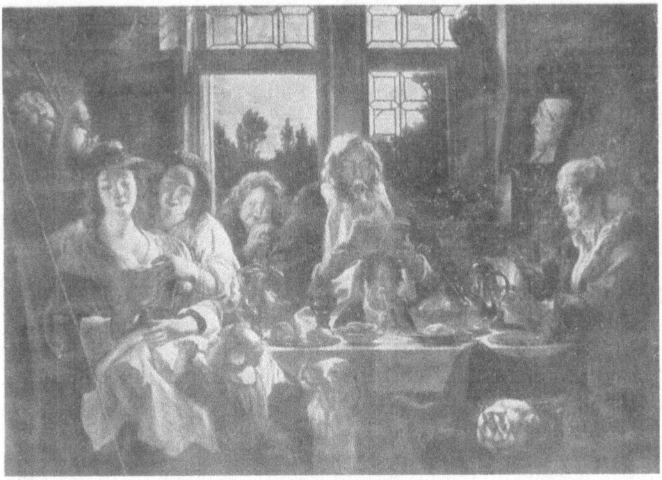

Abb. 55. **Jakob Jordaens, Lustige Gesellschaft.** Berlin.

sackpfeifer, ein Narr und eine Magd heran, während unter dem Tisch ein Hund hervorschnuppert, oder vertraulich anspringt. Die Unterhaltung hat die Grenze der Lebhaftigkeit schon längst überschritten; man schreit und johlt wild durcheinander und gewöhnlich geht es nicht ab, ohne daß ein Bursche eine junge Frau derb in den Busen kneift, ein anderer das Übermaß des genossenen Weines wiedergibt und ein kleiner Junge, zum Beschauer gewendet, unbeirrt seine Notdurft verrichtet. In den verschiedenen Varianten des »Bohnenkönigs« in Paris, Valenciennes, Kassel, St. Petersburg, Wien und Brüssel herrscht bei durchaus gebrochenen Farben eine Üppigkeit von satten Tönen und eine Zartheit und Besonnenheit ihrer Zusammenstellung, wie sie kein Flame außer Rubens kannte. Mit dem Vorbehalt eines starken Einschlages von Behaglichkeit, ja von Gemüt, erbringt Jordaens in diesen Bildern die vollste Bestätigung der Worte, mit denen der Kardinalinfant Ferdinand gelegentlich seinem königlichen Bruder eine Vorstellung von den Sitten der Antwerpener Bevölkerung zu geben sucht: »... zum Schluß geht es ans Schmausen und Trinken und vor allem Sichbesaufen, denn ohne das gibt es hier zu Land kein Fest. Wahrlich, sie leben in diesem Lande wie das liebe Vieh!«

Wenn Jordaens hier die Mahlzeit in dem Augenblick schildert, wo der eben gekrönte Leiter des Festes das Glas an die Lippen setzt, und die ganze Schar in ausgelassener

Laune ihm zujubelt, so gibt ihm das Sprichwort von den alten und den jungen Sängern Gelegenheit, einen geradezu ohrenzerreißenden akustischen Eindruck festzuhalten. Man singt und gröhlt, man pfeift und dudelt, sogar die alte Großmutter krächzt heiser mit, nachdem sie ihren Hornzwicker aufgesetzt hat, um dem Text des Liederbuches nichts schuldig zu bleiben. Recht zahm und gesittet ist das früheste dieser Bilder von 1638 in Antwerpen gehalten. Auch das Berliner Exemplar (um 1640, Abb. 55) zeigt nicht den Paroxysmus von Ausgelassenheit wie die späteren und entbehrt außerdem, sehr zu seinem Vorteil, die gedrungene Bildfüllung, die Jordaens sonst für unerläßlich gehalten zu haben scheint. Das von rückwärts einfallende, abendliche Licht flackert unruhig über den Tisch und erstirbt in feinen Abstufungen gegen den Bildrand zu. Die späteren Varianten des Themas in Wien, Paris, Dresden und München sind meist in ganzen Figuren gehalten, um die Menge von Kindern, Tieren, Schüsseln und Prunkgefäßen aufnehmen zu können, die die Gesamterscheinung dieser Feste erhöhen sollen. Überhaupt liegt ihr Reiz nicht so sehr im Stofflichen, wonach sie häufig platt, ja abstoßend wirken müßten, als in dem festlichen Pathos, zu dem die reiche Ausstattung, das Licht und die Farbe zusammenwirken, und das den Stoff weit über seine eigentliche Grenze hinaushebt. In ähnlicher Weise hat Jordaens auch das mit Bauern und Vieh vollgedrängte Fährboot von Antwerpen benutzt, um eine volkstümliche Figurenkomposition im größten Stil zu schaffen (Kopenhagen, Amsterdam). Eigentliche Marktbilder hat er nicht gemalt, oder doch nur gelegentlich für Snyders und Adriaen van Utrecht mit Figuren staffiert (Brüssel und Wien, Baron Tucher), doch nimmt er in einem gewaltigen Bild der Dresdener Galerie Gelegenheit, den Zyniker Diogenes mit seiner Laterne inmitten des quirlenden Marktlebens zu zeigen, und noch packender, fast dramatisch, gestaltet er den Stoff in der Austreibung der Händler aus dem Tempel im Louvre. Nicht der heilige Zorn des Herrn ist der Gegenstand dieser überaus wuchtigen Komposition, sondern mit der nur ihm eigenen, lärmenden Drastik schildert der Meister die Panik unter den Krämern in all ihren spannenden, leidenschaftlichen und lächerlichen Momenten.

Daß Jordaens zur Ausführung seiner meist sehr umfangreichen Werke namentlich in der späteren Zeit helfende Kräfte zuzog, hatte er selbst bestätigt. Wir werden dabei vor allem an seinen Sohn Jakob Jordaens (geb. 1625) zu denken haben, von dem sich nur das Noli me tangere von 1650 in Amiens nachweisen läßt. Im übrigen könnte es überraschen, daß Jordaens, obwohl er viele Schüler hatte und auf einzelne Künstler, wie etwa den Holländer Jan Steen, einen nachhaltigen Einfluß gewann, keine Schule, ja nicht einmal nennenswerte Nachahmer hinterließ. Der Geschmack verfiel seit 1650 immer mehr der von van Dyck ausgehenden und vom französischen Klassizismus beförderten Neigung zum kühlen, süßlichen Pathos, gegen das sich zwar Jordaens selbst dank seiner bis ins hohe Alter ungebrochenen farbigen Frische durchzusetzen vermochte, dem aber sein trivialer Realismus doch zu stark entgegengesetzt war, als daß er sich schulmäßig noch hätte fortpflanzen können.

Jordaens war der flämische Maler im reinsten Sinn, allein dieser Ruhm bezeichnet auch seine Grenze. Während Rubens und van Dyck sich zu Formen und Bildgestalten von allgemeingültiger, reiner Menschlichkeit erhoben, streift er eine starke rassenhafte Gebundenheit nie oder nur auf Augenblicke ab und wird daher trotz seiner gewaltigen malerischen Mittel nur unter der Voraussetzung eines gewissen Verständnisses für sein Volk im vollen Umfang anerkannt werden können. Die soziale Stellung von Rubens und van Dyck kam einem fürstlichen Ansehen gleich, ihr ganzes Schaffen war von der Gunst hoher Beziehungen getragen und durch die Bedürfnisse von kirchlichen und weltlichen Machthabern bestimmt. Jordaens dagegen wirkt in Palästen linkisch und gehemmt, er kommt nie ganz über die Atmosphäre der Bürgerstube hinaus und opfert auch schließlich alle glänzenden Aussichten, indem er sich mit der Überzeugungstreue seiner Väter zum Protestantismus bekennt und offen aus der herrschenden Kirche seines Landes ausscheidet. Trotz seiner echten, flämischen Gesinnung besaß er doch nicht die volle Einheit mit der Verfassung seines Vaterlandes, aus der Rubens wie ein Antäus seine Kraft sog, und das Bild, das er von seinem Volke entwirft, bleibt trotz aller Wärme einseitig, ja sogar beschränkt.

Die Schüler und Nachahmer des Rubens.

Jede Darstellung der flämischen Kunst hat immer wieder auf die belebende Kraft zurückzuweisen, die von Rubens auf alle Gebiete der Malerei ausströmt und ihnen eigentlich erst den Stempel dessen verleiht, was wir als flämisch bezeichnen. Diese in der Geschichte der Kunst ganz einzigartige zentrale Stellung innerhalb eines größeren Komplexes z. T. starker Talente verdankt Rubens nicht allein der Überlegenheit seines Genies und der bezwingend einheitlichen Gestaltungsmacht, mit der er weit auseinanderliegende Gebiete umspannt, sondern vor allem dem eigentümlichen Geschick, andere Individuen in seine Sphäre zu ziehen und sie, beim Handwerklichen beginnend, allmählich immer lebhafter an seinem stilistischen Empfinden teilnehmen zu lassen. Hierfür fand er in der Disziplin der romanistischen Arbeitsweise, die er bei allen Künstlern seiner Zeit ebenso voraussetzen konnte, als er sie selbst besaß, die wirksamste Förderung, da sie die künstlerischen Kräfte der Niederlande seit hundert Jahren vor einem individualistischen Auseinanderstreben bewahrt und konzentrisch auf die Anschauung der klassischen Kunst hingewiesen hatte. Nachdem es Rubens gelungen war, sich an die Stelle dieses bisher gültigen Ideals zu setzen, wurde nun die gesamte flämische Malerei ein Bereich seiner Auswirkung, denn auch die Landschafts- und Tiermalerei leistete ihr Bestes, wo sie den Formen seiner Anschauungen folgte.

In einem engeren Sinn sollen jedoch hier als seine Schüler und Erben nur diejenigen Figurenmaler ins Auge gefaßt werden, die, gleichgültig, ob sie bei ihm gelernt haben, seiner Anziehungskraft so weit unterlagen, daß sie auch dann noch unter seinem Bann verharrten, als sie sich aus dem Hauptstrom seiner Werkstattproduktion, in dem ihre Mitarbeit zunächst untergegangen war, als selbständige Erscheinungen loslösten. Die beiden bedeutendsten Schüler von Rubens, Jordaens und van Dyck, sind in ihrer eigenartigen Entwicklung besonders gewürdigt worden. Die übrigen, geringeren Individualitäten können nur nach dem zeitlichen Verhältnis ihrer Schülerschaft bei Rubens in einen historischen Zusammenhang gebracht werden, und dieser hat sich aus der jeweiligen Entwicklungsstufe des Meisters zu ergeben, die der einzelne Schüler widerspiegelt.

Dabei sind wir auf die Stilkritik um so mehr angewiesen, als gerade für die Rubensschüler nur sehr schwache urkundliche Aufschlüsse vorliegen. Der Meister genoß nämlich das Vorrecht, ohne jede Verpflichtung gegen die Malergilde Schüler annehmen oder entlassen zu dürfen, weshalb uns die wichtigsten Dokumente über die flämischen Maler, die Eintragungslisten der Lukasgilde, für die Künstler seines engeren Kreises ganz im Stich lassen. Außerdem hat Rubens selbst in seiner Korrespondenz scheinbar geflissentlich vermieden, seine Gehilfen mit Namen zu erwähnen, und so ist es z. B. eine bloße Vermutung, wenn wir in dem »besten meiner Schüler«, den er gelegentlich in einem Brief von 1618 erwähnt, van Dyck zu erkennen glauben.

Völlig im Dunkeln liegen namentlich die frühen Rubens-Schüler wie Deodat del Mont (1582—1644), der schon vor 1608 in Italien mit dem Meister verkehrte und zeitlebens in enger persönlicher Beziehung zu ihm stand. Sein Altarblatt in Neuburg a. D., von dem Sandrart spricht, ist nicht mehr nachzuweisen, dagegen hat die Zuschreibung zweier Bildnisse ebendort, sowie die des plumpen, dem frühen Rubens-Atelier durchaus angemessenen Reiterbildnisses des Herzogs Wolfgang Wilhelm von der Pfalz in Schleißheim, an dessen Hof del Mont seit etwa 1612 tätig war, viel Wahrscheinlichkeit für sich. Seine späteren Altarblätter in Antwerpen und Löwen lassen seine enge persönliche Beziehung zu Rubens kaum mehr ahnen. Ähnlich wie bei Delmont liegen auch die Anfänge des Holländers Pieter Soutman im Dunkeln, der seine Lehrzeit bei Rubens jedenfalls als Maler begonnen hatte und dann erst, vielleicht auf Zureden des Meisters, zur Graphik überging. Im Lauf der zwanziger Jahre, als er Hofmaler des Königs von Polen war, mögen die matten Bildnisse von Wladislaus IV. und seiner Gemahlin in Schleißheim entstanden sein, noch später in Holland die vier Evangelisten des Stockholmer Museums mit ihrem trüben Kolorit, wie ja überhaupt seine späteren Arbeiten im Huis ten Bosch und in Haarlem ein starkes Verblassen der Farbe aufweisen. Jedenfalls aber geht der flämische Einschlag, den wir bei Haarlemer Künstlern wie P. de Grebber und Jan de Bray beobachten, auf den seit 1630 wieder in Haarlem ansässigen Soutman zurück.

Zu den bedeutendsten Arbeiten, die um 1615 aus Rubens' engstem Kreis hervorgegangen sind, gehört der Kindermord in Brüssel, der dort Anton Sallaert zugeschrieben wird, augenscheinlich auf Grund seiner nahen Beziehung zu einzelnen Figuren der Kreuzaufrichtung von Rubens, an der Sallaert mitgeholfen haben soll (Abb. 56). Bedenkt man

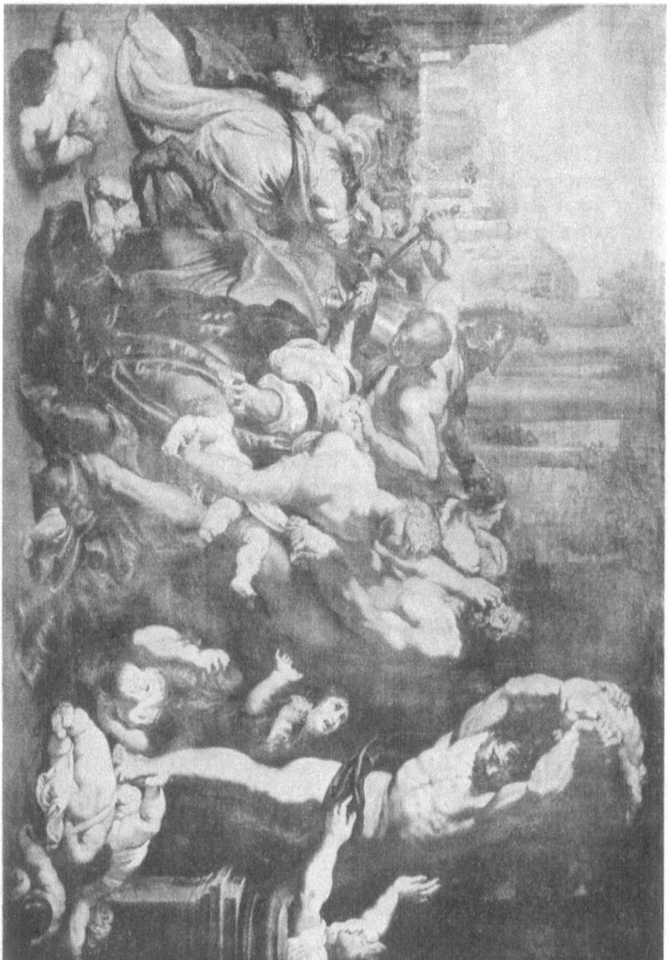

Abb. 56. Rubens-Schüler um 1615, Der bethlehemitische Kindermord. Brüssel, Museum.

jedoch, wie gering im Jahre 1610 die schöpferische Teilnahme von Schülern an den Werken des Meisters erst gewesen sein kann, namentlich bei einer Arbeit, in der Rubens Grund hatte, sich so rein und intensiv als möglich dem Publikum vorzustellen,

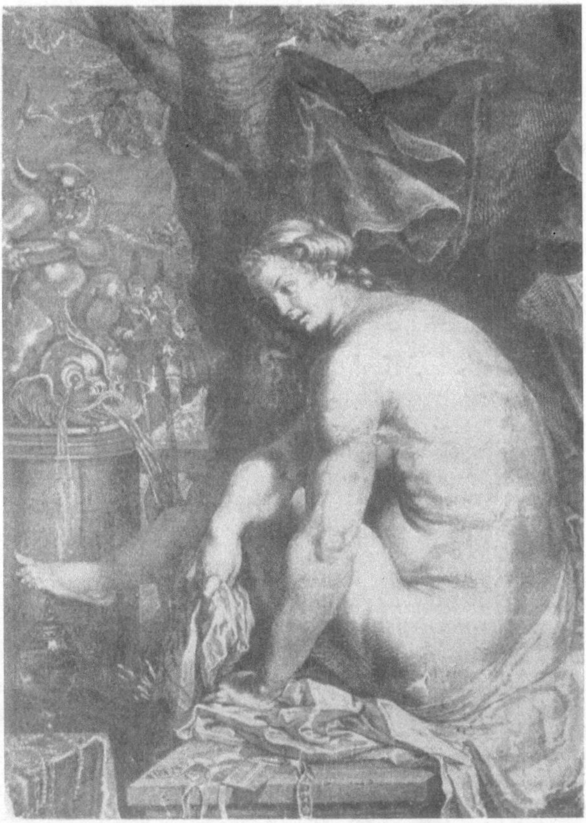

Abb. 57 **Stich nach Marten Pepyn, Susanna.**

und blickt man ferner auf die wesensverschiedenen, genrehaften Gemälde von Sallaert, von denen im ersten Kapitel die Rede war, so wird man der Zuschreibung kein Gewicht beimessen und sich vorläufig damit bescheiden, den Kindermord mit seinen prächtig bewegten, üppigen Figuren und dem leuchtenden, warmen Kolorit als das Werk eines besonders begabten Schülers aus der frühen Rubenswerkstatt anzusehen.

Wie allgemein sich die Wirkung des Meisters schon um 1617 auch auf ältere Künstler erstreckt hatte, zeigt der Bilderzyklus in der Paulskirche zu Antwerpen, der im Laufe dieses und des folgenden Jahres entstanden ist. Hier treffen wir in Arnout Vinckenborch (Auferstehung, Himmelfahrt und Krönung Mariä) und Matthys Voet (der zwölfjährige Jesus im Tempel und das Pfingstfest) zwei sonst völlig unbekannte, tüchtige Figurenmaler im Fahrwasser von Rubens' kaltem klassizistischen Stil der Jahre um 1614, denen übrigens die »Geißelung« des Meisters in der nämlichen Serie auch noch zuzurechnen wäre. Unter den Malern seiner Generation, auf die Rubens Einfluß gewann, wäre ferner Martin Pepyn (1575—1642) und sein Mitschüler bei A. van Noort, Hendrik van Balen (1575—1632) anzuführen. Pepyn kennen wir zwar aus seinen Bildern im Antwerpener Museum nur als schwächlichen Nachzügler des Manierismus der Franckenschen Richtung, allein seine von Balliu gestochene Susanne (Abb. 57) steht in engster Beziehung zu der des Rubens von 1614, und auch sein »Norbert« von 1637 in der Antwerpener Kathedrale zeigt deutlich den Wunsch, sich der Ausdrucksart des Meisters zu bemächtigen. Gewandter als Pepyn ist hierin Balen, der zwar seine spröde, etwas geleckte Malart nur zögernd dem lebensvollen Impasto des früheren Werkstattgenossen anpaßt, ihn dafür aber stofflich um so geschickter ausnützt. In seinen kleinfigurigen Kompositionen in Dresden, Wien, München und Paris bildete er mit anmutigem Erzählertalent und geschickter Wahl seiner Mitarbeiter, die die landschaftlichen Partien besorgen mußten (in der frühen Zeit war es vorwiegend J. Brueghel d. Ä., später Lukas van Uden u. a.), die mythologische Idylle aus, die sich nicht ohne Grund großer Beliebtheit erfreute, während Aufgaben von umfangreicheren Dimensionen, wie die Orgelflügel des Antwerpener Museums oder die Himmelfahrt Mariä in der Michaelskirche zu Gent, seine Kräfte überstiegen. In seinem kleinfigurigen Genre fand Balen einen Nachfolger an Pieter van Avont (1600—1652), der ebenfalls fast nur in Gemeinschaft mit Landschafts- oder Stillebenmalern auftritt. Seine Gemälde in der Jakobskirche, in Wien, München, Gent u. a. O. zeigen eine lockere Malweise und eine besondere Vorliebe für die Darstellung von Putten, wie sie gleichzeitig Duquesnoy in der Plastik vertrat. Avonts zierliche Idylle kommt dann wieder in direkte Beziehung zu Rubens, indem sein Schüler Frans Wouters (1612—1659) 1634 in das Atelier des Meisters eintrat. Wahrscheinlich ist er der Urheber einer Anzahl kleinfiguriger Kompositionen, die Rubens ungemein nahestehen, vielleicht sogar auf seinen Entwurf zurückgehen, in der kleinlichen Malweise jedoch von ihm abweichen; hierher gehört namentlich der Abschied von Venus und Adonis in Florenz, Dianas Aufbruch zur Jagd in Augsburg und die Rast der Diana in Schleißheim, alle

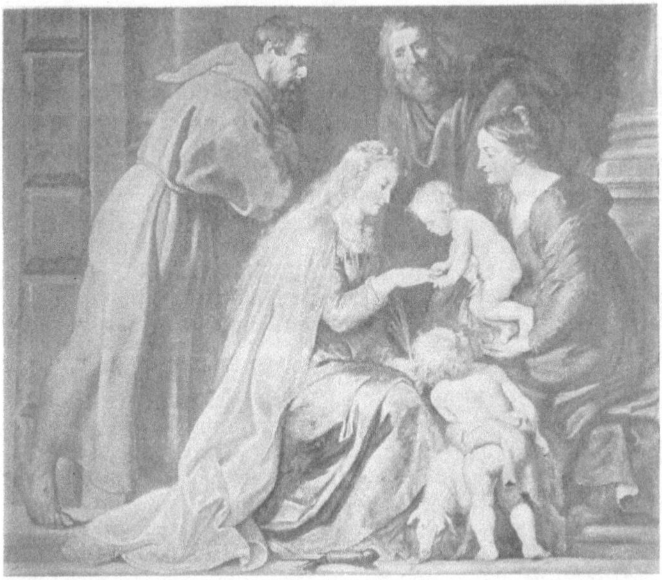

Abb. 58. **Rubens-Schüler vor 1620, Verlobung der hl. Katharina.** Berlin.

drei technisch Avont nahe verwandt und in der Landschaft auf fremde Hilfe angewiesen, ebenso wie die Diana von 1636 in Wien. Später ging Wouters selbst zur Landschaftsmalerei über, er opferte ihr sogar das Interesse am Figuralen so weit, daß es in den Gemälden in Wien, Gent und Hamptoncourt nur noch die Rolle der Staffage versieht.

Kehren wir jedoch zu der Entwicklung der eigentlichen Rubensschule, die wir mit dem Brüsseler »Kindermord« verließen, zurück. Das folgende stilistische Stadium des Meisters vertritt das Urteil Salomonis der Liechtenstein-Galerie, eine vorzügliche, leider ebenfalls anonyme Schülerarbeit, die an Rubenssche Kompositionen der Jahre um 1617 anknüpft und auch koloristisch die reiche Buntheit jener Zeit wiedergibt. Mit geringer Wahrscheinlichkeit wird es Frans de Neve (1606—1681), einem schwächlichen, aus Gemälden in Graz und Salzburg bekannten Figurenmaler, zugeschrieben. Der nämlichen Generation von Rubens-Schülern gehört außer Jordaens und van Dyck augenscheinlich auch Matthys de Negere an, von dem wir nur einen Altar von 1625 in der Kathedrale von Tournai kennen, ferner Pieter Mol (1599—1650), der in seiner Kreuzabnahme im Louvre und der »Großmut des Scipio« in Rouen mehr in der Zeichnung und den Typen, als in dem trüben, mit schweren Schatten durchsetzten Kolorit den Meister nachahmt. Einem unbekannten Rubensschüler haben wir die beiden vortrefflichen Gemälde in Berlin zuzuschreiben, deren fest umrissene Formen und kräftige, helle Buntheit ebenfalls auf die Jahre um 1620 deuten: die »Verlobung der hl. Katharina« (Abb. 58) und die »Flucht der Cloelia«. Bei der letzteren möchten wir allerdings, ähnlich wie bei dem »Christus bei den Schwestern des Lazarus« (Nr. 798) einen Entwurf von Rubens voraussetzen. Die Ausführung der drei Gemälde aber lag zweifellos ganz in der Hand von Gehilfen und gibt Zeugnis von dem hohen künsterischen Niveau, das diese anonymen Kräfte der frühen Rubenswerkstatt einhielten.

Endlich muß auch der bei weitem fruchtbarste und gediegenste Nachfolger von Rubens, Gaspar de Crayer (1584—1669), noch vor 1620 mit dem Meister in Berührung getreten sein, obgleich er nicht der Antwerpener Schule angehört, sondern 1607 in Brüssel Freimeister wurde. Gegenüber der Flüchtigkeit und Entartung, der sonst fast alle Nachfolger von Rubens verfielen, hat Crayer immer an einer sorgfältig durchdachten Komposition und sehr soliden Durchführung festgehalten, obgleich er die unabsehbare Menge seiner meist sehr umfangreichen Altarbilder nur bei rascher, von Gehilfen unterstützter Arbeitsweise bewältigen konnte. Eigentliche Frühwerke vermögen wir nicht nachzuweisen. Die »Pietà« in Brüssel und das Urteil Salomonis in Gent von 1619 zeigen ihn im vollen Besitz der Rubensschen Ausdrucksformen, sowohl in der großzügigen zeichnerischen Stilisierung, als in den kräftigen, fast bunten Farben mit ihrem glasigen Schimmer. Die schweren Schattentöne dieser Gemälde machen es jedoch wahrscheinlich, daß Crayer vorher der tenebrosen Malerei der Neuromanisten angehangen hatte. In die zwanziger Jahre dürfte die Madonna mit den drei Stiftern und das Rosenkranzbild in Brüssel zu setzen sein; hier beginnt, parallel mit der Entwicklung von Rubens, eine Brechung und Verschmelzung der früher harten Lokalfarben, die sich von 1630 an zu einem hellen, weichen, manchmal sogar süßlichen Kolorit mit vorherrschendem Rosa, mattem Hellblau und Gelb ausbildet und nun dauernd geltend bleibt.

In der Komposition ist Crayer über den Klassizismus von Rubens' Altargemälden vor 1630 nie hinausgekommen, d. h. er hielt auch in späteren Jahren an einem strengen figuralen Aufbau fest, der mit dem ruhigen, würdevollen Pathos seiner Figuren in schönem Einklang steht und den er mit einer unter den Rubensschülern einzigartigen Mannig-

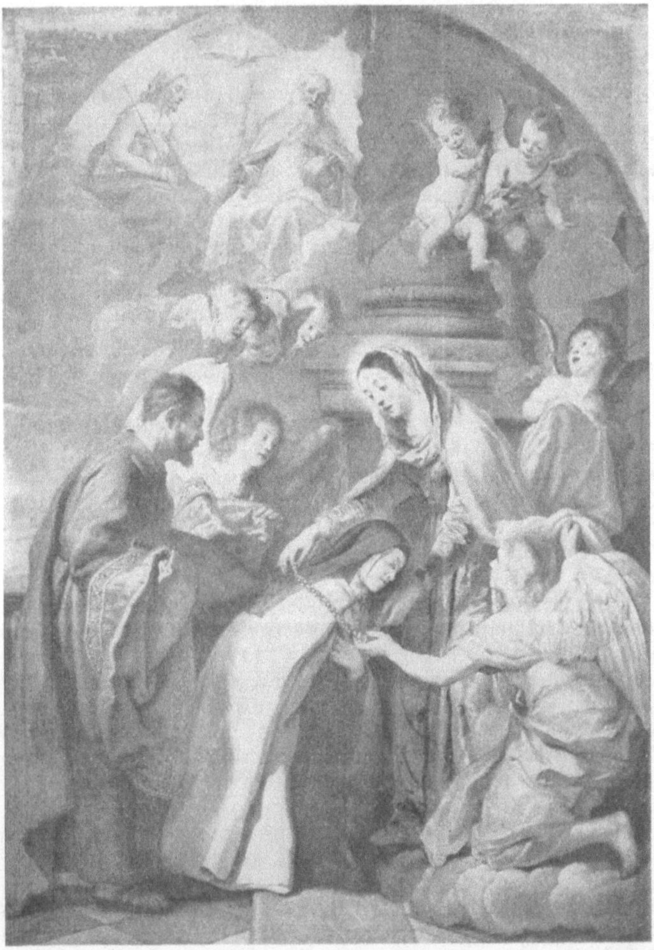

Abb. 59. **Gaspar de Crayer, Die hl. Therese vor der Madonna.** Wien, Hofmuseum.

faltigkeit handhabt (Abb. 59). Seinen Reichtum an Erfindung bewundern wir namentlich im Brüsseler Museum an dem »wunderbaren Fischzug«, den »Eremiten Paulus und Antonius«, der »Erscheinung Christi bei dem hl. Julius«, ferner in den Museen von Gent, wo Crayer von 1664 ansässig war, in Wien u. a. O. Überlegt, aber doch nicht schwunglos füllt er die kolossale Fläche des ehemaligen Hochaltars der

Brüsseler Augustinerkirche von 1646 (heute in München), indem er, dem Augustinerbild von Rubens folgend, den Aufbau durch eine reiche Abstufung von architektonischen Planen bewerkstelligt. Auch als Bildnismaler hat Crayer sein solides Können bewährt; ein Reiterbildnis Philipps IV. besitzt das Stockholmer Museum, ein Porträt des Kardinalinfanten Ferdinand der Prado, ähnliche die Sammlung in Orwell-Park und das Museum von Brüssel. Gerade die gediegene Sicherheit, mit der er jedem beliebigen Auftrag zu genügen wußte, macht es begreiflich, daß nach dem Tode von Rubens der Kardinalinfant in erster Linie ihm die Vollendung der hinterlassenen Gemälde für den König von Spanien zudenken wollte, und zwar mit ausdrücklicher Hintansetzung des ungleich begabteren Jordaens, bei dem man sich unerwarteter, übermütiger Roheiten zu versehen hatte, die allerdings für den spanischen Hof wenig geeignet waren. Schwache Nachahmer fand Crayer in dem Brüsseler Louis Primo (geb. um 1606) und später in Gent in Jan van Cleef (1646—1716), deren matte Altarwerke man im Museum von Gent und den Kirchen dieser Stadt antrifft. Ein direkter, jedoch ebenfalls ganz provinzieller Ableger der Rubensschen Kunst in Gent ist ferner auch der produktive Nicolas Liemaeker (1601— nach 1646).

Bei der Ausführung der Galerie für Maria von Medici scheinen namentlich Justus van Egmont (1601—1674) und Theodor van Thulden (1606—1676) Rubens nahegestanden zu haben. Während ersterer in figürlichen Kompositionen nicht sicher nachzuweisen ist und durch einen längeren Aufenthalt in Paris von der eigentlichen Schultradition seines Meisters so weit abgezogen wurde, daß seine Bildnisse in Paris (Sammlung Waziers), Chantilly, Wien und Stockholm (Sammlung Oerman) den geschmackvollen, aber unpersönlichen Leistungen der französischen Bildniskunst zugerechnet werden müssen, gehört Thulden zu den markantesten und überzeugtesten Vertretern der Rubensschule. Auch er verbrachte um 1630 mehrere Jahre in Paris, wo damals der Erfolg der Medici-Galerie den Schülern von Rubens überhaupt zugute gekommen zu sein scheint. Sein Martyrium des hl. Hadrian in der Michaelskirche zu Gent zählt zu den glänzendsten Erzeugnissen der Rubensschule. Kühler wird dann die Farbe sowohl als die Gruppierung in der Allegorie der Musik in Brüssel und in dem »Triumph der Galathea« in Berlin, in dem Thulden alle Ausdrucksformen, die mythologischen Geschöpfe, die schwungvolle Zeichnung und das blonde, leuchtende Kolorit von Rubens übernimmt (Abb. 60). Durch solche Arbeiten empfahl er sich zu größeren dekorativen Aufträgen, wie sie ihm 1635 an den

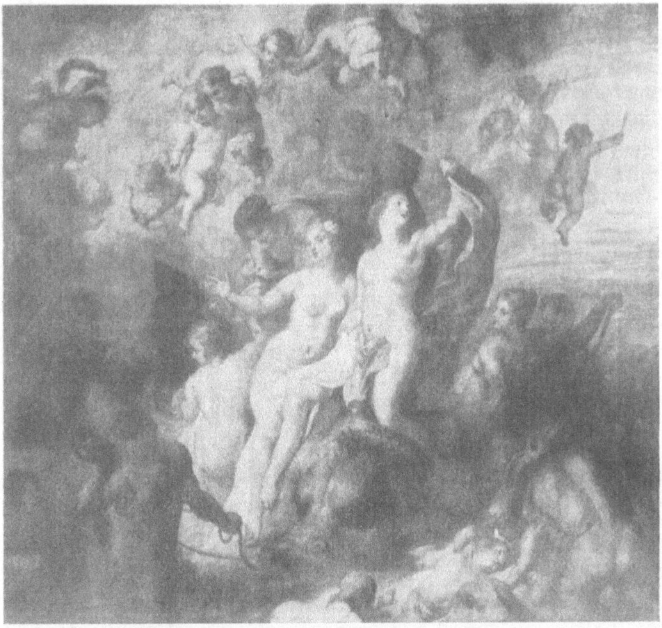

Abb. 60. **Theodor van Thulden, Triumph der Galatea.** Berlin.

Triumphpforten für den Einzug des Kardinalinfanten und 1654—1655 in den zwei großen politischen Allegorien des Wiener Hofmuseums gestellt wurden. Wenn ihm die Skizze der Wiener Akademie, die eine ähnliche Allegorie zum Vorwurf hat, mit Recht zugeschrieben wird, dürften wir auch den koloristisch sehr pikanten Entwurf zu einer noch nicht aufgeklärten Allegorie in der Berliner Galerie auf ihn zurückführen. Seinen eigentlichen Tafelbildern in Hannover, Pommersfelden und Kopenhagen fehlt sonst allerdings die bildmäßige Konzentrierung und das farbige Interesse; es muß daher auch seine von Rooses supponierte Mitarbeit an Gemälden wie dem »Kindermord« von Rubens entschieden zurückgewiesen werden. Daß er über eine bei den Rubensschülern nicht allgemeine Vielseitigkeit verfügte, beweist er in der lebensvollen Komposition einer Kirmes in Brüssel, ferner in den großartigen Glasfenstern in St. Gudule ebenda und der für die Kenntnis seines Meisters bedeutungsvollen graphischen Reproduktion des »Introitus Ferdinandi«.

Im engen Zusammenhang mit Thulden steht Erasmus Quellinus (1607—1678), der 1635 ebenfalls an den malerischen Arbeiten für die Triumphpforten Anteil nahm und überhaupt stark zur Dekorationsmalerei großen Stiles neigte. Die reizvolle, dem gleichzeitigen tonigen Kolorit von Rubens entsprechende Anbetung der Hirten von 1632 in Augsburg sowie zahlreiche Madonnen- und Heiligenbilder, die er in Blumenkränze von Seghers und Thielen gemalt hat, beweisen, daß seine Anfänge in einer anderen Richtung lagen. Allein schon seine Gehilfenschaft bei Rubens, der er u. a. die Ausführung von vier mythologischen Gemälden für die Torre de la Parada verdankte, sowie seine Ernennung zum amtlichen Maler der Stadt Antwerpen, als welcher er später noch dreimal große Dekorationen für festliche Einzüge zu liefern hatte, stellten ihn fast ausschließlich vor Aufgaben, denen er ohne irgendwelche Vertiefung gerecht werden konnte. Sein Rochusaltar in der Jakobskirche zu Antwerpen zeigt denn auch ebenso wie der »Schutzengel« in St. Andreas, wie seine Zeichnung verfiel und die Farbe im Gegensatz zu Thulden mit dem Alter an Glanz verlor. Für seine Leichtigkeit im Erfinden geben seine akademischen, aber vorzüglich abgerundeten Handzeichnungen in Antwerpen und Wien sowie zahlreiche Vorlagen für Stiche Zeugnis.

Die willkürlichen Zuschreibungen, mit denen die Werke des Rubenskreises auf die einzelnen Schüler des Meisters verteilt zu werden pflegen, erweisen sich bei keinem weniger stichhaltig, als bei Abraham van Diepenbeeck (1596—1675). Selbst wenn er, was nicht feststeht, in den zwanziger Jahren bei Rubens gearbeitet haben sollte, so deuten doch alle urkundlichen Nachrichten darauf hin, daß er zunächst ausschließlich Glasmaler war. Seine leichte Erfindungsgabe scheint er später vorzugsweise in Vorzeichnungen zu Stichen und Illustrationen ausgemünzt zu haben, auf Grund deren wir jedoch Bildzuschreibungen nicht wagen können. Nur ein paar Grisaillen und Ölskizzen in Florenz, Augsburg und Straßburg können ihm mit Sicherheit zugeteilt werden, allein auch diese sind nur als Vorarbeiten für den Stecher aufzufassen. Im übrigen zeigt das ihm zugeschriebene Bildermaterial eine innere Unstimmigkeit, bei der wir auf jede Stellungnahme verzichten müssen. Noch unzulänglicher ist unsere Vorstellung von der künstlerischen Persönlichkeit des Willem Panneels, der 1625—1630 bei Rubens lebte und während seiner Abwesenheit in Spanien und England sein Haus und Habe betreute. Nach 1630 zog er nach Deutschland, wo er hauptsächlich radiert zu haben scheint. Ebenso fehlt uns jede Vorstellung von der Tätigkeit des Jakob Moermans (1602—1653), der 1622 ausdrücklich als Schüler erwähnt und im Testament des Meisters mit Wildens und Snyders als Vollstrecker des Nachlaßverkaufs bestellt wird. Vielleicht hatte Rubens diese Bestimmung weniger wegen seiner Freundschaft mit Moermans, als in Hinsicht auf dessen Erfahrung im Kunsthandel getroffen, mit dem er sich vorwiegend befaßt zu haben scheint.

Erst in den dreißiger Jahren greifbar, obwohl sicher schon früher als Gehilfe von Rubens anzunehmen, ist Cornelis Schut (1597—1655). In seinen gesicherten Werken, dem Deckengemälde in der Antwerpener Kathedrale von 1647, dem Martyrium des hl. Georg im Museum ebenda, der Enthauptung des hl. Gereon in der Kirche dieses Heiligen in Köln, steht er Rubens schon verhältnismäßig selbständig gegenüber. Die Figuren fahren wirr durcheinander, die spitze, zerflatternde Linienführung vermeidet absichtlich jeden Wohlklang, besonders aber ist die Färbung arm an Gegensätzen, zwar nicht matt, aber von einer flachen, blonden Helligkeit. So sehr Schut in der heiteren Gesamterscheinung den ausgesprochenen Rubensepigonen folgt, ist ihm ein ganz persönliches Temperament eigentümlich, eine bizarre Unruhe, die einer gewissen Einheitlichkeit doch nicht entbehrt. Seine Skizzen in Brüssel, Stockholm und Kopenhagen sowie zahlreiche Radierungen beweisen die Leichtigkeit seines Entwurfes und seine im Sinn des reifen Barocks vorgeschrittene Auflösung der festen greifbaren Formen. — Nur mittelbar reiht sich dem Kreis der Rubensschüler Vincent Malo ein (um 1600—1656), der, obgleich von Teniers herangebildet und teilweise auch sichtlich abhängig, vom kleinen Genrebild (Beispiele in Amsterdam und Prag) wegstrebte, um sich in religiösen Gemälden in Amsterdam und Hamptoncourt, freilich mit wenig Glück, das Pathos der Rubensschule anzumaßen.

Zu den Gehilfen, die noch vor 1628 im Atelier von Rubens gearbeitet haben müssen, gehören endlich noch Jan van den Hoecke (1611—1651) und Jan Boeckhorst (1605—1668). In der Madonna der Stockholmer Universitätssammlung und der hl. Familie in Amsterdam (dort van Dyck zugeschrieben) hält sich Hoecke an die Frühwerke van Dycks, später aber ging er in den Teppichvorlagen des Wiener Hofmuseums, sowie in den Altargemälden in Mecheln und Brügge zu der hellen Färbung der eigentlichen Rubensschüler über. Auch Boeckhorst, ein geborener Westfale, kam nicht gleich zu Rubens, sondern erst zu Jordaens in die Lehre, unter dessen Einfluß er die beiden allegorischen Halbfiguren in Wien und die Diana in Dresden (No. 1000) gemalt haben dürfte. Bald gelang es ihm jedoch, sich gerade farbig Rubens derartig zu nähern, daß ihm eine Skizze des Meisters mit dem Aufstieg der Seligen (heute in Erlangen) zur Vollendung anvertraut wurde und eine Reihe ähnlicher Ergänzungsarbeiten, sowie vorzügliche Kopien nach Rubens in München, Dresden, Brüssel und Aachen

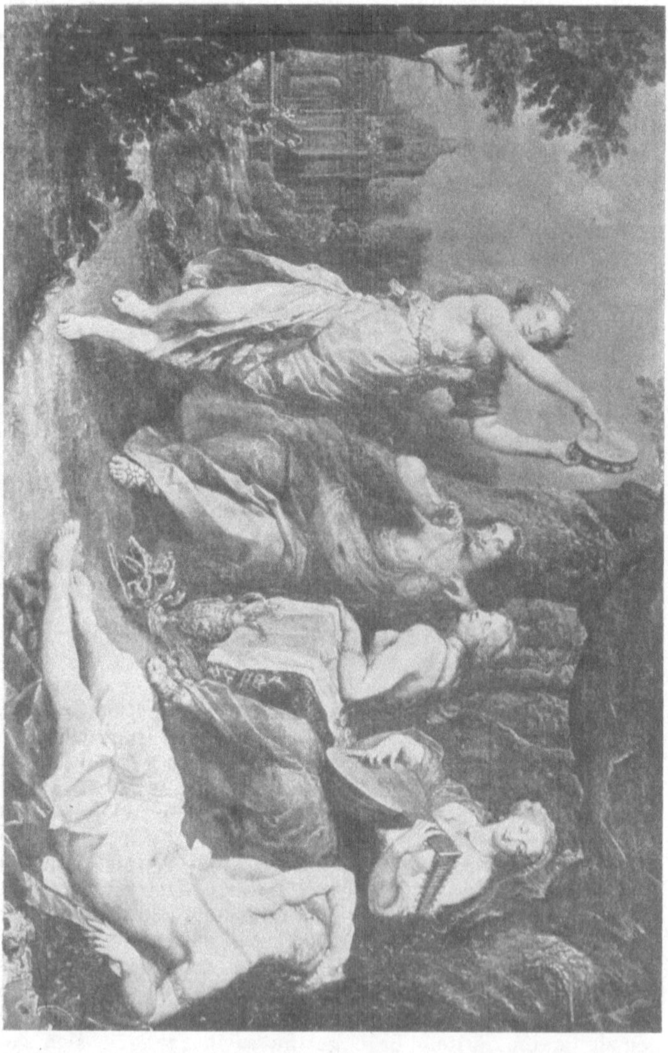

Abb. 61. **Jan Boeckhorst, Die fünf törichten Jungfrauen.** Wien, Fürst Liechtenstein.

auf ihn zurückgeführt werden müssen; vielleicht ist ihm sogar die anmutige »schlafende Diana« in München zuzuweisen, die noch mit Beteiligung des älteren Jan Brueghel, also vor 1625, entstanden ist. Seine Teilnahme an Arbeiten der Rubenswerkstatt scheint in dem »Herkules am Scheideweg« in Florenz und den »Segnungen des Friedens« in München ziemlich sicher; zugleich begegnet er uns wiederholt als Figurenmaler in Marktstücken van Snyders, namentlich in den vier Märkten der Petersburger Eremitage. Im weiteren Verlauf rückt Boeckhorst jedoch den gefälligen Typen und der pikanten, schillernden Färbung des späten van Dyck näher und eröffnet damit die allgemeine Schwenkung, mit der sich um 1640 ein ganzer Zweig der flämischen Figurenmalerei von der Rubenstradition im engeren Sinn absondert. Ähnlich wie im Porträt ließen sich die Epigonen durch das Geschick, mit dem van Dyck die elementaren Formen von Rubens' künstlerischen Äußerungen in geschmacksmäßige Werte umgeprägt hatte, bestechen und gerieten so in jene Nachahmung aus zweiter Hand, die notwendig in gedankenloser Flachheit ausmünden mußte, der aber Boeckhorst selbst noch nicht verfiel. In der stattlichen Allegorie des Alten und Neuen Testamentes in St. Michael zu Gent beweist er seinen monumentalen Sinn, der freilich allmählich abflaut, während er die zarte, perlmutterartig schillernde Farbe, die wir in seinen mythologischen Gemälden in Wien (Abb. 61), München und Pommersfelden antreffen, auch später, etwa in der Krönung Mariä in Antwerpen oder dem »Noli me tangere« der sechziger Jahre (früher bei Fr. Schwartz in Wien) beibehält. An Bildnissen sind ihm mit Sicherheit nur das van Dyck benannte Frauenporträt in Darmstadt und ein männliches Brustbild in München zuzuschreiben, während wir das anmutige Familienbild in Windsor (die sog. Familie des Gerbier) nur vermutungsweise auf Boeckhorst zurückführen.

Unter den übrigen Malern, die sich während der dreißiger Jahre in der Rubens-Werkstatt heranbildeten, treffen wir sonst keinen Namen von selbständigem Klang. Die Ausführung der Dekorationen für die Torre de la Parada besorgten neben Quellinus, Thulden, Cornelis de Vos und Cossier die sonst unbekannten Jan van Eyck, Jakob Pieter Gouwi und Borrekens. Abraham Matthys (1581—1649) erhebt sich in seinem »Tod Mariä« von 1633 auf der Rückseite von Rubens' Hochaltar in der Antwerpener Kathedrale nicht über das Niveau eines Handwerkers, ebenso sind Viktor Wolfvoet (1612—1652), Jan Thomas (1617—1678), der später nach Wien übersiedelte, sowie Lucas Franchoys (1616—1681) in den zahlreichen Altargemälden seiner Vaterstadt Mecheln, nur als schwächliche Ausläufer der Rubensschule zu bewerten, nicht zu reden von noch späteren und matteren Epigonen wie Huybrecht Sporckmans (1619

—1690), Gilles Smeyers (1635—1710), Pieter Ykens (1648—1695) und Gottfried Maes (1649—1700). Die Berliner Galerie besitzt als vorzügliche Repräsentanten des späten Rubensateliers (1630—1640) den »Segen Isaaks« und das »Gastmahl zu Emmaus«, beides Kompositionen, die wenigstens mittelbar auf Entwürfe des Meisters zurückgehen dürften.

Zu den Enkelschülern von Rubens, die sich wie Boeckhorst weniger an den Meister selbst, als an die geschmäcklerische Kunst seines größten Schülers hielten, zählen vor allem Thomas Willeboirts, Theodor Boeyermans und Pieter Thys. Der tüchtigste von ihnen, Willeboirts (1614—1654), zeichnet sich vor den anderen durch feste, plastische Formen und solide malerische Durchführung aus, wie sie seine Allegorien in Amsterdam und Sanssouci und seine nicht ohne persönlichen Geschmack erfundenen mythologischen Szenen im Haag, in Nürnberg und München aufweisen. Seine religiösen Gemälde, die Vermählung der hl. Katharina in Berlin (Reichskanzlerpalais), die Cäcilie in Ausgburg oder der Sebastian in Burghausen, knüpfen unmittelbar an van Dycks empfindsame ekstatische Vorbilder an und neigen dabei schon zu dem ausgebleichten, saftlosen Kolorit, in dem sich Boeyermans und namentlich Thys gefielen. Der erstere (1620—1678) steht in dem »Darius vor Alexander« der Sammlung Bruylant in Brüssel und der »Großmut des Scipio« im Stadtmuseum ebenda den Spätwerken von Gerard Seghers mit ihrer krausen Formgebung und der reichen, etwas süßlichen Farbe nahe; später jedoch in dem »Teich von Bethesda« von 1675 in Antwerpen, versinkt sein Kolorit in ein trübes Graugrün, während die schwächliche Komposition nur kümmerlich die gewaltige Fläche füllt. Ein völliges Erlahmen der schöpferischen Kraft tritt endlich bei Pieter Thys ein (1616—1678). Besitzt seine »Opferung Isaaks« in der Jakobskirche noch einen matten Glanz der großen Rubensschen Tradition, so verfallen seine zahlreichen Altäre in Antwerpen und Gent in einer völligen Auflösung sowohl der Farbe, die in einem mattvioletten Ton aufgeht, als auch der schemenhaft gebildeten Figuren, und ebenso zeigen ihn seine Bildnisse in Antwerpen und Wien nur gleichgültig teilnehmend an den typischen Formen der van Dyckschen Überlieferung. Die letzten Ausläufer dieser Richtung sind Jan den Duyts (1629—1676) und Gaspar van Opstal (1654—1717), von denen die Museen in Antwerpen, Braunschweig, Darmstadt und Leipzig bezeichnete Werke besitzen.

Was Rubens für die gesamte europäische Malerei des späten 17. und des 18. Jahrhunderts bedeutet hat, sein tiefer, grundsätzlicher Einfluß auf die Epoche Watteaus, ist schon angedeutet worden. Neben solchen allgemeinen Ausstrahlungen lebte aber seine Kunst in einer Schar von Nachahmern fort, die bis ins 19. Jahrhundert hinein bemüht waren, den Glanz seines Schaffens unmittelbar wieder heraufzubeschwören. An ihrer Spitze steht Pieter J. Verhaghen (1728—1811) mit einem in seiner Zeit überraschenden Sinn für den klassischen Figurenaufbau. Die starken, klaren Farben seiner meist sehr umfangreichen Gemälde in Löwen, Brüssel, Antwerpen und Gent entlehnt er der mittleren Zeit von Rubens, bringt aber durch seinen eigentümlich tupfenden Pinselstrich, der die graue Untermalung stark mitsprechen läßt, einen wesentlich verschiedenen, flimmernden Eindruck hervor. Willem Herreyns (1743—1827) steht ihm an monumentaler Kraft bedeutend nach, z. B. in der »Anbetung der Könige« in Brüssel, trifft aber im einzelnen die Malart von Rubens mit besserem Verständnis, so in zwei Bildnissen des Plantinmuseum und einem Greisenkopf in Köln, der geradezu als eine Rubensfälschung angesehen werden könnte. Das historisch eklektische 19. Jahrhundert brachte ebenso wie Raffael-Nachahmer auch entschiedene Anhänger von Rubens, unter denen Gustav Wappers (1803—1874) mit seinem großartigen Altar in der Antwerpener Jesuitenkirche und der Wiener Hans Canon durch seine von Rubens abhängige malerische Qualität hervorragen.

So sehr es wünschenswert wäre, daß sich die Spezialforschung der Rubensschule sorgfältiger als bisher annähme und die zahllosen willkürlichen und falschen Bestimmungen ihrer Erzeugnisse richtigstellte, oder wenigstens als solche im einzelnen nachwiese, so werden diese Bemühungen doch immer mit einem sehr viel undankbareren Material zu rechnen haben, als es etwa die Rembrandtschule bietet. Wenn auch der holländische Meister, ähnlich wie Rubens, gewisse Formeln auf die Schüler überträgt, so liegt es doch im Wesen von Rembrandts Kunst, der Eigenart des einzelnen freieren Spielraum zu lassen, wodurch Künstler wie Dou und Maes vom gleichen Ausgangspunkt schließlich zu ganz entgegengesetzten Zielen gelangen konnten. Ganz anders bei Rubens: Die Welt seines Auges, die bildnerischen Symbole, die er für die äußeren Erscheinungen gefunden hatte, halten die gesamte Figurenmalerei in einer Befangenheit, bei der selbständige Anschauungen nicht mehr aufzukommen vermögen und von dem Augenblick an, da seine persönliche Inspiration fehlte, beginnt das Ausklingen der gesamten flämischen Malerei.

Das Sittenbild.

Das Sittenbild ist der einzige Zweig der flämischen Malerei, der sich im wesentlichen außerhalb der Einflußzone von Rubens entwickelt. Während Rubens sonst jede Bildform an sich zog, um sie neu zu gestalten, waren ihm die Grenzen der Sittenschilderung augenscheinlich zu eng, denn nichts lief seiner typischen, dekorativen Gestaltungsart stärker entgegen als die Betonung des Gemütlichen, Episodenhaften. Zwar betrat auch er gelegentlich dieses Gebiet, jedoch erst in seinen letzten Jahren, als sein ganzes Schaffen nicht mehr den offiziellen Charakter der früheren Zeit trug, und zu vereinzelt, als daß sich von ihm aus ein Bildtypus hätte entwickeln können. Der echt flämische Sinn für die volkstümliche Burleske flackert in der »Kirmes« des Louvre zum letzten Mal auf, die Zeit für die poesievollen Schäferszenen aber, die Rubens im »Liebesgarten« in Madrid, dem »Hirtenpaar« in München und dem »Bauerntanz« in Madrid vorwegnimmt, war noch nicht gekommen.

Nach der fest geschlossenen, auf Rubens konzentrierten Einheitlichkeit, in der sich uns bisher die Entwicklung der flämischen Malerei dargeboten hat, scheint also das Sittenbild überhaupt nicht in ihrer eigentlichen Sphäre zu liegen, und tatsächlich wäre die kurze Blüte, die es dennoch in Antwerpen erlebte, nicht ohne die Anregung Hollands denkbar; eine unbefangene Schilderung des alltäglichen Lebens konnte nur von einer Persönlichkeit ausgehen, die völlig unberührt war von dem alles durchdringenden Idealismus der Rubensschen Weltanschauung.

Die niederländische Sittenmalerei des 17. Jahrhunderts läßt sich auf zwei wesentlich voneinander verschiedene Bildgattungen zurückführen. Die eine geht von der Schilderung der höheren Gesellschaftskreise aus und bevorzugt kleine Bildausschnitte, in denen sie mit lebensgroßen Halbfiguren zu operieren pflegt. Nach vereinzelten Ansätzen des 15. Jahrhunderts wird sie als solche eigentlich erst durch Quentin Massys in Kurs gebracht, den der sogenannte Meister der weiblichen Halbfiguren, Roymerswaele, Hemessen und — mit einer Schwenkung zum Volkstümlichen hin — Aertsz und Bueckelaer weiter verfolgen. Diese Bildform, die in ihrer Beschränkung auf wenige große Figuren eine überlegene Beherrschung der Komposition erforderte, lag recht eigentlich im Sinn des Romanismus und blieb denn auch in Belgien bestehen, als Holland, mit Ausnahme des immer zum Süden neigenden Utrecht, sie am Anfang des 17. Jahrhunderts fallen ließ. Rubens gab ihr inhaltlich eine neue Gestalt, indem er sie zwar ebenfalls zur Schilderung des naiven menschlichen Umgangs benutzte, als handelnde Personen jedoch Fabelwesen der Mythologie, namentlich aus dem bacchischen Kreis, einführte und damit ihren Charakter idealisierend erweiterte. Namentlich die Szenen erotischen Inhalts, die im 16. Jahrhundert mit platten Anzüglichkeiten ausgestattet wurden, rückt er auf dieser antikischen Bühne aus allem Anstößigen in eine Sphäre heiterer Natürlichkeit, ohne dabei im geringsten an ursprünglicher Sinnlichkeit einzubüßen.

Dieser höchst eigenartigen, dichterischen Neugestaltung des Sittenbildes wagte nur Jordaens sich zu widersetzen. Gerade hier beobachten wir, daß ihn neben seiner starken Abhängigkeit von Rubens doch auch ganz eigene persönliche Beziehungen unmittelbar mit dem 16. Jahrhundert verknüpfen. Mit unumwundener Drastik zeigt er uns einen Narren oder einen fetten Koch in Umarmung mit einer Magd oder schildert in seinen festlichen Schmausereien in packenden, häufig burlesken Einzelheiten, was in den Augen seiner Landsleute das Ideal des häuslichen Lebens ausmachte. Auch für ihn ist das wohlhabende, wenn auch sehr bürgerliche Milieu unumstößliche Voraussetzung, wie für Massys und Hemessen als deren unmittelbarer Nachkomme er das Sittenbild rein flämischen Charakters zu seinem stärksten Erlebnisinhalt führt. Allerdings wird man einer so vielseitigen Persönlichkeit wie Jordaens mit der Bezeichnung »Genremaler« nicht gerecht, und außerdem führen auch seine Bilder aus dem Volksleben einen so bedeutenden Einschlag von der monumentalen, anspielungsreichen Kunst des Romanismus in sich, daß sie überhaupt nicht als Sittenbilder reinster Absicht gelten können. Dazu kommt, daß Jordaens ganz ohne Nachfolger blieb und eine schulmäßige Überlieferung seiner Sittenschilderung nicht ins Leben zu rufen vermochte. Er wurde deshalb in einem besonderen Kapitel für sich gewürdigt und hier nur im Interesse des historischen Überblicks herangezogen. Im gleichen Sinn soll auch noch einmal an G. Seghers, Rombouts und Cossier erinnert werden, die im Verein mit Utrechter Künstlern, namentlich Honhorst, das Sittenbild Carravaggios nach den Niederlanden brachten, und damit wieder eine direkte, bis zu täuschender Nachahmung strebende Beziehung zu Italien anknüpften, von der die hier erörterte Gattung des Sittenbildes freilich nie ganz frei war.

Im Gegensatz zu ihr steht die andere Richtung der niederländischen Genremalerei, deren Quellen wir in den im ersten Kapitel erwähnten Kalenderillustrationen zu suchen haben. In ihnen hatte man schon bald nach 1400 das tägliche Leben und Treiben aller Gesellschaftsklassen mit jener treffenden Unbefangenheit geschildert, wie sie nur dem Niederländer eigen ist. Zur freien Mitteilung aller erzählenswerten Einzelheiten bedurfte man einer weiteren Bühne, auf der sich eine größere Anzahl von Personen leicht bewegen konnte, ganz abgesehen davon, daß der Wechsel der Jahreszeiten, der an den verschiedenartigen Beschäftigungen des Menschen veranschaulicht werden sollte, das Hinzuziehen der Landschaft nötig machte. Als Bildtypus gewinnt diese im 15. Jahrhundert nur in der Buchmalerei geführte, erzählende Darstellungsart erst um 1500 in der Hand des Hieronymus Bosch feste Gestalt, allerdings mit der diesem Künstler eigentümlichen Neigung zum Gespenstischen und Spukhaften. Die gleichzeitigen Bemühungen eines Bles, Cornelis Massys oder des sog. Braunschweiger Monogrammisten lassen aber nicht verkennen, daß sich dieser in die Tafelmalerei übertragene Kunstzweig seiner ursprünglichen Richtung durchaus bewußt bleibt: Mit vorurteilsloser Erzählerfreude werden Szenen aus dem täglichen Leben gegriffen und zwar — im Gegensatz zu der parallelen Richtung der Halbfigurenbilder — vorwiegend aus den niedersten Ständen, und ohne irgendwelche kompositionelle Skrupel, die auf die Berührung mit der südlichen Kunst deuten könnten. In dieser Form führt Pieter Brueghel das niederländische Sittenbild zu einer nie wieder erreichten Kraft des Ausdrucks, und fast scheint es, als hätte er alles, was die Niederlande auf diesem Gebiet zu leisten imstande waren, vorweggenommen, denn tatsächlich erschlaffte, wie wir im ersten Kapitel sahen, nach seinem Tod die Erfindungs- und Produktionskraft der bäurischen Genremalerei zu blutlosen Nachahmungen.

Überraschenderweise war es auch hier wieder dem Süden vorbehalten, den Niederländern neue Ausblicke zu eröffnen, diesmal allerdings weniger im Formalen, als durch stoffliche Anregungen. Die umständliche, durchaus weltliche Schilderung der Venezianer von Prachtbanketten unter Titeln wie »Christus beim Pharisäer«, »Der reiche Mann und der arme Lazarus« , »Die Hochzeit zu Kana« usw. hatten stark auf die Phantasie der Niederländer gewirkt, indem sie ihrer angeborenen Freude für festlich frohe Zusammenkünfte und Schmausereien bildmäßige Formen boten. Für die Schilderung der schlechten Gesellschaft, die der hier in Frage stehenden Richtung der Sittenmaler besonders am Herzen lag, bot die Geschichte vom verlorenen Sohn, ebenfalls nach venezianischen Vorbildern, eine hundertfach ausgenützte Gelegenheit, und bei dem lebhaften Interesse für das Allgemeine an diesen Szenen lag der Schritt nicht mehr fern, die ohnehin nur schwache religiöse oder moralische Motivierung ganz aufzugeben und die unbefangene Schilderung des gesellschaftlichen Verkehrs aller Klassen als selbständige Bildgattung gelten zu lassen.

Die eigentliche Initiative in diesem bedeutungsvollen Prozeß ging von Holland, und zwar, wie es scheint, von Harlem aus, wo Künstler wie C. Cornelisz, G. Pietersz, W. Buytewech und F. Hals, denen in Amsterdam der Tizianschüler D. Barentsz zur Seite trat, ihre fruchtbare Wirksamkeit ausübten und zugleich durch das vielgepflegte Gruppenporträt, für dessen innere Motivierung man schon längst große Tafelszenen herangezogen hatte, auch von einer anderen Seite zur bildnerischen Gestaltung des gesellschaftlichen Lebens geführt wurden. Wir können hier nicht im einzelnen verfolgen, wie sich von den Schilderungen häuslicher Schmausereien das künstlerische Interesse allmählich auf alle Momente des täglichen Lebens ausbreitet, wie dann bei den großen Genremalern Hollands die Betonung einmal mehr auf die handelnden Personen, ein anderes Mal mehr auf den sie umgebenden Raum fällt, kurz in welcher Form die einzigartige Mannigfaltigkeit der holländischen Genremalerei allmählich erblüht. Nur die Tatsache dieses schöpferisch unerhört vielseitigen Aufschwunges im holländischen Sittenbild soll zum Bewußtsein gebracht werden, um festzustellen, daß Belgien dabei kaum den geringsten Anteil nimmt.

Wenn man von den wenigen Nachfolgern Pieter Brueghels absieht, so bleiben die typischen Vertreter des flämischen Sittenbildes bis etwa 1630 zwei Mitglieder der weitverzweigten Künstlerfamilie Francken. Hieronymus (1540—1610) war als Schüler von Frans Floris schon früh auf die venezianische Malerei hingewiesen worden. Zunächst arbeitete er für seinen Meister Altarbilder großen Stils, schon 1565 aber entstand das kleine Gesellschaftsbild in Aachen, das ebenso wie ein ähnliches im Universitätsmuseum zu Stockholm bezeichnenderweise in venezianischen Kostümen und Räumlichkeiten gedacht ist. Die enge Distanzierung der Figuren und eine gewisse Gebundenheit ihrer Bewegungen hängt diesen ersten, vereinzelten Exemplaren der neuen Bildgattung noch an; aber durch die Übertragung nicht

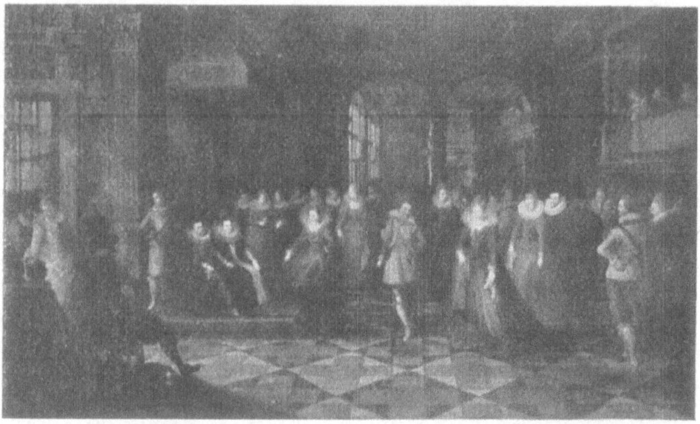

Abb. 62. **Frans Francken II., Ein Ball beim Erzherzog Albert.** Haag, Mauritshuis.

nur der Sitten-, sondern auch der religiösen Malerei in das kleine Format ebnete Hieronymus seinem Neffen Frans Francken II. (1581—1642), dem bekanntesten Glied der ganzen Familie, den Weg zu seiner starken Popularität. Seine Beliebheit verdankte dieser Künstler weniger einer besonderen Erfindungsgabe oder überragender technischer Vollkommenheit, als vielmehr dem Geschick, mit dem er alle Stoffe der monumentalen Malerei in kleine Dimensionen übersetzte und damit dem Bedürfnis des Privathauses oder der Kunstkammer anpaßte. Seine zahlreichen, höchst gleichgültigen religiösen und mythologischen Szenen zeigen ihn mit zäher Beharrlichkeit am Geschmack des alten Romanismus festhalten zu einer Zeit, da Rubens längst die besseren Kräfte des Landes an sich gezogen hatte. In ihrer Art vereinzelt und bemerkenswert sind seine Geschichtsbilder, wie der »Ball beim Erzherzogspaar« im Haag (Abb. 62) und die »Abdankung Karls V.« in Amsterdam, mit mehr gewollter, als geglückter Anlehnung an Rubens. Vor allem aber gebührt ihm als Genremaler Beachtung, da er mehr als irgendein anderer die Sittenschilderung in jenem bedeutungsvollen Übergangsstadium vom romanistischen Historienbild zur reinen Genremalerei vertritt. Zunächst noch mit religiösen Anspielungen motiviert (Beispiele in Amsterdam, Karlsruhe, Braunschweig), folgen vom Ende der zwanziger Jahre ab, wo er seine Gemälde zur Unterscheidung von denen seines Sohnes mit »den ouden Francken« zu bezeichnen pflegt, reine Gesellschaftsstücke (in München und Wien), freilich immer in der frostigen Haltung, die ihre Abkunft

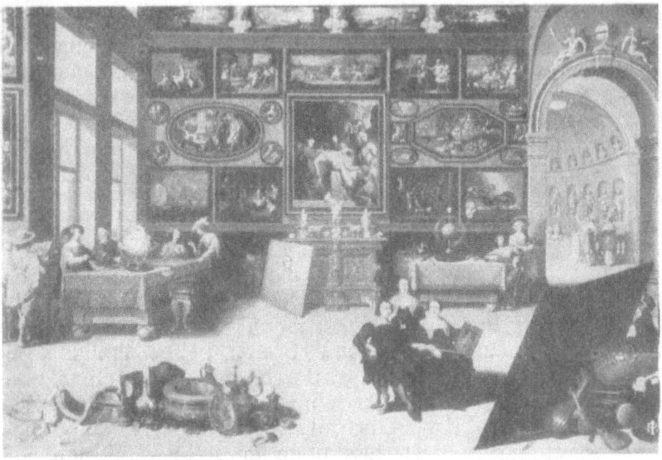

Abb. 63. **Antwerpener Meister um 1635, Innenraum.** Florenz, Palazzo Pitti.

von der monumentalen Malerei verrät und eigentlich für die anspruchslose Unbefangenheit des Alltaglebens kein Herz hat. Francken dringt sogar bis zur Schilderung des bloßen Innenraumes vor, in dem er aber nicht, wie die Holländer den malerischen Reizen nachgeht, sondern sich mit einem nüchternen, sachlichen Konterfei der Einrichtung begnügt. Das von Jan Brueghel nur in phantastisch mythologischer Form geführte »Galeriebild» baut Francken mit bildnismäßiger Treue weiter aus, indem er die einzelnen Gemälde oder Plastiken eines Kunstkabinetts mit peinlicher Sorgfalt abmalt (Beispiele in Wien, München, Rom, Galerie Borghese). So unerfreulich vom künstlerischen Standpunkt solche mit bloßer Kunstfertigkeit gemalten Sammlungskataloge sein mögen, so registrieren sie doch nicht nur den damaligen Kunstbesitz Antwerpens mit aller wünschbaren Genauigkeit, sondern geben von der Art seiner Aufstellung einen anschaulichen Begriff und erhalten in Fällen, wo es sich um Abbildungen berühmter Sammlungen handelt, wie etwa die des Kabinetts van der Geest im Haag (gemalt von dem sonst wenig bekannten und höchst trockenen Willem van Haecht [1593—1637]) oder der Sammlung Rubens im Pitti-Palast zu Florenz, ein hohes kunst- und kulturgeschichtliches Interesse (Abb. 63).

Die anschauliche, bilderbuchartige Vielseitigkeit, mit der sich Francken seinem Publikum insinuiert hatte, fand auch bei begabteren Künstlern Nachahmung, wie etwa bei dem unbekannten Meister der »Züchtigung des Amor« in Berlin oder dem ebenfalls anonymen Urheber des anmutigen Interieurs in Stockholm von etwa 1625, des sog. Salons des Hauses Rubens, in das Cornelis de Vos mit zartem Pinsel die Porträtfiguren eingetragen hat. Der fein gesittete Geist dieser häuslichen Szene führt uns schon zur Generation der späteren Genremaler hinüber, die von Francken ausgehend ihr Vorbild in den vornehmen Gesellschaftsbildern von Rubens fanden.

Der gewandteste unter ihnen scheint ein nicht näher bekannter Jan Hulsman gewesen zu sein, von dem das Germanische Museum in Nürnberg eine ursprünglich als Klavierdeckel dienende, koloristisch höchst anmutige Szene aus einer vornehmen Gesellschaft besitzt. Eine ähnliche im Museum von Riga bestätigt durch eine unmittelbar von Rubens entlehnte Figur den ohnehin schon offenbaren Zusammenhang des Künstlers mit dem Großmeister und beweist außerdem, daß wir hier nicht denselben Hulsman vor uns haben, von dem die Kölner Kirchen (St. Gereon, Apostelkirche usw.) eine Anzahl wertloser religiöser Bilder im Rubensstil besitzen.

Sehr viel trockener und ärmer an Erfindung als Hulsman ist Christoffel Laamen (um 1615—1651), der in seinen Gesellschaftsstücken oder Kartenspielern in Hannover, Gotha, Darmstadt, Lucca (Sammlung Mansi) u. a. O. das Genrebild aus der eintönigen Sphäre des jüngeren Francken in die des Rubens zu führen sucht. Dies gelingt erst seinem Schüler Jeroom Janssens (1624—1693). Er ist in Antwerpen der eigentliche und einzige Vertreter der in Holland so beliebten Schilderung der reichen Gesellschaft und ihrer Lustbarkeiten und führte wegen seiner Vorliebe für Tanz- und Musikfeste den Beinamen »den Danser«. Als Kolorist matt oder von kalter Buntheit, besitzt er einen besonderen Geschmack, seine eleganten Paare auf Terrassen, vor Säulengängen oder architektonischen Gartenanlagen anmutig zu verteilen, indem er sie, ähnlich wie Rubens in seinem Liebesgarten im Prado oder dessen Variierung im Holzschnitt von Jegher, bei ihren mannigfaltigen Spielen, unter denen die »main chaude« besonders beliebt war, beim Singen oder Lustwandeln in kleinen Gruppen zusammenfaßt. Ein »Tanzfest« von 1656 der Sammlung Bonde in Säfstaholm sowie das ähnliche Bild von 1658 in Lille besitzt noch nicht die klare Gruppierung, die wir in den flaueren Konversationsstücken im Louvre und in Brüssel antreffen. Eine sehr flüchtige Arbeit von Janssens auf der Innenseite eines Spinettdeckels besitzt das Berliner Kunstgewerbemuseum.

Ein verwandter Meister, der zwar Historienmaler sein wollte, sein Bestes aber in gelegentlichen Sittenbildern leistete, ist Simon de Vos (1603—1676). Zu seiner ungewöhnlichen Klassifizierung an diesem Ort veranlaßt uns sein Meisterwerk,

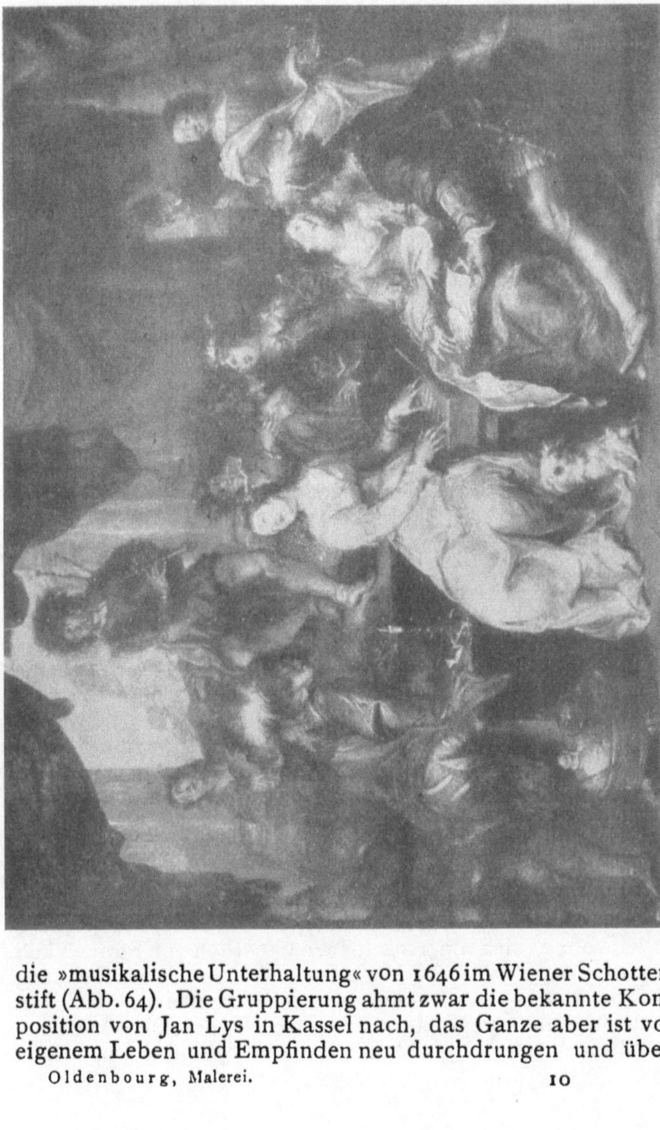

Abb. 64. **Simon de Vos, Musizierende Gesellschaft.** Wien, Schottenstift.

die »musikalische Unterhaltung« von 1646 im Wiener Schottenstift (Abb. 64). Die Gruppierung ahmt zwar die bekannte Komposition von Jan Lys in Kassel nach, das Ganze aber ist von eigenem Leben und Empfinden neu durchdrungen und überträgt die zart schillernde Färbung von Rubens' Altersstil mit größter Anmut auf das fremde Stoffgebiet. Auch die Charakterisierung der einzelnen Personen, der drollige Ernst in ihren Aktionen kennzeichnet de Vos als den geborenen Sittenmaler. Gleichzeitig wäre das Gelage des Bacchus bei Lord Spencer in Althorp entstanden zu denken, das im Aufbau ebenfalls an das erwähnte Gemälde von Lys anknüpft, zugleich aber starke Anlehnungen an Rubens aufweist. Eine Wirtshausszene von 1646 in der Liechtenstein-Galerie bekräftigt die Annahme, daß de Vos sich in diesen Jahren vorzugsweise mit der Darstellung von Gastereien und fröhlichen Gesellschaften beschäftigte, und als echtes Sittenbild bis in die Schilderung der kleinsten Einzelheiten tritt schon eine der frühsten Arbeiten des Künstlers hinzu, das Interieur des Antwerpener Museums, wo sich ein junger Galan von einer Zigeunerin weissagen läßt. Die Farbe ist noch ziemlich fest und bunt, im Gegensatz zu der Enthauptung Johannis von 1648, ebenfalls in Antwerpen, in der ein zarter grauer Ton vorherrscht. Auch hier ist der Vorgang in kleinen Abmessungen und mit subtilem Pinsel vorwiegend aus Interesse für die Gestaltung der zahlreichen Zuschauer aufgefaßt. Überhaupt bewegen sich die religiösen oder allegorischen Darstellungen von de Vos wie »David und Abigail« in Petersburg (1641) und Gotha, die »Himmelfahrt Mariä« der Sammlung Czartorisky in Krakau oder die »Werke der Barmherzigkeit« im Würzburger Schloß durchaus in den Formen der Rubensschen Auffassung, die mit einem spezifischen Sinn für das Sittenbild ins Kleine, Detaillierte übertragen wird. Die besondere Begabung des Künstlers nach dieser Richtung erweist sich in negativem Sinn an seiner Unfähigkeit, große Flächen zu beherrschen, in der »Anbetung der Könige« (1645) der Hedwigskirche zu Mecheln, den »Pilgern von Emmaus« in Hamburg, oder der von Clouet gestochenen »Kreuztragung«. Von den Porträts, die de Vos in den Museen von Antwerpen, Lyon und Brüssel zugeschrieben werden, stammen die zwei ersten von Abraham de Vries, und auch das letztere kann nicht als seine Arbeit gelten; dagegen geht ein männliches Bildnis der Sammlung Bardac in Paris wahrscheinlich auf ihn zurück.

Ähnlich wie Simon de Vos gehört auch Willem van Herp (1614—1677) der weiteren Einflußzone von Rubens an, obwohl er sich im einzelnen, namentlich im Stoff, Jakob Jordaens zum Vorbild auserkor. Dieser Zusammenhang tritt besonders klar in dem »Satyr beim Bauern« des Berliner Museums zutage, der auch in den Typen, dem kräftigen Helldunkel, dem leuchtenden Kolorit und dem zähen

Farbauftrag den Frühwerken von Jordaens sichtlich nacheifert, seine plumpen Formen aber mühelos und gefällig einem kleineren Rahmen einpaßt. Ganz verwandte Darstellungen befinden sich in Bamberg, in den Sammlungen Arenberg in Brüssel, Pontus de la Gardie in Malmö, d'Ugglas in Forsmark (Schweden) und Harrach in Wien (1669). Wahrscheinlich verbirgt sich noch die Mehrzahl von Herps Arbeiten unter falschen Bestimmungen; der Künstler scheint nebenbei auch Landschaften und Stilleben staffiert zu haben, wie z. B. die beiden großen Spierincx zugeschriebenen Landschaften der Augustiner-Kirche in Antwerpen, eine Landschaft von Artois bei Herrn Lampe in Brüssel, in die er eine Vision des hl. Dominikus setzte, und vielleicht auch das feine Jagdstilleben von Fyt in Berlin (Nr. 967), in dem die Diana mit ihrer hellroten Draperie und dem festen Farbauftrag die engste Verwandtschaft mit seinen beglaubigten Arbeiten aufweist.

Simon de Vos und Herp sind in ihrer stofflichen Vielseitigkeit die Fortsetzer der Franckenschen Genre- und Historienmalerei, die sie in den Formen von Rubens' Geschmack ausüben. Wenn auch der Schwerpunkt ihrer Begabung und ihres Schaffens auf das Gebiet der Sittenmalerei fällt, so kommen sie doch über die Anforderungen der dekorativen Gestaltung, die ihnen durch den Zusammenhang mit der Rubensschen Kunst gestellt waren, nicht zu dem letzten Aufgehen im gemütlichen Gehalt ihres Stoffes und zu der dem Sittenbild unentbehrlichen Wärme des Empfindens. Diese brachte erst A d r i a e n B r o u w e r (1606—1638) in die flämische Genremalerei. Wegen seines längeren Aufenthaltes in Holland, namentlich aber wegen gewisser enger Beziehungen seiner Kunst zu der dortigen hat man ihn wiederholt für die holländische Kunstgeschichte in Anspruch nehmen wollen. Er ist jedoch nicht nur auf belgischem Boden, in Oudenaerde, geboren und verbrachte die letzten sechs Jahre seines Lebens, in die seine reifsten Werke fallen, in Antwerpen, sondern schon seine künstlerischen Anfänge liegen im Bereich der Ausstrahlungen von Brueghels Kunst. Von Antwerpen aus verbreitet sich sein Einfluß in schulmäßiger Form, und was er in Holland empfangen hatte, ging über allgemeine Anregungen nicht hinaus.

Die erste selbständige Äußerung seiner Jugendwerke liegt in der Erkenntnis, daß die konventionellen Formen eines Francken zu tieferen menschlichen Mitteilungen untauglich seien. Er sucht den Anschluß an das volle Menschenleben in den Darstellungskreisen Brueghels, den er zwar nie unmittelbar nachahmte, dessen Nachfolger ihm jedoch, solange er sich noch nicht selbst gefunden hatte,

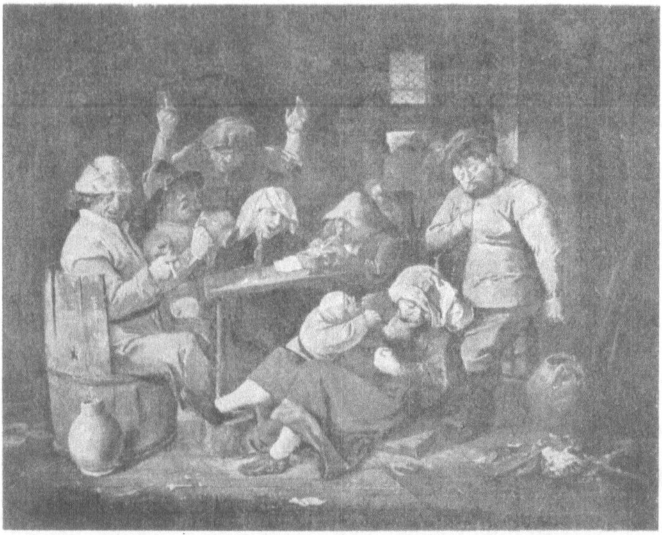

Abb. 65. **Adriaen Brouwer, Bauernkneipe.** Amsterdam, Rijksmuseum.

einen sichtlichen Rückhalt boten. Sein »Bauerntanz«, der uns nur in einer Nachzeichnung vorliegt, das lebhaft vorgetragene Auftreten eines Quacksalbers in Mannheim sowie die Kneipszenen in Amsterdam (Abb. 65), Kassel, Schwerin, Paris (Sammlung Schloß), Basel u. a. O. besitzen nicht nur die in großen Farbflächen über das Bild verteilte Buntheit Brueghels, sondern auch jene altertümliche Art, die Fläche gleichwertig anzufüllen, unbekümmert, daß dabei eine bildmäßige Konzentration nicht zustande kommt. Eben deshalb fehlt diesen Frühwerken bei aller geistvollen Lebhaftigkeit im einzelnen der Mittelpunkt sowohl im Aufbau der Figuren als im inhaltlichen Interesse, und wenn sie auch schon in Holland entstanden sind, wo Brouwer 1625 zum erstenmal nachweisbar ist, so stehen sie ihrem Wesen nach der gleichzeitigen holländischen Kunst doch noch recht ferne.

Der Mangel an datierten Werken macht es schwierig, im einzelnen zu unterscheiden, was Brouwer während seines holländischen Aufenthaltes bis 1631, und was er in den folgenden sechs Jahren, die ihm noch zu leben vergönnt waren, in Antwerpen gemalt hat. Bei seiner ohnehin nur so kurzen Künstlerlaufbahn können wir namentlich seine Antwerpener Arbeiten nur nach ihrer stufenweisen Vervollkommung annähernd in eine zeitliche Aufeinanderfolge einzureihen suchen. Bezeichnend für den Anfänger ist die rohe Physiognomik, die durch übertreibende Einzelzüge, durch unförmige Nasen und Münder, verzerrte Mienen oder lautes Betragen, zu ersetzen sucht, was ihr an innerer Notwendigkeit und einheitlicher Beziehung auf einen geistigen Mittelpunkt fehlt. Was diese Frühwerke außerdem im tiefsten Wesen von aller romanistischen Kunst trennt und Brouwers Wahlverwandtschaft mit den Holländern ankündet, ist die Durchbildung des einzelnen Gegenstandes um seiner selbst willen. In der Wiedergabe eines Stuhles, einer irdenen Schüssel oder einer zerschlissenen Jacke liegt eine Vertiefung sowohl der zeichnerischen Form als der farbig-tonigen Gestaltung, die in der flämischen Malerei ganz vereinzelt dasteht, und namentlich zu der auf das Große, ideell Bedeutungsvolle gerichteten Kunst eines Rubens in scharfen Gegensatz tritt. Brouwers Jugendwerke übertreffen hierin auch schon alles, was selbst Holland in den Jahren 1620—1625 nach dieser Richtung aufzuweisen hatte, und offenbaren damit eine persönliche Anlage des Künstlers, in der eben die bedeutungsvollen Anknüpfungsmöglichkeiten mit der holländischen Kunst lagen. Es möchte daher auch nicht bloß äußeren Umständen zuzuschreiben sein, daß Brouwer fast noch als Knabe nach Holland auswanderte, um in Amsterdam und Haarlem seinen künstlerischen Interessen nachzugehen. Daß er noch in Holland verhältnismäßig bunte Bilder, wie die oben angeführten, gemalt hat, beweisen die Nachahmungen seiner damaligen Arbeiten von der Hand des mit Brouwer gleichaltrigen Pieter Quast. Ja es scheint, daß sich überhaupt erst durch Brouwer die rohen Kneip- und Rauchszenen sowie die malerischen Innenraumschilderungen in Holland eingebürgert haben, die namentlich von den Brüdern A. und J. van Ostade weitergeführt wurden, denn das holländische Genrebild, wie er es in den zwanziger Jahren bei Buytewech, D. Hals und E. van der Velde antraf, bewegt sich eingedenk seiner Herkunft von der biblischen Historie noch durchaus in raffinierteren Kreisen und nüchternerer Umgebung.

Betrachtet man Brouwers Aufenthalt in Holland unter dem Gesichtspunkt dessen, was er dort empfing, so wird man die Förderung seines angeborenen Sinnes für das Individuelle als das Ausschlaggebende zu bezeichnen haben. Tatsächlich machen jene grimassenhaften Übertreibungen bald einer ungesuchteren und sehr viel überzeugenderen Mimik Raum; die etwas allgemein gehaltenen Gesten der Heiterkeit, sinnloser Betrunkenheit, des Zornes usw. werden logisch auf eine besondere Handlung bezogen, und wie diese, scheinen auch die einzelnen Personen immer auf ein tatsächliches Erlebnis zurückzugehen. Zugleich tritt die Buntheit der früheren Bilder in einem kühlen grünlichen Gesamtton zurück, wie ihn zu dieser Zeit, im Gegensatz zu der vollsaftigen Farbenpracht der Flamen, Frans Hals und Thomas de Keyser in ihren frühen Werken, der letztere namentlich in den Adorantenbildnissen der Berliner Galerie, pflegten. Auf holländische Anregung deutet bei Brouwer endlich auch, wie er, nach fein unterscheidenden Tonwerten suchend, den malerischen Reiz des Innenraumes entdeckt. Er nimmt darin zwar alles vorweg, was die Holländer vor Rembrandt erreichten, aber gerade die immer neue Inangriffnahme dieses Problems durch Rembrandt, Pieter de Hooch, Jan Vermeer u. a. beweist, daß es recht eigentlich der holländischen Kunst angehört, während es als solches in Belgien keine Rolle spielt.

Diese Richtpunkte für Brouwers Entwicklung werden zunächst bestätigt durch zwei Bilder der Münchener Pinakothek, die »Baderstube« und den nachweislich um 1631 in Amsterdam gemalten »Messerkampf«. Die ausgesprochene Farbigkeit der Kostüme steht namentlich in dem ersten Bild den früheren Kneipszenen noch recht nahe, der ganze, umständlich geschilderte Raum ist dafür aber in einen einheitlichen grünlichgrauen Ton getaucht. Der Vorgang, eine Fußoperation, spielt sich zwischen drei mit Überlegung gestellten Personen ab: ein Landstreicher sitzt als Opfer auf einer Kiste, vor ihm kniet in komischem Eifer der Bader, der die Wunde sondiert, und hinter beiden steht ein altes Weib als Assistentin. Freier in der Anordnung ist der »Messerkampf«, eine wilde Raufszene zwischen vier Bauern. Die Figuren stehen in kleinerem Maßstab zum Raum und verbinden sich innigst mit ihm durch den zarten grünlichen Ton, der alles wie mit einer Dunstschicht überzieht. Auch hier wendet Brouwer an jede Einzelheit die volle Meisterschaft seines Pinsels, trotzdem jetzt in erster Linie die Handlung und die Gesamterscheinung das Interesse des Beschauers auf sich ziehen.

Mit diesem straffen Zusammenhalten und Zuspitzen der Handlung nimmt Brouwer — in einer ganz selbständigen Form — an der Einheitlichkeit der Figurenkomposition teil, die der Romanismus im Gegensatz zu Pieter Brueghel beharrlich gepflegt und dem 17. Jahrhundert als Erbe hinterlassen hatte. Wenn auch Brouwer und Rubens äußerlich wesensverschiedenen Kreisen angehören, so sind sie sich auf Grund dieser gemeinsamen historischen Unterlage in ihrem unvergleichlichen Vermögen, eine Anzahl von Personen ohne zerstreuende Füllfiguren leidend oder handelnd in einer gegebenen Aktion restlos aufgehen zu lassen, doch inner-

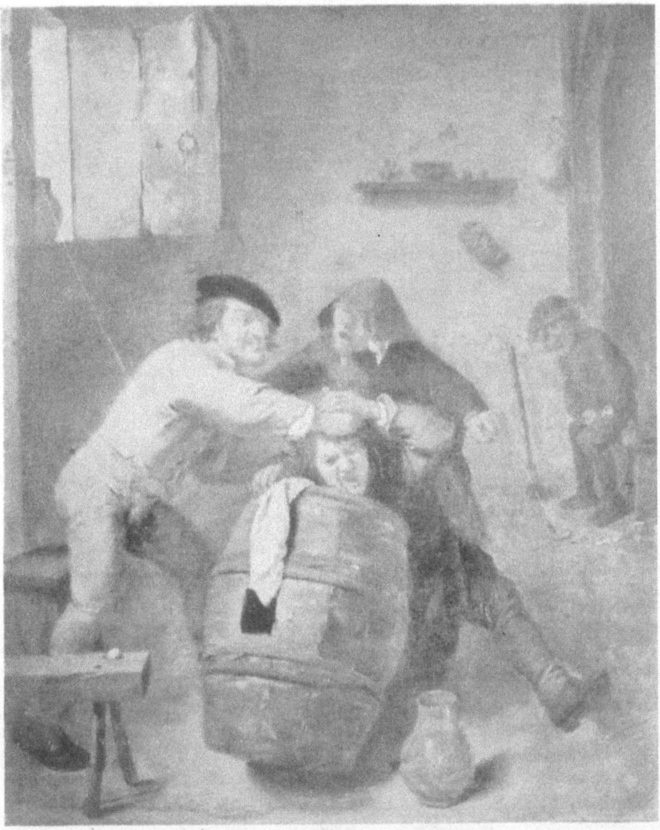

Abb. 66. **Adriaen Brouwer, Raufende Bauern.** München, Pinakothek.

lichst verwandt und unterscheiden sich damit auch typisch von der ganzen holländischen Kunst vor Rembrandt. Das »Motiv«, sei es eine Rauferei (Abb. 66), sei es ein mehr oder weniger schwindelhaftes Kartenspiel, eine Operation (Abb. 67), ein Zechlied, das im Chor gegröhlt wird, durchzuckt wie ein Blitz alle Figuren und reißt sie unwiderstehlich zur Enthüllung ihres unwillkürlichsten Wesens mit. Hierin stehen Brouwers bescheidene Täfelchen mit den monumentalen Schöpfungen von Rubens, namentlich den Jagd- und Schlachtbildern, auf einer ganz einheitlichen Vergleichsbasis, und wenn auch Rubens die Priorität und die Mannigfaltigkeit des Stoffes voraus hat, so tritt ihm Brouwer doch in seinem

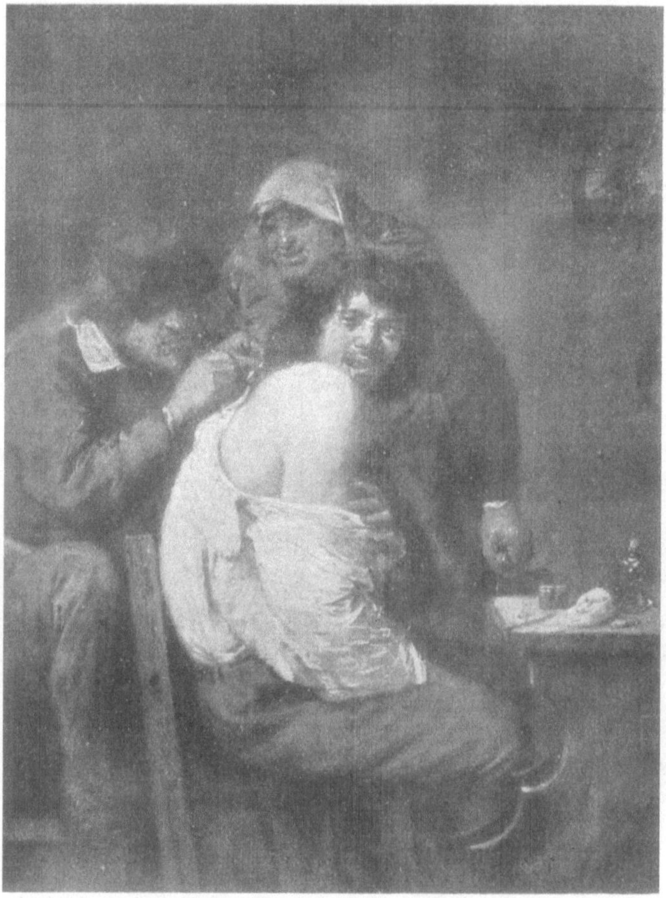

Abb. 67. **Adriaen Brouwer, Die Operation am Rücken.** Frankfurt a. M.

Rahmen kongenial an die Seite und beweist, in tiefem Einverständnis mit dem Wesen der romanistisch-barocken Kunst, daß seine volle Zugehörigkeit zur flämischen Schule von jetzt an nach keiner Hinsicht mehr in Frage gezogen werden könnte.

Die weitaus größere Zahl der uns erhaltenen Arbeiten von Brouwer, die wir, von dem Messerkampf (um 1631) ausgehend, über die sechs Jahre seiner Antwerpener Tätigkeit — er starb schon im Februar 1638 — zu verteilen haben, erweist sich trotz des ungeregelten Lebens, das er führte, als künstlerisch beinahe gleichwertig und kann unter sich nur nach einer fortschreitenden Tendenz zu leichterer Pinselführung und immer sparsamerer Farbigkeit chronologisch geordnet werden. Noch verhältnismäßig buntfarbig sind die »Raucher« im Louvre, ein kleines Kneipbild der ehemaligen Sammlung R. Kann in Paris und die höchst drastische Allegorie des Geruchsinnes in Dresden. Es folgen die singenden Bauern von 1633 in der Bridgewater-Galerie und drei köstlich pointierte Stücke aus einer anderen Folge der fünf Sinne in München, in denen die Figuren wieder so rein und selbstvergessen in ihrer Handlung leben, daß die begriffliche Beziehung auf »Gefühl«, »Geruch« und »Gehör« gar nicht zum Bewußtsein kommt. Einer ähnlichen, etwas späteren Serie der sieben Todsünden gehört die Frau vor dem Spiegel (Eitelkeit) im Berliner Museum an. Gleichzeitig mit den »singenden Bauern« in München, d. h. um 1635, ist die Mehrzahl der Münchener Bilder, namentlich die »Schlägerei« (Nr. 882) die »Rauferei am Faß« (Nr. 889), die »Kartenspieler«, (Nr. 888) und die »Trinkstube« (Nr. 890) entstanden zu denken, ferner die »Schlägerei beim Kartenspiel« in Dresden, der »Lautenspieler« im Kensington-Museum zu London, die »Kneipe« in Dulwich u. a.

In der »Schlägerei« in München (Abb. 66) scheinen die Figuren wie mit einem Hauch ganz aus dem zündenden Erlebnis des Augenblicks auf den bräunlichen Grund gestrichen. Die gesetzteren, im einzelnen treffend charakterisierten »Kartenspieler« besitzen dagegen eine ausgeglichenere Bildfüllung und eine unvergleichliche Vornehmheit der Farbengebung, die ihren Höhepunkt erreicht in dem kleinen Stilleben in der Mitte: einem elenden Fetzen, der vom Tisch herabhängt und sein kühles Blau neben die blaugrünen und grünen Töpfe am Boden stellt.

Als die spätesten Arbeiten des Künstlers ist eine Gruppe von Bildern zu betrachten, in denen die Lokalfarben bis auf einen mattblauen oder grünen Flecken, der da und dort stehen bleibt, von einem leichten, erdigen Gesamtton völlig verschluckt werden. Zugleich nehmen die Figuren an Größe zu, wie in den »würfelnden Soldaten« in München, den beiden »Operationen« im Städelschen Institut zu Frankfurt (Abb. 67) und dem fast lebensgroßen Brustbild eines Trinkers eben dort (Abb. 68), einer bildmäßig abgerundeten Studie, in der die unerhörte Freiheit der psychischen Charakteristik durch die ebenso geistvolle, als treffende Pinselführung zum Ausdruck gelangt. Eine ähnliche physiognomische Studie von frappanter Drastik besitzt das Mauritshuis in dem lachenden Selbstbildnis des Künstlers und der Louvre in dem Raucher, der aus

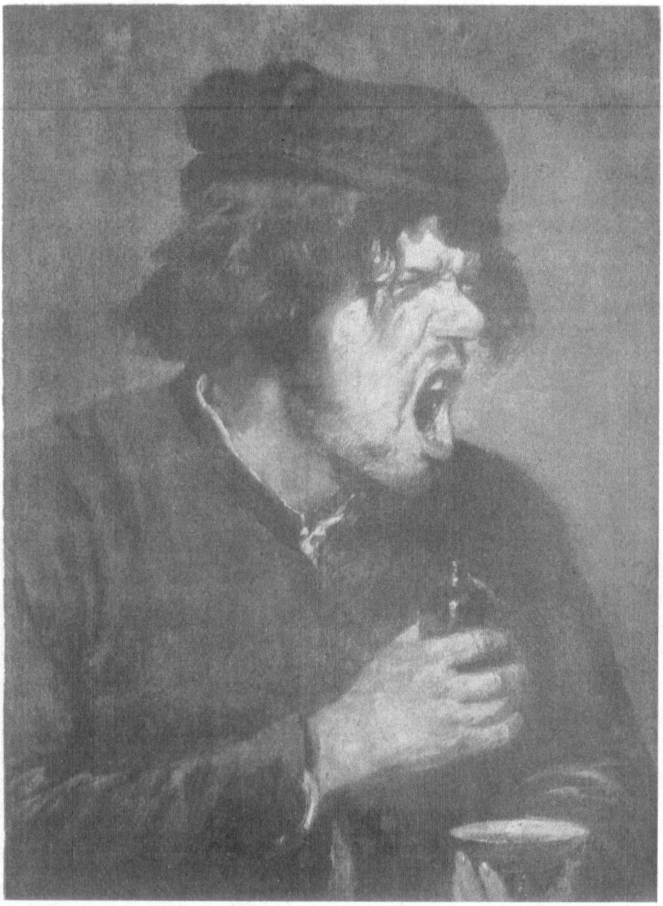

Abb. 68. **Adriaen Brouwer, Der bittere Trank.** Frankfurt a. M.

seinen vorgezogenen Lippen den Rauch in Ringen hervorstößt und auf dem prachtvollen Spätwerk Brouwers in der ehemaligen Galerie Steengracht im Haag als eine der Hauptfiguren wiederkehrt.

Diesen letzten Jahren, in denen sich Brouwer immer ungebundener und freier von allem Formzwang mitteilt, gehört auch das kleine Dutzend von Landschaften an, das wir von ihm kennen. Es sind durchweg rasch hingeworfene Improvisationen, aus denen die künstlerische Erregung

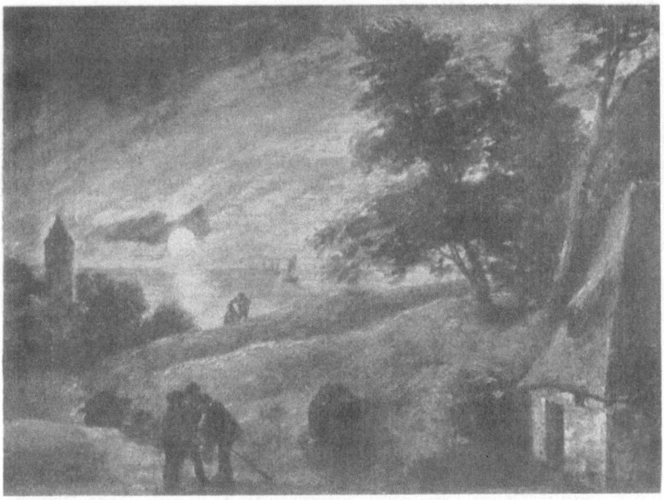

Abb. 69. **Adriaen Brouwer, Dünenlandschaft im Mondschein.** Berlin.

mit packender Unmittelbarkeit spricht; meistens handelt es sich um Momente einer rasch wechselnden Beleuchtung, um Sonnenuntergang, Sonnen- oder Monddurchblicke bei stiebenden Wolken. Die »Landschaft mit den Bauern beim Kegelspiel« und die »Dünen im Mondschein« (Abb. 69) im Berliner Museum, sowie die beiden ganz verwandten Stücke bei Herrn Johnson in Philadelphia geben einen lebendigen Begriff von Brouwers erstaunlich moderner Landschaftsauffassung. Zeichnerisch fast noch gelöster ist die »Dämmerung« bei Herrn Warneck in Paris, während die geniale Flachlandschaft, die D. Seghers mit einem Blumenkranz versehen hat (London, Bridgewater-Galerie) und die »Hütte am Meer« im Leipziger Museum geradezu an die reifsten Werke von Constable erinnern. Wie bei Rubens, so läßt sich auch bei Brouwer die Landschaft nicht unter einen schulmäßigen Gattungsbegriff einordnen, sondern sie ist die freie, ganz persönliche Äußerung eines momentanen künstlerischen Erlebnisses. Wie unbefangen Brouwer der Natur gegenüberstand, wie stark und echt er auf ihre Mannigfaltigkeit reagierte, beweisen die in der Stimmung fast gegensätzlichen Landschaften der Wiener Akademie und der Sammlung Westminster in London. Die erste, ein Abend in den Dünen, könnte in ihren zauberhaft schimmernden, gelben und roten Tönen an den verklärten Glanz von Rubens' Spätwerken erinnern,

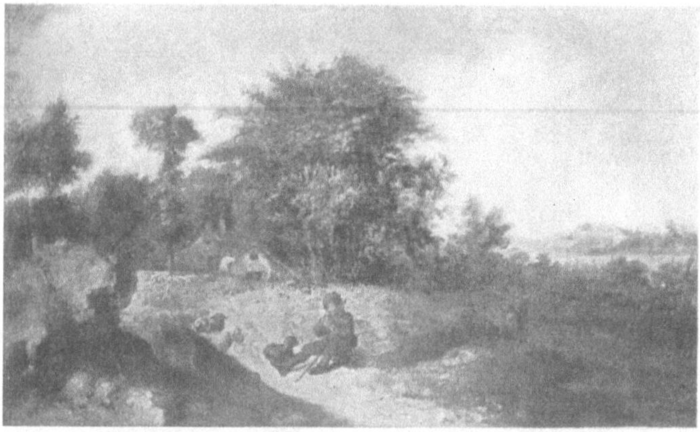

Abb. 70. **Adriaen Brouwer, Der Hirt am Weg.** Berlin.

wenn nicht das schlichte, fast gleichgültige Motiv eine wesentlich verschiedene Bewertung der landschaftlichen Schönheit zum Ausdruck brächte. Der umfangreiche »Sonnenuntergang« beim Herzog von Westminster schildert dagegen mit geradezu tragischer Größe die Verfinsterung eines goldigen Sommerabends durch schwarze Wolken und das schaurige Rauschen der verdämmernden Bäume. Neben solchen dichterisch geschauten Naturausschnitten stehen dann wieder nüchterne, aber in ihrer tonigen Durchbildung nicht weniger wertvolle Schilderungen des hell bewölkten niederländischen Alltags, wie der »Hirt am Weg« in Berlin (Abb. 70), oder die »Trinker im Freien« in Brüssel, die vielleicht während Brouwers Haft auf der Antwerpen Zitadelle 1632—1633 entstanden sind und uns, jede in ihrer Art, daran erinnern, wie wenig wir ohne die Kenntnis seiner Landschaften imstande wären, den ganzen Umfang seiner Gestaltungsfähigkeit zu würdigen.

Überhaupt verführt der meist burleske Inhalt seiner Bilder und ihr bescheidener Umfang leicht zu einer Unterschätzung seiner Größe und gerade das Interesse an der vollkommenen inhaltlichen Lösung hält häufig von einer tieferen Würdigung der formalen, namentlich der malerischen Leistung ab. Man wird unwillkürlich davor zurückschrecken, den Arbeiten dieses jung verstorbenen »Kleinmeisters« mehr Ursprünglichkeit und schöpferische Kraft zuzuerkennen, als dem imposanten Lebenswerk eines van Dyck, und dennoch war Brouwer nach seiner geschichtlichen Stellung, d. h. seiner zwar allgemeinen, aber an keine greifbare Persönlichkeit geknüpften Bedingtheit, nach Rubens die stärkste künstlerische Potenz der südlichen Niederlande, der einzige, dessen Anschauungen trotz einer starken, rassenhaften Verwandtschaft von der überwältigenden Macht, die Rubens ausübte, nicht im mindesten ergriffen wurde.

Schon zu seinen Lebzeiten wurde Brouwer mit Eifer kopiert und nachgeahmt. Manche seiner Kompositionen liegen in mehreren Exemplaren vor, unter denen sich jedoch regelmäßig nur eines als eigenhändig erweist, obwohl die gleichzeitigen Kopien dem Meister gelegentlich recht nahekommen und im Kunsthandel stets als seine Arbeiten geführt werden. Ganz besonders viele und tüchtige Nachahmer fand Brouwer in den Kreisen holländischer Künstler, mit denen er früher in persönlichem Austausch von Anregungen gestanden hatte. So kommt z. B. der »Bauer im Schlapphut« von Isaak van Ostade im Berliner Museum sowohl in der feinen Haltung von absichtsloser Nonchalance, als vor allem in technischer Hinsicht Brouwer viel näher als Frans Hals, und offenbar muß auch der »Bauer mit dem Feuerzeug« der Sammlung Schloß in Paris, die überhaupt an zweifelhaften Werken Brouwers reich ist, dem talentvollen, ebenfalls jung verstorbenen Harlemer Sittenmaler zugeschrieben werden. Im Gegensatz zu Adriaen und Isaak van Ostade, die sich in ihren Interieurs mehr an die frühen, lockeren Kompositionen Brouwers anschlossen, ahmten Rotterdamer Künstler wie H. M. Sorgh, Pieter Bloot und Cornelis Saftleven mehr seine reiferen Arbeiten nach, während seine einzelnen Charakterfiguren durch Abraham Diepram bis ins späte 17. Jahrhundert mit derbem Humor weitergeführt wurden.

Es konnte nicht ausbleiben, daß Brouwers Kunst auch in ihrer Heimat zur Nachfolge reizte, doch fand sie hier im allgemeinen keinen so günstigen Boden wie in Holland, denn die Darstellungskreise und -formen von Rubens hatten das Interesse an der Schilderung der niederen Klassen, das bei dem Aufschwung der holländischen Malerei zu den ersten treibenden Kräften gehörte, fast ganz in den Hintergrund gedrängt. Brouwer selbst vermochte sich freilich auch neben Rubens zu behaupten. Seine Bilder waren recht eigentlich Objekte für feinschmeckerische Sammler und wurden als solche hoch bezahlt; Rubens allein besaß ihrer siebzehn. In der breiten Menge aber war die Nachfrage nach erbaulichen, unterrichtenden oder rein dekorativen Gemälden viel stärker als nach anspruchslosen Sittenbildern, und deshalb verblaßte Brouwers Wirken in Antwerpen unverhältnismäßig rasch. In den dreißiger Jahren war das Sittenbild ganz unter seinen Einfluß geraten, doch schon das nächste Jahrzehnt brachte eine allgemeine Rückkehr zu der der flämischen Malerei geläufigeren hellen Buntheit und auch zu anderen Stoffgebieten. Und zwar folgen dieser Tendenz nicht nur schwache Individualitäten, wie Craesbeeck, Ryckaert und Tilborch, sondern auch Teniers nimmt an ihr teil, ja er erreichte sein persönlichstes Gebiet eigentlich erst, nachdem er sich von der tonigen Malerei Brouwers und seinen derben Stoffen losgemacht hatte.

Da uns über Brouwers Schüler J. B. Dandoy jegliche Nachrichten fehlen, haben wir als seinen einzigen unmittelbaren Nachfolger Joos van Craesbeeck (um 1605—nach 1654) anzusehen, der ursprünglich Bäcker in der Zitadelle von Antwerpen war und seinen Meister augenscheinlich kennen lernte, als dieser 1633 wegen politischer Verdächtigungen etwa zehn Monate in Haft saß. Proben von Craesbeecks frühsten, ganz von Brouwers Charakterfiguren abhängigen Arbeiten besitzt das Berliner Museum in dem »Bauern mit dem Bierkrug«, sowie die Sammlung von Herrn van Gelder in Brüssel, die etwa ein Dutzend Gemälde des Künstlers ihr eigen nennt. Craesbeeck ging damals auf die Mal- und Sinnesart seines Meisters mit solchem Verständnis ein, daß Bilder wie die »Schenke« in Haarlem, für manche sogar das »Wirtspaar« der Münchener Pinakothek zwischen beiden strittig bleiben konnten, wenn auch das erstere nach der flauen Durchbildung des Details sicher dem Schüler zuzuweisen ist, während das andere jedenfalls auf den Meister selbst zurückgeht. Die verhältnismäßig großen Figuren, die ganz von Brouwer abhängige, lockere Malweise und tonige Färbung, sowie das Interesse an der Schilderung von Innenräumen treffen wir ferner in der »Rauferei« des Antwerpener Museum, sowie in zwei um 1640 entstandenen Atelierinterieurs im Louvre und beim Herzog von Arenberg in Brüssel. Tritt hier sowie in den gleichzeitig gemalten »beiden Alten mit dem Tod« in Gotha und dem »Mann mit dem Totenkopf« in Augsburg schon im Stofflichen eine Entfremdung von Brouwer zutage, so bringen die vierziger Jahre nicht nur religiöse Gegenstände (Sammlung van Gelder und Stift St. Florian bei Linz), sondern der Charakter des Gesellschaftsbildes selbst nimmt eine neue Form an: der Künstler bevorzugt lebhafte Farben mit vorherrschendem Gelb und Blau und zugleich eine Lichtführung und Helldunkelwirkungen, die eine dauernde Fühlung mit der holländischen Schule unter Rembrandts Einfluß nicht verkennen lassen.

Typische Arbeiten dieser Zeit sind die reizvolle Mandolinenspielerin der Liechtenstein-Galerie und die Rhetorikergesellschaft in Brüssel. Zeigt das erste Bild (Abb. 71) in dem geschlossenen Lichteinfall das Eingehen auf holländische

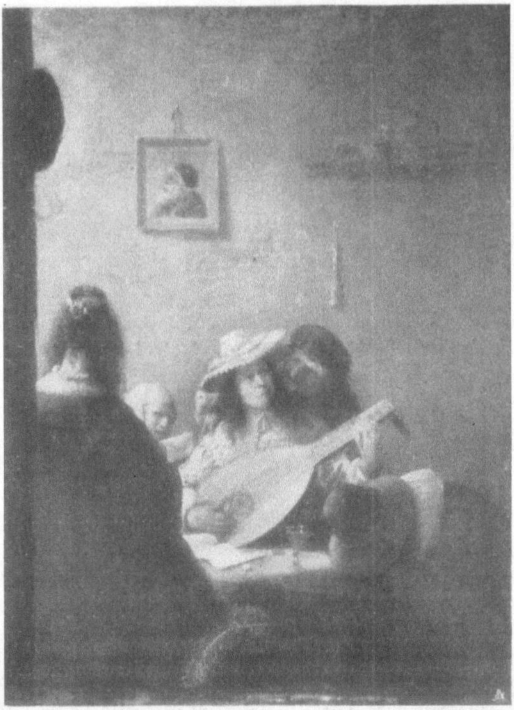

Abb. 71. **Joos van Craesbeeck, Musikalische Unterhaltung.** Wien, Fürst Liechtenstein.

Anregung, so erinnert im zweiten der ganze Aufbau an die Gesellschaftsbilder der Harlemer Schule, deren Frische es freilich nicht entfernt erreicht. Es erweist sich vielmehr gerade an diesem Werk die Ungleichwertigkeit des Künstlers, die keinen Anstoß nimmt, neben fein durchgebildeten Figuren zeichnerisch ganz vernachlässigte plumpe, puppenhafte Wesen zu setzen. Auch die tonige Haltung ist nicht mehr einheitlich und tritt überhaupt von nun an immer mehr gegen eine helle Buntheit zurück. Der »Streit vor dem Wirtshaus« in Antwerpen, die »Dorfkneipe« in München und die »flämische Bauernwirtschaft« in Wien, die zu den spätesten Arbeiten des Künstlers gehören, zeigen in ihrer matten Erfindung, der gleichgültigen oder rohen Charakteristik und der unsicheren farbigen Haltung den fortschreitenden Verfall dieses anfänglich viel versprechenden Talentes.

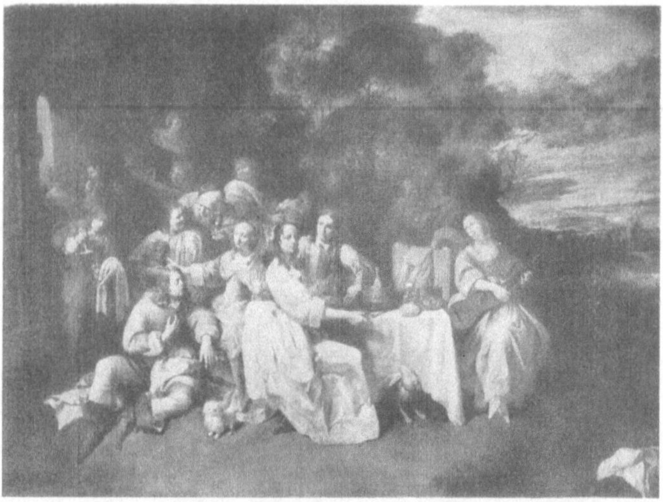

Abb. 72. **David Ryckaert III., Gelage im Freien.** Rom, Fürst Doria.

Ähnlich wie Craesbeeck hatte auch David Ryckaert III. (1612—1661) nach Bildaufbau, Färbung und Typik an Brouwer angeknüpft und zunächst nur im Stofflichen selbstständigere Äußerungen versucht, wie in der »Bauernkneipe« von 1638 in Dresden, dem »Dorfnarren« in Berlin und den »spielenden Kindern« von 1640 in Erlangen. Später tritt bei ihm wie bei Craesbeeck die Reaktion zur Buntfarbigkeit ein, die in dem schönen Gesellschaftsbild in Hannover noch durch ein warmes Helldunkel gemäßigt wird, in seinem Meisterwerk aber, der »musizierenden Gesellschaft« von 1650 in der Liechtenstein-Galerie und der ganz verwandten in Rom (Abb. 72), ihre volle Reife erreicht. Beide Bilder setzen sich aus kühlen, durch einen silbrig grauen Ton zueinander gestimmten und sehr gewissenhaft vertriebenen Farben zusammen, die in den zahlreichen Arbeiten des Künstlers aus den fünfziger Jahren unverändert wiederkehren (Beispiele in Mannheim, Wien, Brüssel, Kopenhagen, Dresden). Bei ihrem spießbürgerlich behaglichen Ton besitzen Ryckaerts Gesellschaftsbilder und sonstigen häuslichen Szenen eine geschmackvolle, fein abgewogene Gruppierung und eine graziöse zeichnerische Durchbildung, die sichtlich im Zusammenhang mit Rubens steht, nach dem sogar gelegentlich, wie in der »musizierenden Gesellschaft« beim Fürsten Liechtenstein, eine genaue Entlehnung vorkommt. Neben

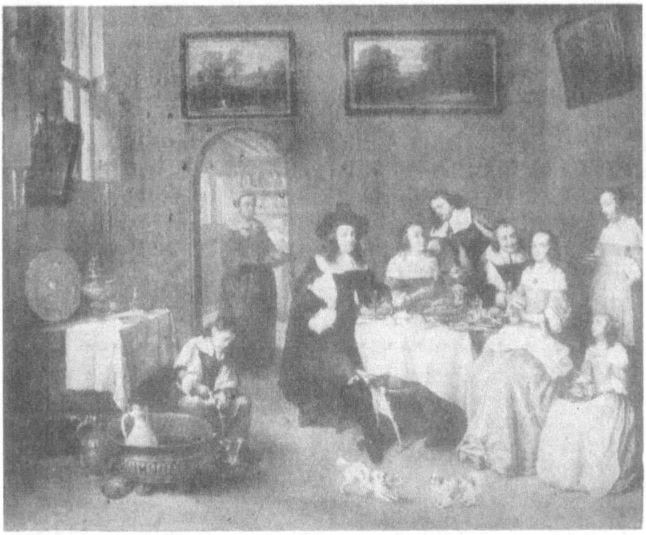

Abb. 73. **Ägidius Tilborch, Familienbild.** Ehem. Hamburg, Konsul Weber.

dem Gesellschaftsbild pflegt Ryckaert auch die Schilderung der niederen Stände in ansprechenden Bildern, die nur an der Eintönigkeit der Typen leiden. In seinen Alchymisten (Leipzig, Budapest und Amsterdam), Schusterwerkstätten (Brüssel, Köln und Leipzig), Bohnenkönigfesten (München) kehrt bis zum Überdruß ein und derselbe kahlköpfige Greis, die alte Frau mit dem eingefallenen Mund und die Schar meist schlecht proportionierter Kinder wieder, zugleich aber ist allen diesen Szenen ein Hang zum Idyllisch-Sentimentalen eigen, der sich seit Brouwers Tod überhaupt des Sittenbildes bemächtigt und der herberen Auffassung der Holländer als typisch flämisch gegenübertritt. Auf diesen Ton stimmt auch Matthäus van Hellemont (1623— nach 1674) seine wenig ursprünglichen Wirtsstuben (Stockholm und Köln), Arzt- und Alchimistenstudios (Augsburg, Köln, Mannheim und Kopenhagen) oder Kinderszenen (München, Sammlung von Bissing). Besonders aber hängt dieser Richtung Aegidius Tilborch an (um 1625—1678), der freilich nicht ganz unter die Kategorie der Genremaler zu fassen ist. Er bevorzugt freundliche Schilderungen aus dem Leben der unteren Klassen, namentlich Bauernkneipen (in Hamburg und St. Petersburg von 1658, in Prag von 1660) oder einzelne Charakterfiguren, wie den lesenden Bauern in

München und die Allegorien der fünf Sinne von 1658 in Brüssel. Sein Bestes aber leistet er in Familienbildnissen kleinen Formats, in denen er Gonzales Cocques zwar an geschmeidiger Gruppierung und vornehmem Geschmack nicht erreicht, ihm dafür aber gleichkommt in der Sicherheit seines pastosen Farbauftrages und des einheitlichen Gesamttones, aus dessen erdiger Stumpfheit ein kühles Hellblau oder Zinnober kräftig aufleuchtet. Die besten dieser genrehaft aufgefaßten Porträtgruppen befinden sich in Gent, Brügge (Justizpalast) Rom (Villa Borghese), Prag (Sammlung Nowack), Hamburg (ehemals Sammlung Weber, Abb. 73), Brüssel, Haag und Rotterdam, ein besonders feines Einzelbildnis eines jungen Mannes in der Pinakothek zu Turin.

Schon bei Craesbeeck, Ryckaert und Tilborch kehrte das Sittenbild von Brouwers feindurchdachtem Realismus zu einer dekorativeren und dem Gesamtcharakter der flämischen Malerei reiner entsprechenden Gestaltung zurück. Die treibende Kraft für diese allgemeine Bewegung war David Teniers d. J. (1610—1690), der dank seiner ungewöhnlichen Fruchtbarkeit und dem großen Ansehen, das er genoß, seit Brouwers Tod der maßgebende Meister in der Genremalerei wurde. Von seinen äußeren Verhältnissen ist hervorzuheben, daß er 1651 von Antwerpen nach Brüssel übersiedelte, um dort als Galeriedirektor in den Dienst des Statthalters Erzherzog Leopold Wilhelm zu treten. Damit gewann er ehrenvolle und einträgliche Beziehungen zu ausländischen Höfen, und seine gesellschaftliche Stellung stieg weiter, als er 1657 geadelt wurde und sechs Jahre später die Brüsseler Akademie gründen konnte. Von seinem Vater, David Teniers d. Ä., scheint er nichts übernommen zu haben, denn die zahlreichen Zuschreibungen von Bauernbildern und Landschaften an diesen wenig bekannten, recht schwachen Künstler müssen in Hinblick auf die einstimmige Aussage seiner rein romanistischen, etwa auf der Stufe Franz Franckens II. stehenden Arbeiten in St. Paul zu Antwerpen und bei Baron Liphart in Ratshof als willkürlich zurückgewiesen werden; meistens handelt es sich bei diesen Zuschreibungen um Werke des Sohnes, die mit dem Monogramm D. T. bezeichnet sind. Der Richtung seines Vaters war Teniers nur im allgemeinsten Sinn gefolgt, indem er mit den Gastmahlszenen begann, die aus der religiösen Historienmalerei hervorgegangen waren und auch bei ihm zunächst diesen Ursprung nicht verhehlen. Die Darstellungen des verlorenen Sohnes in Berlin (1634) und München, sowie das prächtige Gesellschaftsbild in Brüssel, dessen Figuren die fünf Sinne verkörpern, zeigen ihn in der Schilderung der wohlhabenden Gesellschaftsklasse ganz im Fahrwasser Frans Franckens II., wenn auch

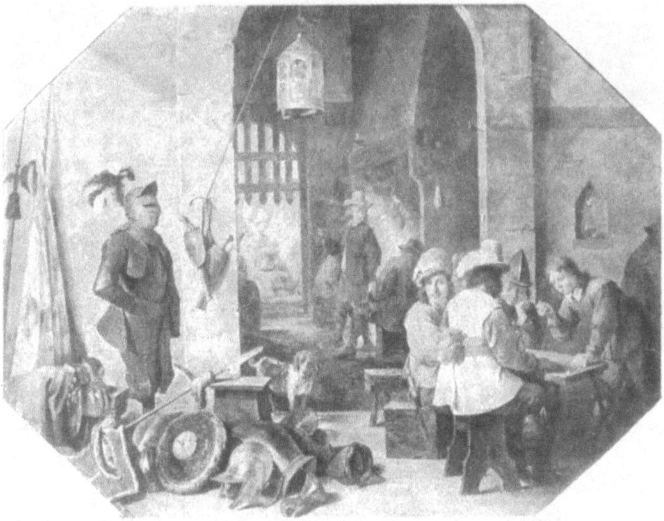

Abb. 74. **David Teniers d. J., Die Wachtstube.** Berlin.

die pikante Behandlung der Farbe und ihre tonige Abwandlung denselben weit übertrifft. In der Mitte der dreißiger Jahre treten plötzlich derbe Bauern- und Kneipbilder auf mit rohen Physignomien und starker Helldunkelwirkung. Die Bauerngesellschaft in Mannheim (1634), die eng verwandten »Zecher« in München, die »singenden Bauern« in Kassel das »Trio« in London, die »Baderstube« in Budapest (1636) und die »Rauchenden Bauern« im Prado entlehnen nicht bloß den Gegenstand von Brouwer, sondern unter seinem Einfluß erreicht Teniers gelegentlich eine Konzentration der Handlung, die ihm von Natur aus völlig fehlte, und die er auch später wieder verlor. Nach Brouwers Tod gewinnt seine Farbe wieder an Leuchtkraft, sie wird leichter und glänzender, dabei ist der Stoff nicht mehr den schmutzigen Bauernkneipen, sondern gesitteteren Kreisen entnommen: wir treffen Wachtstuben, Kücheninterieurs, Arzt- oder Alchimistenstudios, gelegentlich auch Hexenszenen, in denen die alte flämische Vorliebe für das Spukhafte in harmlosen Formen noch einmal auflebt. Gemälde aus dieser geschätztesten Periode von Teniers' Schaffen treffen wir in allen größeren Museen, namentlich in Brüssel, Dresden, Wien und Madrid. Das Berliner Museum besitzt die farbig außerordentlich leuchtenden »Puffspieler« von 1641, die Wachtstube (Abb. 74), das Familienbildnis (Abb. 75), in der genre-

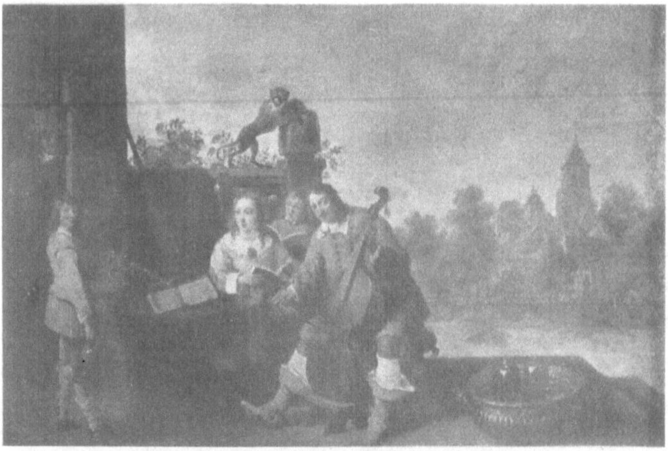

Abb. 75. **David Teniers d. J., Familienbildnis.** Berlin.

haften Auffassung G. Cocques verwandt, die Versuchung des hl. Antonius von 1647, in der die prächtige Behandlung des schwarzen Atlas an Spätwerke von Rubens erinnert, und den »Reichen im Fegefeuer«. Was Teniers in dieser Zeit gelegentlich an feiner Charakteristik und pikanter Färbung zu geben vermochte, beweist das sprechend lebhafte Bildnis eines Offiziers in Darmstadt, das dort nicht ganz ohne Grund Brouwer zugeschrieben wird, das ähnliche, noch besser erhaltene männliche Bildnis in Brüssel, das eines Ter Borch würdig wäre, und die etwas spätere Guitarrespielerin im Buckinghampalast; auch das Küchenstück der Sammlung Bredius im Haag und das »Stilleben in einer Scheune« der ehemaligen Sammlung M. Kann in Paris sind Meisterwerke seiner farbigen Gestaltungskraft.

In den vierziger Jahren beginnen nun auch die Kirmesbilder und überhaupt Schilderungen des Volkslebens im Freien, in denen Teniers erst sein eigenes Darstellungsgebiet findet. Durch wen er darauf gebracht wurde, verrät er selbst mit der in ihrem unmäßigen Format ganz vergriffenen Kopie nach Callots Stich »der Jahrmarkt von S. Maria Novella« in München. Die Berliner Sammlung besitzt in der »Kirmes« ein besonders feines, verhältnismäßig frühes Stück dieser Art, in dem der einheitliche Ton noch die ganze Darstellung zusammenhält. Um aus der großen Menge verwandter Gemälde nur ein paar charakteristische, im Gegenstand ansprechende Stücke herauszugreifen, sei das »Gasthaus unter der Linde« in Leipzig und die »Bleiche« in Dresden

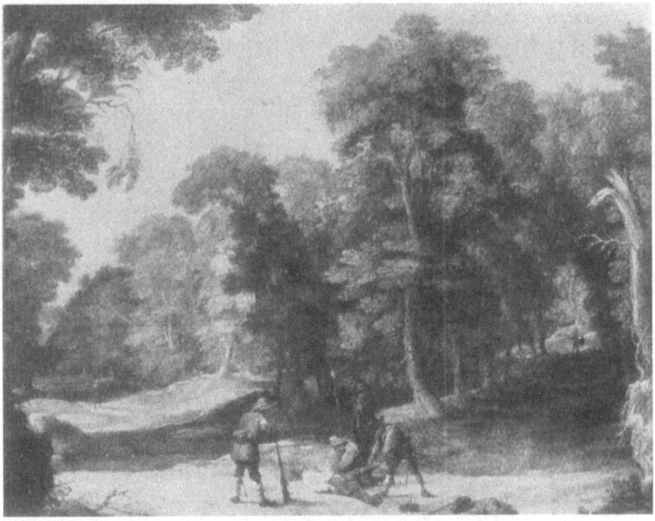

Abb. 76. **David Teniers d. J., Räuber im Walde.** Berlin.

genannt, in denen sich das Landschaftsbild mit den figürlichen Szenen besonders harmonisch zusammenfügt. Die »Kirmes« in München von 1651 zeigt bereits die flauen Farben von Teniers' Alterswerken und die Flüchtigkeit, die augenscheinlich die Folge der starken Nachfrage nach seinen Arbeiten war. Die Gesamtfärbung fällt ins Kreidige, der Ton wird flach und dürftig, die Figuren nehmen nur gedankenlos an der Handlung teil, was ein Zerbröckeln der Gruppenwirkung zur Folge hat. In der Auffassung tritt immer mehr der Hofmaler hervor, der die niederen Volksklassen so schildert, wie sie der Aristokrat zu sehen wünscht: harm- und gedankenlos, ihr bescheidenes Dasein dankbar genießend. Diese Kirmesbilder, die bis in das hohe Alter des Künstlers hineinreichen, werden auch häufig mit einer »Familie des Schloßherrn« oder sonstigen vornehmen Zuschauern ausgestattet, die in gemessener Entfernung und mit sichtlichem Bewußtsein ihres Standes der einfältigen Lustbarkeit ihrer Untertanen beiwohnen (Beispiele im Buckinghampalast, Brüssel und Wien). Wenn auch der Sonnenkönig selbst Teniers mit dem klassischen Ausspruch: »qu'on m'ôte ces magôts« ablehnte, so kam der Geist dieser späten Bilder dem Geschmack der französischen Gesellschaft für die unwahre Pastorale doch so weit entgegen, daß man

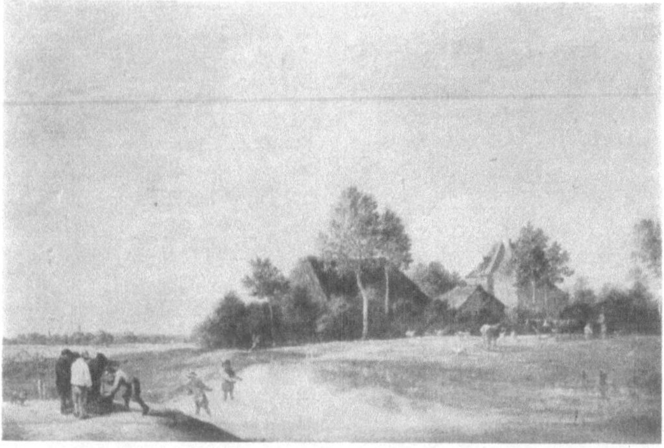

Abb. 77. **David Teniers d. J., Landschaft mit Fischern.** Berlin.

sie in Frankreich im 18. Jahrhundert mit Vorliebe in Stichen verbreitete und in Bildwirkereien wiedergab. Für den Verfall von Teniers' farbiger Kraft und die matte Charakteristik seiner Alterswerke sind die Wachtstuben in Amsterdam und München und das Selbstporträt von 1680 ebenda bezeichnend. Ein Spezialgebiet, auf das ihn seine Tätigkeit als Galeriedirektor führte, sind die Interieurs aus der Bildersammlung des Statthalters, in denen er die ähnlichen Darstellungen von Francken, van Haecht u. a. fortsetzt, vor allem aber die meisterhaften kleinen Kopien nach den alten, namentlich italienischen Gemälden seines Museums, die er als Vorlagen für ein großes Stichwerk herstellte. (Eine ganze Sammlung früher in Blenheim Castle, weitere Beispiele in der Liechtenstein-Galerie.)

Unserem heutigen Empfinden steht Teniers nirgends so nahe, als in seinen Landschaften. Ähnlich wie bei Brouwer handelt es sich auch bei ihm, wenigstens in seiner mittleren Zeit, um ganz persönliche, rasch hingeworfene Eindrücke ohne irgendwelchen Zusammenhang mit der zünftigen Landschaftsmalerei. Starke Abhängigkeit von Jan Brueghel, dessen Schwiegersohn Teniers war, verrät die farbig leuchtende Waldlandschaft mit einem Räuberüberfall im Berliner Museum (Abb. 76); ähnlich kulissenhaft im Aufbau und ebenfalls in hellen grünen Tönen sind die Felsschluchten in München, Schwerin und im Buckinghampalast gehalten. Ein neues, von Brouwer angeregtes Empfinden für die Landschaft spricht aus den kunstlos aufgebauten Dorfansichten mit trinkenden oder spielenden Bauern in Kassel, Wien, Dresden (dort fälschlich dem Vater zugeschrieben), im Buckinghampalast und der ehemaligen Sammlung M. Kann in Paris. Die Landschaft mit dem Regenbogen in Berlin bezeichnet mit ihren kühleren Tönen schon den Übergang in die vierziger Jahre, deren charakteristische farbige Haltung die ungemein lichte und zart gestimmte »Landschaft mit den Fischern am See«, ebenfalls in Berlin, im vollem Maß besitzt (Abb. 77). In späterer Zeit tritt die Landschaft zwar häufiger auf, — vielleicht auch angeregt durch die Villeggiaturen auf dem Landgut, das Teniers sich gekauft hatte — allein unter den Ansprüchen des höfischen Geschmacks erstarrt jetzt auch die Naturschilderung, in der sich der Künstler bisher so unbefangen ausgesprochen hatte, zu kühleren Formen und greift mit Vorliebe zu großen Formaten. Meistens ragt im Hintergrund ein stolzes Schloß empor, während vorne das Treiben der hörigen Bauern oder der Viehbesitz des Schloßherrn vorgeführt wird, der häufig selber, mit seiner Gattin lustwandelnd, im Vordergrund auftritt (Dulwich, London und Brüssel).

Wenn uns Teniers künstlerisch vorwiegend in seiner frühen Zeit anzieht, so liegt seine geschichtliche Bedeutung doch viel mehr in seiner späteren Entwicklung. Die Nötigung, mit Rücksicht auf die hohe Gesellschaft, der er diente, zartere, idyllische Töne anzuschlagen, trieb seine Auffassung des Sittenbildes allmählich in die Richtung, die bei der immer stärker maßgebenden Stellung des französischen Hofes in Geschmacksangelegenheiten schließlich für ganz Europa die herrschenden wurde. Das Zeitalter der Schäferliebschaften hätte die brutale Lustbarkeit in den Bauernorgien eines Pieter Brueghel oder Rubens verabscheut, und ebenso wenig traf die klassische Schilderung des Landlebens durch die Holländer, namentlich P. Potter, in ihrer herben Wahrhaftigkeit den Ton des französischen oder von Frankreich abhängigen Geschmacks; so blieb es David Teniers vorbehalten, das Sittenbild des niederen Standes ins 18. Jahrhundert hineinzutragen.

Die Wünsche und Aufträge der politischen Machthaber brachten es mit sich, daß in den südlichen Niederlanden die Schlachtenmalerei mehr gepflegt wurde, als in dem bürgerlich friedlichen Holland. Der offizielle Vertreter dieses Faches ist Pieter Snayers (1592—1667), der schon früh zum Hofmaler ernannt wurde und sein ganzes Schaffen der politischen Verherrlichung des Hauses Habsburg widmete. Als Schüler von Sebastian Vrancx knüpft er zunächst an dessen kleine Scharmützel oder Raubüberfälle an (Berlin) und bildet dann, augenscheinlich auf das Ansinnen seiner Auftraggeber, jenen öden Typus des Schlachtenbildes aus, der der Mannigfaltigkeit der Erscheinungen durch eine planartige Anordnung aus der Vogelperspektive gerecht zu werden sucht. Diese strategischen Karten, in denen Snayers sich aller künstlerischen Gesichtspunkte begibt, treffen wir in den Museum von Wien, Amsterdam, Brüssel, Antwerpen, Schleißheim, die bedeutendste, zu der van Dyck im Vordergrund Heinrich IV. mit seinem Stab in breiten Pinselstrichen eingetragen hat, in der Münchener Pinakothek.

Sein Nachfolger Pieter Meulener (1602—1654) kommt in seinen Schlachtenbildern in Braunschweig, Koblenz, Stockholm, Madrid u. a. O. kaum über das gegenständliche Interesse hinaus, und erst durch Frans van der Meulen (1632—1690), der als Schüler von Snayers mit kleinen Gefechtsszenen und Kavalkaden begonnen hatte, erfuhr das Schlachtenbild eine sehr viel großzügigere, künstlerisch selbständigere Gestaltung. Meulens Berufung zum offiziellen Schlachtenmaler Ludwigs XIV. (um 1665) war dabei nicht ohne Einfluß. Er hatte sich nicht nur durch repräsentativen Vortrag glanzvoller Aufzüge den Anforderungen des Hofes anzupassen, sondern seine zahlreichen Vorlagen für die Gobelinmanufaktur nötigten ihn, sich in größerem, dekorativem Sinn zu fassen und durch ausgiebiges Hinzuziehen der Landschaft seinen Kriegsbildern ein wirksames Relief zu verleihen. Seine Schilderungen des Pariser Hoflebens und der Raubkriege Ludwigs XIV. (im Louvre und in fast allen größeren Galerien Europas) waren allein schon wegen ihres Inhaltes der Gegenstand allgemeiner Wertschätzung; doch auch rein künstlerisch besitzen sie, abgesehen von einer gewissen Gleichförmigkeit, die der höfischen Kunst in Frankreich immer eigentümlich war, ihren beträchtlichen Wert. Der Stoff ist mit naiver Anschaulichkeit leicht überblickbar zur Darstellung gebracht und wird durch das starke Mitsprechen der landschaftlichen Umgebung aus dem allzu detaillierten Erzählen in eine vornehmere dekorative Haltung gehoben.

Von Meulens Nachahmern suchte Frans Duchatel (1625—1694) die Bildform seines Meisters in Belgien weiterzuführen, er kam jedoch, wie seine Reiterkavalkaden in Brüssel und Gent (1668) beweisen, über eine öde, farbig rohe Aufzählung einzelner Figuren nicht hinaus, wobei die Malart seines ersten Lehrers, Teniers, stark durchschlägt. Auch Nicolas van Eyck (1617—1679 [?]), vermochte seine historischen Szenen in Mecheln und Antwerpen nicht eigentlich zu bildmäßiger Gestalt zu bringen. Sehr viel glücklicher in der Nachahmung Meulens war der in den Galerien von Augsburg und Brüssel vertretene Karel Breydel

(1678—1733), der jedoch dem allgemeinen Zug der späten Genremaler folgend, ähnlich wie Lambert de Hondt († vor 1665), sich mit Vorliebe auf kleine, fast miniaturartige Bilddimensionen beschränkte. — Abseits von Meulens buntfarbiger und auf die Repräsentation abzielender Auffassung des Feld- und Lagerlebens stehen die anspruchslosen, stofflich sehr mannigfaltigen Arbeiten von Robert van der Hoecke (1622—1668) in Wien, Erfurt und Petersburg, die in zart getönten Farben und mit einem an holländische Genremaler erinnernden Behagen die Einzelheiten des kriegerischen Lebens schildern.

Was die flämische Genremalerei gegen Ende des 17. Jahrhunderts sonst noch leistet, erschöpft sich einerseits in einer Neubelebung jener kleinen, von zahlreichen Figürchen wimmelnden Markt- und Kirmesbildern, an denen sich die Generation Jan Brueghels erfreut hatte, und die jetzt nur gelegentlich durch südliche Typen und Landschaftsstimmungen einen neuen Charakter erhalten, anderseits in der sentimentalen bürgerlichen Idylle, die durch Ryckaert und Teniers angebahnt worden war.

Das Fach der miniaturartigen Genrebilder vertreten mehrere Mitglieder der Künstlerfamilie Bredael, ferner Pieter Bout (1658—1702), der in seinen Markt- und Hafenbildern in Augsburg, Karlsruhe und Antwerpen ein frisches Erfassen der Typen aus dem niederen Volk und ihres Gebarens beweist und nebenbei als Staffagemaler, namentlich für die Landschaften von Boudewyns (in Dresden und Madrid), tätig war. In der nämlichen Richtung betätigen sich die geringeren Talente der J. B. van der Meiren (geb. 1669), Mattys Schoevaerts (geb. um 1665) und Theobald Michau (1676—1765), deren Kirmessen und sonstigen Dorfszenen man vielfach in den kleineren Galerien Deutschlands begegnet. Die »Kirchweih« von Schoevaerts in Berlin ist bezeichnend für die parfümierte Auffassung, mit der diese Kleinmeister die ländlichen Szenen der eleganten Gesellschaft mundgerecht machten.

Die Schilderung des südlichen Lebens, in der die Holländer noch nach der Mitte des 17. Jahrhunderts einen Höhepunkt ihrer Landschafts- und Sittenmalerei erreichten, faßte überraschenderweise in den südlichen Niederlanden, die doch sonst viel engere Beziehungen zum Süden unterhielten, kaum Wurzeln. Schon in den Schlachtenbildern und Volksfesten von Cornelis de Wael (1592—1662), der den größten Teil seines Lebens in Italien verbrachte, kommt das südliche Element kaum zum Ausdruck (Beispiele in Kassel, Braunschweig und Genua), und ähnlich wie dieser wurde auch Jan Miel (1599—1664) schon vor 1641 für immer in Italien an-

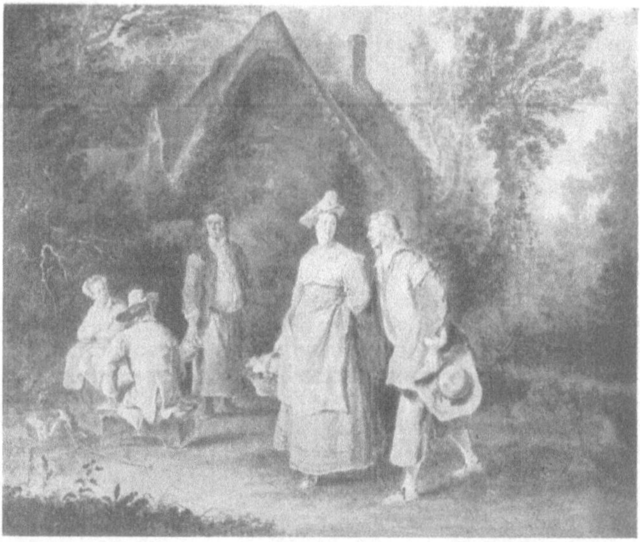

Abb. 78. **Pierre J. Angellis, Die Annäherung.** Berlin.

sässig und vermochte deshalb nicht, auf die Kunst seiner Heimat entscheidend einzuwirken. Seine Typen aus dem römischen Volk in Dresden, Madrid u. a. O. knüpfen eng an die des Pieter van Laer an, deren Frische und tonige Feinheit sie jedoch nicht erreichen. — Das italienische Genre im Stil von Berchem und du Jardin vertritt, ebenfalls von den Holländern abhängig, Antoon Goubau (1616—1698) in seinen Hafen- und Ruinenbildern in Augsburg und Braunschweig und, mit einer besonderen Neigung für die Darstellung von Pferden und Schlachten Pieter van Bloemen (1657—1720).

Die Form des Sittenbildes, die namentlich in Frankreich Anklang fand, wo ja die flämische Malerei überhaupt im wesentlichen ausmündet, ist die sentimental zugestutzte Schilderung des wohlhabenden Bürgerstandes oder tändelnder Salonbauern. Einen neuen, behaglich bürgerlichen Ton trifft Hendrick Govaerts (1669—1720) in seinen koloristisch feinen und frisch erfundenen Interieurs in Hannover und Braunschweig, die inhaltlich und malerisch in gewissem Sinn eine Parallele zu Longhi darstellen. Mit geringerer Erfindung und eintönigeren Mitteln sucht J. B. Lambrechts (1680—1731) dieselbe Richtung einzuhalten, bis endlich in den sittenbildlich ausgestatteten Porträts von P. J. Horemans (1700—1776) das flämische Genrebild in einer zopfig-schablonenhaften Spießbürgerlichkeit erstarrt. In der pastoralen Malerei aber schlägt der anmutige Pieter Angellis (1685—1734) mit seinen zart gefärbten Idyllen und Interieurs gerade in dem feinen Berliner Bildchen eine eigentümliche Verbindung von Teniers zu Watteau (Abb. 78).

Die Landschaft.

Das erste Kapitel handelte davon, daß die neuartigen Ansätze, in denen das flämische Landschaftsbild bei Bril und Coninxloo am Ende des 16. Jahrhunderts das holländische weit übertrifft, dem Mutterland am wenigsten zugute kamen. Fast alle stärkeren Talente auf diesem Gebiet wanderten aus, um teils in Rom eine neue italo-flämische Landschaftstradition zu gründen, teils den ungeheuren Aufschwung vorzubereiten, den die Landschaftsmalerei mit dem Beginn des neuen Jahrhunderts in Holland erfahren sollte. Gerade gegenüber den zahlreichen, üppig aufblühenden Lokalschulen in Holland hat Belgien im 17. Jahrhundert nur ein sporadisches Interesse an der Landschaft aufzuweisen, und das Wertvollste, was es auf diesem Gebiet hervorbringt, stammt nicht von zünftigen Landschaftsmalern, sondern findet sich im Werk von Rubens, von Brouwer und Teniers als gelegentliche Intermezzi eingestreut. Indem wir die Landschaftskunst des Rubens schon früher darzustellen hatten, und auch für Brouwer und Teniers auf den Zusammenhang verweisen, dem sich diese Künstler ihrem Wesen nach einordnen, berauben wir uns also für dieses Kapitel der eigentlichen Höhepunkte. Allein die gelegentlichen landschaftlichen Äußerungen dieser drei Künstler gehören dem Gesamtbild ihres Schaffens als untrennbarer Bestandteil an und sind außerdem, eben wegen ihres ganz persönlichen, häufig nur improvisierenden Charakters, als schulbildende Elemente, als Glieder einer Tradition, für den Zusammenhang der flämischen Landschaftsmalerei von verhältnismäßig geringer Bedeutung.

Dennoch nimmt auch auf diesem Gebiet unsere Betrachtung von dem allgemeinen Orientierungspunkt der flämischen Malerei, von Rubens, ihren Ausgang, jedoch nicht von seinen reinen Landschaftsbildern, die nur wie zur gelegentlichen Entspannung seine großen figuralen Arbeiten abzulösen scheinen, sondern von jener Gestalt der Landschaft, die der Meister zu einer typischen Form abgerundet und auf seine Schüler übertragen hat. Teils eigenhändig aus-

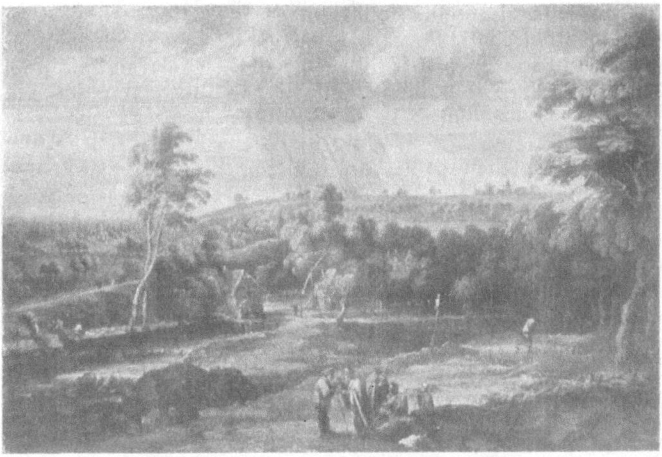

Abb. 79. **Lukas van Uden, Landschaft.** Privatbesitz.

geführt, teils nur von Schülerhand besorgt, finden wir auf den figuralen Kompositionen der Jahre 1615—1625 eine ziemlich feststehende Stilisierung der landschaftlichen Erscheinungen: welliges Wiesenland, das sich, mit rundlichen, buschigen Bäumen durchsetzt, in sanften Kulissen nach rückwärts erstreckt, wo an das saftige, kühle Grün der Vegetation der am Horizont meist gelblich beleuchtete Himmel stößt und nach oben in ein rötliches Blau ausklingt. Wo Rubens selbst am Werk ist, wie in der Nilpferdjagd oder dem Herkules in Dresden, wird dieses Schema mit breitem Pinsel und in satten Tönen abgewandelt, während es sonst trockener auftritt; immerhin aber bezeichnet es den eigentümlich vereinfachenden Sinn, mit dem der Meister die Mannigfaltigkeit der Landschaft zur Folie seiner Figurenkompositionen ausnützte. Als Vertreter des Landschaftsfaches in der Rubenswerkstatt gerade für diese typische Form wird gewöhnlich Jan Wildens genannt. Dieser aber kehrte erst 1618 von Italien zurück, kann also die Landschaften in Gemälden wie dem Decius-Zyklus von 1617 oder den Leukippiden noch nicht gemalt haben. Viel eher käme hier L u k a s v a n U d e n (1595—1672) in Betracht, dessen selbständige Landschaften zwar viel zierlichere Formen, dafür aber unverkennbar die nämliche kühle Palette aufweisen, wie jene Hintergründe in Rubensschen Kompositionen. Uden wurde erst 1627 Meister und könnte sehr wohl bis dahin ausschließlich von Rubens beschäftigt worden sein.

In die sehr viel tonigeren Gemälde des Meisters aus den dreißiger Jahren paßte sein feststehender Farbenklang nicht mehr, und so sehen wir ihn von dieser Zeit an nur noch selbständig arbeiten, bezw. mit der Beihilfe von Staffagemalern. Von seinen weiten Ausblicken über hügeliges Gelände und Wiesengründe, die in tiefem idyllischen Frieden ausgebreitet liegen (Abb. 79), besitzen die Galerien von Berlin, Frankfurt a. M., München und Dresden bezeichnende Beispiele, die letztere namentlich in der großartigen Berglandschaft, die von Teniers mit den Eremiten Paulus und Antonius ausgestattet wurde. Uden war der einzige, der gelegentlich Rubens auch in seinen anthropomorph erregten Landschaftsbildern mit Erfolg nachahmte, so in der prächtigen Gewitterlandschaft in Mainz, in dem abziehenden Gewitter an einer Felsküste in Augsburg und zwei Landschaften der Sammlung Johnson in Philadelphia (dort als Rubens). — Als Vorstufe seiner Landschaftsauffassung und Bindeglied zu der altertümlicheren, weniger stimmungsmäßigen des J. de Momper wäre Jan Tilens (1589—1630) anzusehen, der in seinen Gemälden in Berlin, Kassel, Bergamo, Wien u. a. O. eine stereotype Bildform mit geistreich tuschendem Pinsel und zarter, kühler Tonabstufung vorträgt.

Um neben den schlichten Prospekten van Udens das Spezialfach von Jan Wildens (1586—1653) in der Rubenswerkstatt zu bezeichnen, möchten wir ihn in erster Linie einen Vegetationsmaler nennen. Als Ausgangspunkt dient uns dabei die früheste von seinen selbständigen Arbeiten: der Jäger in der Winterlandschaft von 1624 in Dresden (Abb. 80). Das Interesse ist hier ganz auf die breite zeichnerische Stilisierung des Gesträuches und den großzügigen, dekorativen Vortrag der Farbe eingestellt, dem wir ähnlich in Rubensschen Kompositionen von 1620 begegnen. Auch sie war durch den Meister selbst in Bildern wie dem »Franziskus« in Köln (um 1515) vorbereitet worden und scheint eben in Wildens ihren schulmäßigen Vertreter gefunden zu haben. Seiner monumental behandelten Vegetation begegnen wir in Rubensschen Gemälden zum erstenmal auf der Wölfin mit den Zwillingen in Rom (auch die Schulwiederholung beim Fürsten Schwarzenberg in Wien zeigt in der prächtigen Behandlung des Schilfes die Hand von Wildens), der Latona (Atelierbild) in München, später im Grafen von Habsburg in Madrid und ähnlichen Gemälden des Meisters bezw. seiner Werkstatt. Zugleich begegnet sie uns in Tierstücken von Snyders und Paul de Vos, wie etwa in der gewaltigen »Hirschhatz« im Haag, einer gleichen in Stockholm (Abb. 88) oder der »Löwin mit dem Eber« in München. In seinen späteren selbständigen Arbeiten bietet Wildens ein trauriges

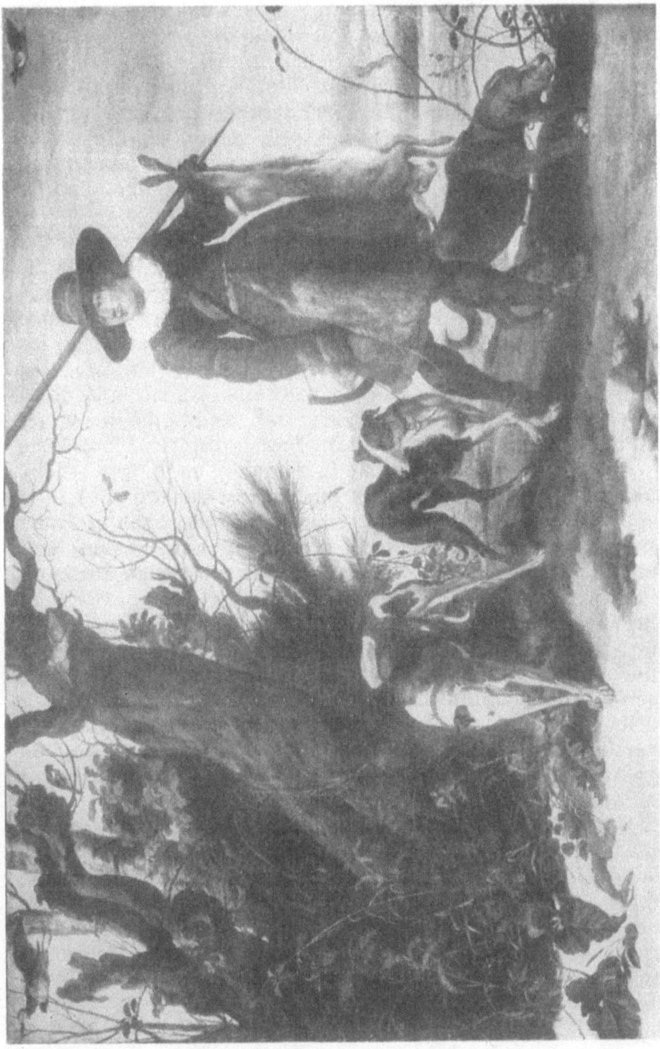

Abb. 80. **Jan Wildens, Winterlandschaft mit einem Jäger.** Dresden, K. Galerie.

Beispiel von künstlerischem Verfall. Wenn auch seine Panoramen von Antwerpen in Amsterdam (1636) und Brüssel nur als Gelegenheitsarbeiten ohne wesentliche künstlerische Absicht aufzufassen sind, so läßt doch die recht äußerliche Gewitterlandschaft mit dem Obelisk in Augsburg oder gar die farblose, kleinlich behandelte Flußlandschaft im Wiener Hofmuseum keinen Zweifel über den weiten Abstand der Alterswerke gegen die aus der Zeit seiner Gehilfenschaft bei Rubens. — Eine wenig klare Erscheinung, namentlich in ihren Anfängen, die uns in diesem Zusammenhang allein interessieren, ist Jacques Foucquier († 1659); falls er wirklich vor 1614, d. h. vor der Erlangung der Meisterwürde, bei Rubens gearbeitet hätte, käme für ihn das landschaftliche Beiwerk von Rubensschen Kompositionen um 1613 in Betracht und damit in erster Linie der koloristisch zarte Hintergrund der Kallisto in Kassel. Allein die Ansicht des Heidelberger Schlosses (zwischen 1616 und 1618) im Museum dieser Stadt zeigt ihn als einen trockenen Nachfolger Mompers, dessen Schüler er gewesen war, und auch in seiner weiteren Tätigkeit, die sich in Paris abspielte, bewährte er sich vorzugsweise als Vedutenmaler ohne eigentliche künstlerische Gesichtspunkte. Ähnlich wie Foucquier schied auch Frans de Momper (1607 — 1660/61) schon frühe aus dem flämischen Schulzusammenhang aus, um in Holland der anspruchslosen Flachlandschaft mit tiefem Horizont in der Art van Goyens nachzufolgen (vgl. Berlin Nr. 772). Sehr viel eigenartiger tritt unter den gleichzeitigen Antwerpener Landschaftsmalern Gillis Peeters auf (1612—1653); er bevorzugt, ähnlich wie seine holländischen Fachgenossen, anspruchslose Naturausschnitte in kleinem Format, die er mit leuchtenden, kühlen Farben in zarten Tönen vorträgt. Bezeichnend ist in dieser Hinsicht die Felslandschaft von 1633 in Amsterdam und eine geistvolle Dünenlandschaft der Sammlung Lampe in Brüssel.

Gegenüber der verhältnismäßig geringen Bedeutung Antwerpens in der Landschaftsmalerei tritt hier das sonst so wenig produktive Brüssel mit einer fruchtbaren Tradition hervor, dank einem Künstler, dessen feines naturalistisches Empfinden, gepaart mit einem ausgeprägten Sinn für zeichnerisches Stilisieren, recht eigentlich zum Ausgangspunkt einer Malerschule bestimmt war. Höchstens zehn Jahre jünger als Momper hat Denis van Alsloot († wahrscheinlich 1628), der 1599 in den Dienst des Erzherzogs trat, eine dem Antwerpener Kunstgenossen an Reife weit überlegene Form der Landschaft in Brüssel eingebürgert. In seinen leider nur seltenen Bildern treffen wir nicht mehr den weiten Sehwinkel mit den panoramenmäßigen Über-

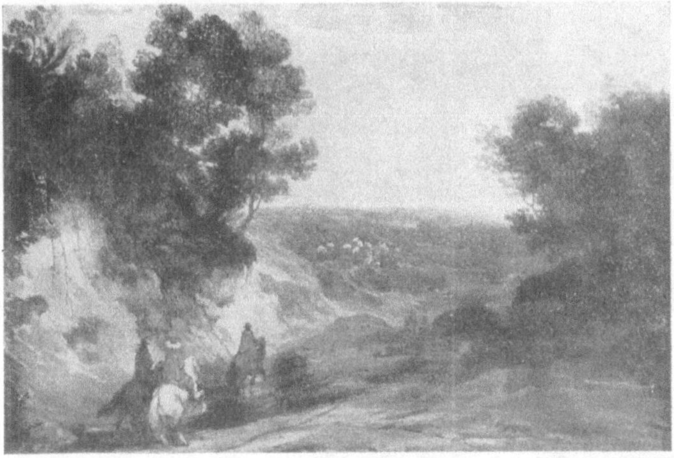

Abb. 81. **Lodewyck de Vadder, Landschaft mit Hohlweg.** München, Alte Pinakothek.

blicken wie bei Momper, sondern Alsloot beschränkt sich auf kleinere Naturausschnitte, in denen er mit seinem fein strichelnden Pinsel den Einzelerscheinungen namentlich der Vegetation in zarten tonigen Abstufungen nachgeht. Besonders charakteristisch sind hierin die Ansicht der Abbaye de la Cambre in Nantes von 1609 sowie die Sommer- und Winterlandschaften von 1612 und 1614 in Brüssel und Mosigkau. Hier sowie in der Waldlandschaft mit Cephalus und Procris in Wien, dem Paradies und dem Sündenfall in Schleißheim, arbeitet Alsloot in Gemeinschaft mit dem geleckt romanistischen Hendrik de Clerck, was insofern wunder nimmt, als er sich in seinen Jagdbildern in Brüssel und Antwerpen, den Prozessionen in Madrid und London (Victoria und Albert-Museum) und den verschiedenen Winterszenen mit Schlittschuhläufern in Berlin, Madrid, München u. a. O. selber als gewandter Figurenmaler erweist, — freilich von der derb charaktisierenden Art eines Pieter Brueghel, die sich zu idealen Vorwürfen mit nackten Figuren wenig eignen mochte.

An Alsloot knüpft unmittelbar Lodewyck de Vadder an (1605—1655). Seine Landschaft in Kopenhagen, sowie der »Hohlweg« der Sammlung Hirth in München sind farbig noch altertümlich mit scharfer Trennung des warmen braunen Vordergrundes, vom kühlen Grün und tiefem Blau der nach rückwärts folgenden Pläne. Später scheint der Künstler durch die genialen Landschaftsimprovisationen

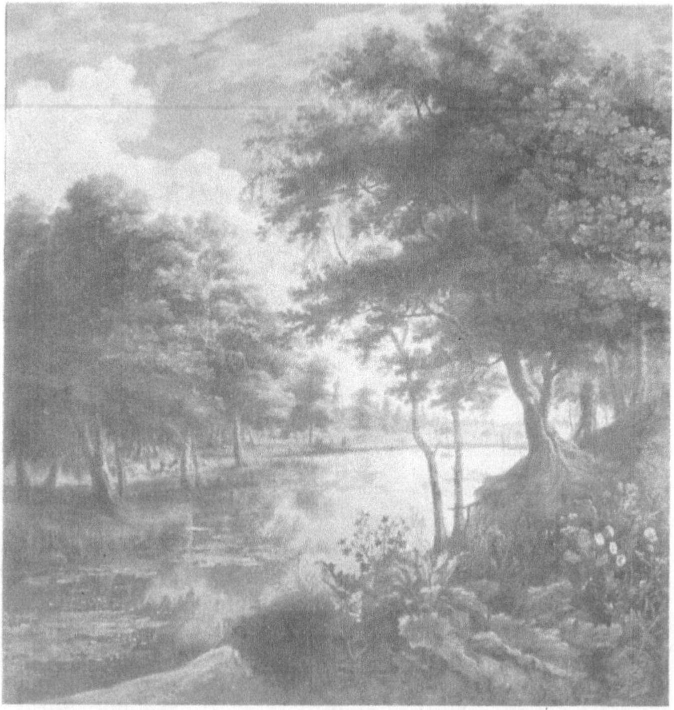

Abb. 82. **Jacques d'Artois, Flußlandschaft.** München, Alte Pinakothek.

Brouwers auf neue Ziele hingewiesen worden zu sein, wenigstens vertauscht er den strengen Aufbau und die bunte Färbung mit locker komponierten, äußerst schlichten Motiven, die er, wie in den kleinen Bildern in München (Abb. 81), Haag (Sammlung Bredius), Würzburg, Paris (Sammlung Schloß) in weichen, warmen Tönen durchaus malerisch wiedergibt.

Hatte de Vadder mehr die intime Note von Alsloots Landschaftskunst ausgebildet, so brachte der ebenfalls in Brüssel geborene Jacques d'Artois (1613— nach 1684) seine zeichnerische Stilisierung der Vegetation zu großzügiger, gelegentlich pathetischer Wirkung. Obgleich vierzig Jahre jünger als sein Vorgänger und mit diesem wohl kaum mehr persönlich bekannt, übernahm er doch sichtlich von ihm das feine zeichnerische Detail des Baumschlags und der wuchernden Pflanzen im Vordergrund. Freilich ist er auf einheitlichere Bildwirkung bedacht, die er durch eine höchst wirkungsvolle Schematisierung der Farbe unterstützt: Einem warmen, gelblichen Braun im Vordergrund entspricht das satte Blau der Ferne, und zwischen diesen beiden Tönen entfaltet sich das etwas trockene Grün der Vegetation in reichen Abstufungen. Die kleinen Landschaften des Meisters von ungebundenem freien Aufbau müssen nach ihrem häufigen Vorkommen in den meisten Galerien Deutschlands, Belgiens und Frankreichs als Zimmerschmuck besonders beliebt gewesen sein, wie denn Artois auch häufig von Figurenmalern zu gemeinsamer Arbeit aufgefordert wurde, z. B. von Crayer und Herp. In seinen umfangreichen, meist straffer komponierten Landschaften großen Formats dagegen, wie sie in Augsburg, München (Abb. 82) und Wien (Hofmuseum und Liechtenstein-Galerie) zu sehen sind, handelt es sich um Dekorationen großen Stils, meist für Kirchen, die in zyklischer Anordnung über Vertäfelungen oder Chorgestühlen angebracht waren. Eine solche Serie von Artois hat sich noch unversehrt an Ort und Stelle in Notre Dame des Chapelles zu Brüssel erhalten. Allerdings soll an dieser Arbeit auch Lukas Achtschellincks (1626—1699) beteiligt gewesen sein, der ebenfalls aus Brüssel gebürtig war und häufig mit Artois verwechselt wird. Während er sich einerseits, etwa in den Gemälden im Brügger Rathaus, eng an ihn hält, besitzen seine Landschaften in Wien, Pommersfelden und Dresden eine starke Neigung zum südlichen, idyllischen Typus, d. h. zu jener Form der Landschaft, die auf Poussin zurückgeht, und in unserem Zusammenhang als neuromanistisch zu bezeichnen wäre. Als Nachfolger von Artois kommt ferner noch der wenig bekannte Antwerpener Martin Wans (1628—1684) in Betracht, sofern nämlich die Zuschreibung der großen, baumreichen Landschaft in Antwerpen auf Richtigkeit beruht; ferner der aus Antwerpen stammende, ebenfalls bei Artois ausgebildete und vorzugsweise in Mecheln tätige Cornelis Huysmans (1648—1627) sowie dessen Bruder und Schüler Jan Baptist Huysmans (1654—1716). Die kaum voneinander zu unterscheidenden Arbeiten der beiden Brüder besitzen eine (leider häufig durch Nachdunkeln beeinträchtigte) Glut und Leuchtkraft der Farbe, wie sie uns außerhalb des Rubenskreises in den südlichen Niederlanden sonst kaum begegnet. Da beide Italien wahrscheinlich nie besucht haben, ist ihre Kunst rein als Ableger der so herrlich aufblühenden letzten Phase der holländischen Landschaftsmalerei anzusehen, die durch Both, Asselyn und Dujardin noch vor der Jahrhundertmitte heraufgeführt wurde. Wenn die Huysmans ihren Vorbildern an Farbenkraft gleich-

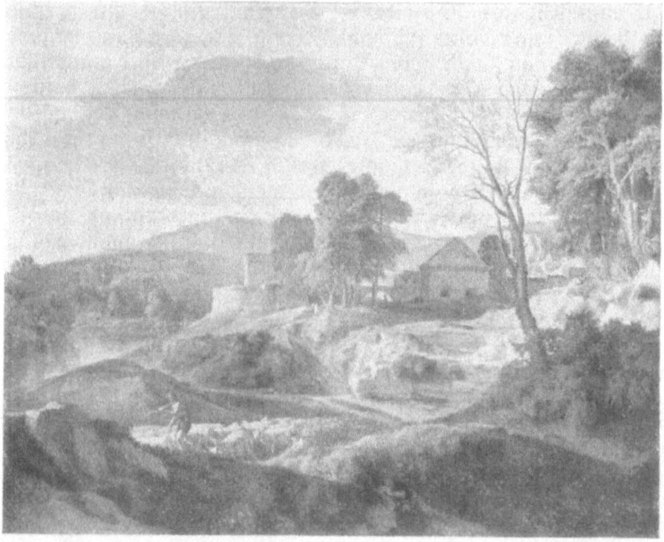

Abb. 83. **François Millet, Italienische Landschaft.** Berlin.

kommen, an dekorativer Wirkung sie sogar übertreffen, so stehen sie anderseits als echte Flamen in einer gewissen handwerksmäßigen Gleichförmigkeit hinter der ungebundeneren, reicheren Erfindungsgabe der Holländer weit zurück. Diese Unterlegenheit tritt besonders in den Landschaften kleinen Formats zutage, von denen die meisten Galerien Europas Beispiele besitzen, während sich bei größeren Abmessungen, wie in den romantischen Landschaftsphantasien in Brüssel und Antwerpen oder der großartigen Abendlandschaft in Notre Dame au delà de la Dyle in Mecheln der angeborene Sinn des Flamen für die monumentale Komposition vorteilhaft bewährt. Außer den Brüdern Huysmans hat sich überraschenderweise in den südlichen Niederlanden kein überzeugter Anhänger der klassisch idealistischen Landschaftskunst gefunden. Abraham Genoels (1640—1723) ist uns nur aus wenigen schablonenhaften Gemälden in Braunschweig, Amsterdam und Antwerpen bekannt, der begabte Jean François Millet (1642—1679) aber, der als Sohn eines französischen Emigranten 1642 in Antwerpen geboren wurde, kann schon als solcher eigentlich nicht in die flämische Kunstgeschichte eingereiht werden und hat zudem schon mit 18 Jahren Belgien für immer verlassen, um sich in Paris anzusiedeln. Dort ergab er sich rückhaltlos der heroisch idyllischen Landschaft Poussins, die er farbig höchst anmutig und mit einer noch aus den Niederlanden überkommenen Detaillierung, namentlich in der Zeichnung des Laubes, eigenartig fortbildete (Abb. 83). Pieter Rysbraeck (1655—1729), der längere Zeit mit Millet in Paris weilte, verbreitete seit 1692 in Antwerpen das südliche Landschaftsbild, das gleichzeitig in Lüttich in Jean Baptiste Juppin (1675—1729) seinen typischen Vertreter fand. Gegenüber dem lediglich fingierten Italienbild aller dieser Landschafter, denen sich noch der zu seiner Zeit so beliebte Adriaen Frans Boudewyns (1644—1700) mit seinen meist von Bout staffierten Marktbildern anschließt, ist Jan Frans van Bloemen, genannt Orizzonte (1662—1749), allein dem Charakter der südlichen Natur nahegekommen, dank seinem langen Aufenthalt in Rom und der Schulung durch die Werke Dughets, dem er, wie seine in den römischen Galerien häufigen Bilder beweisen, mit roheren, effektvollen Mitteln nachstrebte.

Von den Antwerpener Künstlern tritt in der zweiten Hälfte des Jahrhunderts nur Jan Siberechts (1627—1703) mit einer besonderen, wenn auch einseitigen Prägung des Landschaftsbildes hervor. Seine kühle, kräftige Färbung und das durchsichtige Helldunkel, das gelegentlich stark an Teniers erinnert, kennzeichnet ihn zwar als typischen Antwerpener, allein sein stoffliches Gebiet: Meierhöfe, Furten, Weideplätze oder Kirchenlandschaften sind bei dem idyllischen Charakter namentlich ihrer Staffage trotz gewisser Derbheiten ohne einen starken Einschlag der neuromanistischen Landschaftsauffassung nicht zu denken, sei es, daß Siberechts die Anregung dazu in Brüssel fand, sei es, daß sie ihm unmittelbar von den höher stehenden holländischen Vertretern dieser Richtung zugetragen wurde. Auch die Bemühung, besonders seiner früheren Bilder, das Sonnenlicht durch die Kontrastwirkung schwerer Schatten fühlbar zu machen, sowie die unbefangene, allem Pathos abholde Schilderung von Mensch und Tier läßt die enge Fühlung mit holländischen Künstlern nicht verkennen. Die beiden großartigen, von einem schweren graugrünen Ton beherrschten »Meierhöfe« von 1660 und 1661 in Brüssel zeigen in ihren bedeutenden Abmessungen und der düsteren Stimmung des dichtbezogenen Himmels noch den Zusammenhang mit der Antwerpener Monumentmalerei. Schon bald darauf streift Siberechts diesen gedämpften Ton ab, und nun leuchten die roten, gelben und blauen Trachten der Viehmägde munter auf in dem stumpfen Grün der Vegetation. Mit frischer Unmittelbarkeit wird das Treiben der Hirten, des

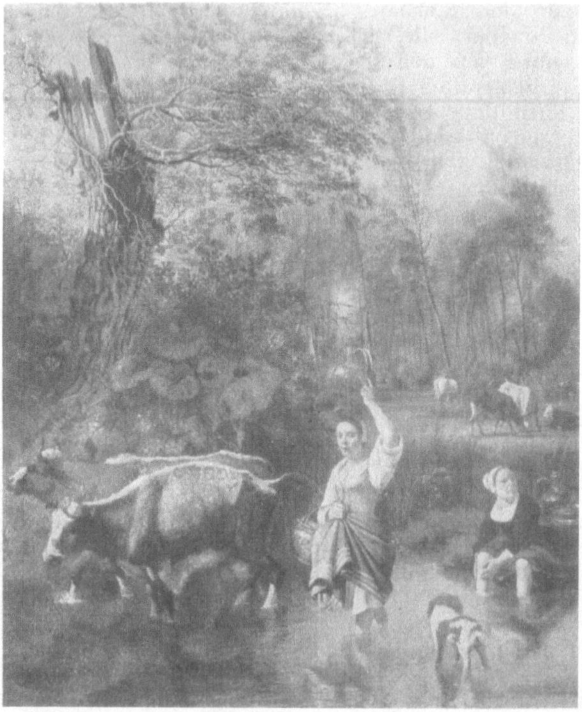

Abb. 84. **Jan Siberechts, Die Furt.** Berlin

Viehs und der Milchfuhrwerke an Furten und auf Weideplätzen geschildert, wofür das Berliner Museum ein besonders bezeichnendes Stück besitzt (Abb. 84). Manchmal freilich fällt die zu schwerfällige Staffage aus dem rechten Maßstab und artet in ihrem ungenierten Gebaren zur plumpen Travestie aus; dann aber glückt dem Künstler wieder eine so anmutige Szene wie die schlafenden Bauernmädchen am Wiesenrand in der Münchener Pinakothek. Mit der Vorliebe für die stark genrehafte Durchsetzung der Landschaft entfernte sich Siberechts naturgemäß von der zur Füllung großer Flächen erforderlichen Einheit der Bildgestalt und steht denn auch einer Aufgabe, wie sie die Vogelpredigt des Franziskus von 1666 in Antwerpen an ihn stellte, wesentlich unsicherer gegenüber, als etwa Jacques d'Artois. Die spätere Wirksamkeit des Künstlers, die sich größtenteils in England vollzog, liegt aus Mangel an datiertem Material noch ziemlich im Dunkeln.

Im Marinebild macht sich fast noch mehr als sonst in der flämischen Landschaft die Armut an eigentlicher Freude oder Begeisterung für die alltäglichen Erscheinungen der Natur fühlbar. Im Gegensatz zu Holland wollte man hier der »Stimmung« eine gewisse illustrative Sachlichkeit nicht zum Opfer bringen, und gerade bei den Meerbildern wurde die Einförmigkeit des Stoffes durch eine um so reichere Beimischung von gegenständlichem Interesse aufzuwiegen für nötig gehalten. So ist es bezeichnend, daß der erste reine Vertreter der Marinemalerei in Antwerpen Andries van Eertvelt (1590—1652) Spezialist in dunklen, erregten Seestürmen und Schiffbrüchen war und damit eigentlich die Richtung für das ganze flämische Seestück bestimmte. Sein großes Gemälde von 1623 in Gent mit kenternden und vom Sturm gepeitschten Schiffen kann als programmatisch gelten für sein ganzes Schaffen, und diese Vorliebe für die Katastrophen des Meeres teilten mit ihm Gaspar van Eyck (1613—1673) und Matthieu van Plattenberg (1608—1660), von denen der letztere in seinen Seestürmen in Pommersfelden und Schleißheim bei schwerer bleierner Färbung eine einheitliche Wirkung erzielt, die einer gewissen Größe nicht entbehrt.

Auch der populärste flämische Marinemaler, Bonaventura Peeters (1614—1652), hat in diese Richtung eingelenkt, nachdem ihm die anspruchslosen Motive seiner früheren, in enger Berührung mit seinem begabten Bruder Gillis entstandenen Arbeiten in Braunschweig, Amsterdam, Schwerin und Budapest nicht mehr genügten. Er bevorzugt düstergetürmte Wolkenmassen, durch die ein jäher Sonnenstrahl bricht, um die gegen den Sturm kämpfenden Schiffe hart zu beleuchten; auch Felskulissen werden zur Verschärfung der Situation gern herangezogen (in Brüssel, Schwerin, Hannover). Bei ruhiger See aber muß das nautische Interesse an den verschiedenartigen, exakt vorgeführten Schiffstypen, wie auf dem Berliner Bild von 1636, oder die bunte Szenerie eines südlichen Hafens (Wien, Hofmuseum und Akademie), die Ansprüche des Beschauers an sachliche Bedeutsamkeit befriedigen. Hatte Bonaventura diese Stoffe in weichen, gefälligen Tönen vorgetragen, so zielte sein Bruder Jan Peeters (1624—1677?) bei sehr viel geringeren künstlerischen Mitteln noch stärker auf das Illustrative.

Ein Rückblick erbringt gerade für das Kapitel der flämischen Landschaft ein gegenüber der Fruchtbarkeit Hollands kärgliches Ergebnis. Es fehlt durchaus das innige Verhältnis zur Natur, das offene Auge, welches sich in unbefangenen Nachbildungen Rechenschaft über die landschaftlichen Erscheinungen ablegt. Wo aber eine intimere Naturbeobachtung einsetzt, bei Brouwer oder Teniers, bleibt sie als gelegentliche, skizzenhafte Improvisation unmaßgeblich für die eigentliche schulmäßige Landschaftskunst. Die Ursache dieser Unfruchtbarkeit liegt vor allem darin, daß Rubens hier nicht schulbildend zu wirken vermochte. Obwohl er in seinen Landschaften eine Fülle einzelner, naiver Beobachtungen zusammenträgt, ist das Ganze doch immer von einer machtvollen dichterischen Idee getragen, die sogar die klassischen Vertreter der idealen Landschaft: Poussin und Claude, weit hinter sich läßt. Aber gerade diese über jedem Rezept und aller Berechnung stehende Gestaltungskraft mußte jeden Gedanken an Nachahmung entmutigen; hatte doch Rubens selbst bei diesen Arbeiten die Teilnahme von Schülern nie geduldet in der Erkenntnis, daß gerade dieses Bereich seines Schaffens keine Anknüpfungspunkte für das Eingreifen des Gehilfen bot. Überhaupt bleibt die Landschaft in Belgien in gewissem Sinn subaltern wie im 16. Jahrhundert, während sie in Holland seit 1600 als gleichberechtigt neben den anderen Zweigen der Malerei aufzutreten beginnt. Dementsprechend verschieden ist die Rolle, die ihr in den beiden Ländern als Zimmerschmuck eingeräumt wird: im flämischen Wohnraum hängen die Landschaftsbilder vorwiegend zu Friesen aneinandergereiht unmittelbar unter der Decke (vgl. den sog. Salon von Rubens in Stockholm und Abb. 63), wo sie im Sinn von Verdüren lediglich als Dekoration wirken sollen, oder sie werden als Füllungen in die eichenen Vertäfelungen eingesetzt. In einem Raum der Rosenborg in Kopenhagen hat sich diese Art der Aufstellung noch unberührt erhalten, nämlich so, daß die Wände vom Fußboden — also auch unter den Fenstern — bis zur Decke gleichmäßig mit flämischen Landschaften aus der Zeit von 1620—1630 bedeckt sind. Die Holländer dagegen hängten ihre Landschaften als Gegenstand des künstlerischen Genusses, nicht anders als Figurenbilder, vereinzelt an gut beleuchtete Wandflächen und brachten damit die lebhafte Teilnahme und Achtung zum Ausdruck, die sie für die Werke ihrer genialen Landschaftsmaler hegten.

Stilleben und Tierstück.

Dem idealistischen Grundzug der flämischen Malerei lag nichts ferner, als ein Ding um seiner selbst willen oder aus bloßer Freude an der pittoresken Erscheinung wiederzugeben. Daraus erklärt sich die geringe Rolle, die sie dem Stilleben im eigentlichen Sinne gönnt, bezw. die eigentümliche Form, die es nach den allgemeinen Forderungen von Rubens' Ästhetik erhält. Tatsächlich bedeutet bei Rubens die bloße Existenz eines Gegenstandes nichts, solange er nicht mit anderen in eine sinnvolle Beziehung tritt und dadurch ein gewisses inhaltliches Interesse gewinnt. Im Hinblick hierauf hat das spezifisch flämische Stilleben die Gegenstände nicht einfach nach ihren malerischen Eigenschaften zusammengetragen, sondern sie durch Motive wie eine Speisekammer, aufgehäufte Jagdbeute usf. in einen gewissen begrifflichen Zusammenhang zu setzen gesucht, in den gern auch lebende Wesen, Menschen und namentlich Tiere einbezogen werden.

Die Ansätze zum reinen Stilleben des 16. Jahrhunderts durch L. Jansz. van den Bosch, die an der Jahrhundertwende durch Savery und Jan Brueghel wieder aufgenommen werden, bleiben also für die südlichen Niederlande von geringer Bedeutung, da im 17. Jahrhundert gerade die führenden Stillebenmaler zugleich Tiermaler waren und in gemeinsamer Arbeit mit den Figurenmalern ihr Können in den Dienst der Schwesterkunst stellten; wir haben daher auch die Darstellung lebender Tiere in diesem Zusammenhang zu berücksichtigen.

Mit seiner Abhängigkeit vom Figurenbild verfolgt das flämische Stilleben im Gegensatz zum holländischen fast entgegengesetzte Absichten. Den Holländern war es um eine Vertiefung in die malerische Wiedergabe des Gegenstandes zu tun; ihr Stilleben isoliert sich in einer vornehmen Zwecklosigkeit. Bei den Flamen steht das dekorative Interesse immer im Vordergrund. Vermochte das Stilleben von allen Zweigen der Malerei geistige Werte am wenigsten zu vermitteln, so sollte es wenigstens dem Bedürfnis nach

Schmuck genügen, und hierfür war weniger der einzelne Gegenstand, als seine Wirkung in der Gesamtheit von Interesse. Zwar hatten schon Aertsz. und Bueckelaer jene Zwischenstufe von Stilleben und Figurenbild zu einer besonderen Gattung ausgebildet, allein die dekorative Kraft ihrer Arbeiten beruht noch auf dem derben Geschmack im Aneinanderreihen kräftiger Lokalfarben. Diese Buntfarbigkeit zu verfeinern, sie auf einen Brennpunkt zu sammeln, von dem aus in überlegter Abstufung und vermittelnder Tönung die Wirkung einheitlich ausstrahlt, blieb dem 17. Jahrhundert vorbehalten, das außerdem jene ungeschminkten, fast burlesken Marktszenen in die pathetisch ritterliche Sphäre des Rubensschen Geschmackes erhob.

Immerhin müssen wir die Ansätze des Stillebens im 16. Jahrhundert weit höher veranschlagen, als die uns erhaltenen Reste glauben machen können, da dieser Zweig der Profanmalerei zum größeren Teil in Wasserfarbe auf Papier oder Leinwand ausgeübt wurde, und in diesem wenig dauerhaften Material der Zerstörung fast ausnahmslos anheimfiel. Das Küchenstück der Aertsz. und Bueckelaer hatte in den ganzen Niederlanden Nachahmer gefunden, ja sogar in Italien, bei Vincenzo Campi, Boden gefaßt, während anderseits die Niederländer den Venezianern, namentlich den Bassani, eine besondere Form des Küchenstücks und Tierbildes absahen (meist unter der Form des »Christus in Bethanien«, oder der Arche Noah) mit der sich noch um 1600 Dirck de Vries, der Freund von Goltzius, in Venedig einen Namen machte. Umfangreiche Küchenstücke haben sich von Pieter C. Rijck (1586—1628) in Braunschweig, Amsterdam und Harlem erhalten, und ähnlich sind auch die von Joos Goeimare aus Courtrai (geb. 1575), von Uytewael und Mierevelt zu denken, von denen van Mander spricht. Den entscheidenden Schritt zu der neuen Form tut jedoch erst Frans Snyders (1579—1657), und zwar, wie wir annehmen dürfen, unter der persönlichen Anregung von Rubens. Das fruchtbare Schaffen dieses Meisters vollzieht sich von seinen ersten nachweisbaren Arbeiten an in so enger Berührung, nicht nur mit der Werkstatt, sondern mit der ganzen Sinnesart von Rubens, er scheint mit ihm in einem so tiefen Einvernehmen gelebt und gearbeitet zu haben, daß wir ihm nicht unrecht zu tun glauben, wenn wir bei seiner anerkannt spezialistischen Begabung die höheren schöpferischen Momente seiner Kunst auf den Gedankenaustausch mit Rubens zurückführen. Er ist in seinem selbständigen Wirken ebensowenig aus dem Anschauungskreis des Meisters loszulösen, als da, wo er mit Rubens auf einer Leinwand arbeitet, und bei aller Eigenart seiner tech-

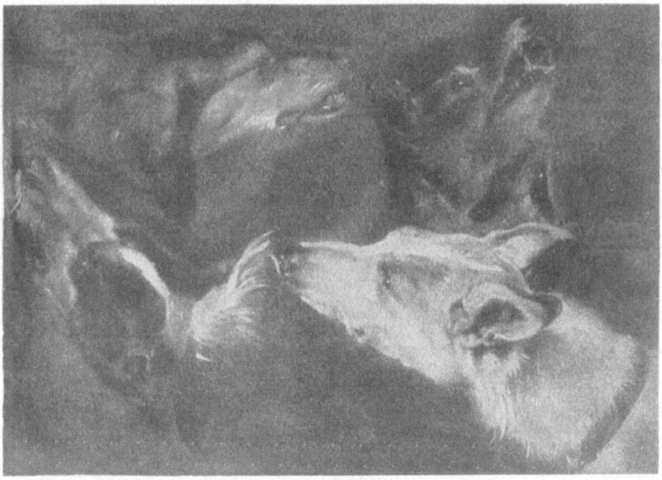

Abb. 85. **Frans Snyders, Studie von vier Hundeköpfen.** Berlin.

nischen Mittel verkörpert er doch nur die Auswirkung von Rubens' Geist nach einer besonderen Richtung hin. Das tiefe Verständnis aber, mit dem er seine immerhin beschränkte Kraft zum Ausdrucksmittel des Meisters erzog, hat ihm den Ruhm eines der ersten Tiermaler aller Zeiten eingetragen.

Von seinen Lehrern P. Brueghel d. J. und H. van Balen konnte Snyders nicht mehr als die allgemeinen Anfangsgründe seines Gewerbes lernen, dagegen war ihm die Beziehung zu Jan Brueghel d. Ä. zweifellos von hohem Wert. In der Tat war dieser vielseitige Kleinmeister ein Tiermaler von glänzendem Können, und sowohl seine Studien, von denen Herr von Benda in Wien zwei besonders interessante Beispiele besitzt, als auch seine Paradies- und Hubertusbilder geben Zeugnis von seiner scharfen, malerisch pikanten Charakterisierung der Tierwelt. Auch besaß Brueghel schon jene ausdrucksvolle, mit dem Pinsel zeichnende Malart, die Snyders, ins Breite, Derbe gesteigert, zeitlebens beibehielt (Abb. 85).

Bald nach Snyders' Rückkehr von Italien (1609) muß Rubens in ihm ein vielversprechendes Werkzeug für seine Zwecke erkannt haben. Der Meister hatte in den Jahren 1609—1611 wiederholt selber mit großer Hingabe Tiere gemalt, so die Schwäne und den Hund auf dem »Adonis« in Düsseldorf, den Pfau auf der Kölner »Juno« und den herrlichen Adler auf dem »Ganymed« beim Fürsten Schwarzenberg. Mit solchen Vor-

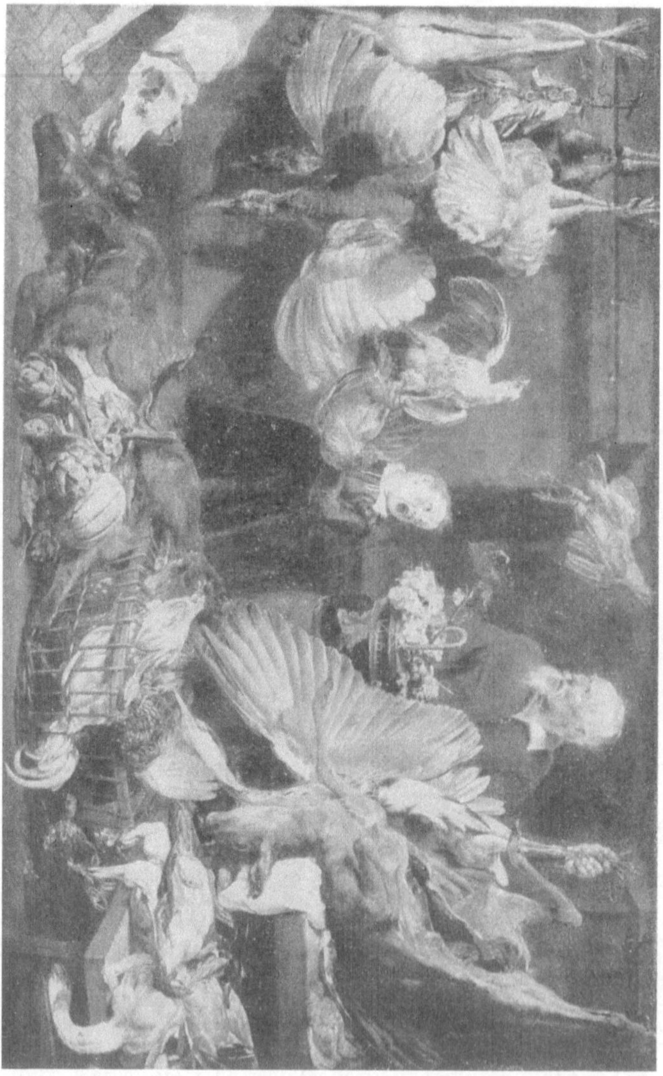

Abb. 86. **Frans Snyders, Der Wildhändler.** Christiania, Chr. Langaard.

bildern (eine Kopie von Snyders nach dem genannten Bild in Düsseldorf liegt in der Braunschweiger Galerie vor) sowie durch die persönliche Anleitung von Rubens gefördert, mochte sich Snyders rasch in das Zusammenwirken einfinden, und schon seit etwa 1613 treffen wir ihn in ununterbrochener Arbeitsgemeinschaft mit dem Meister. Es entsteht der »Prometheus« in Oldenburg, der »Meleager« in Kassel usw; um 1615 läßt Rubens ihn im »Früchtekranz« in München, an den »vier Putten» in Wien sowie in der Dresdener Diana Früchte und Blumen malen, und die Anregung jener dekorativen Festons, die er gelegentlich in der »Ceres« in Pertersburg, der Bekränzung der ephesischen Diana in Glasgow und einer Reihe von Madonnenbildern (zu denen er allerdings mit Vorliebe Jan Brueghel heranzog) gegeben hatte, macht sich nun auch Snyders zunutze, indem er geringere Figurenmaler um die Mittelstücke für seine meist etwas schwer geratenen Fruchtgehänge und Blumengirlanden bittet; vorzügliche Arbeiten dieser Art besitzt das städtische Museum in Brüssel und das Schleißheimer Schloß.

Selbständig tritt Snyders zunächst in einer Reihe von Stilleben auf, die uns den bunten Reichtum einer Vorratskammer vor Augen führt. In schwerer, dick aufgetragener Farbe und nüchterner Anordnung begegnet uns dieser Vorwurf in Antwerpen, Brüssel, Kopenhagen und im Haag, leichter gestaltet erscheint er in den Gemälden in München und Dresden, bis er jene Freiheit und Größe der dekorativen Wirkung erreicht, die weitere Varianten in Dresden, Berlin (Sammlung J. Simon und Huldschinsky), Amsterdam und Christiania (Abb. 86) auszeichnet; auch der Prado, wo Snyders mit 22 Gemälden reicher als irgend sonstwo vertreten ist, besitzt Beispiele dieser Bildgattung. Wie Snyders in solchen Bildern selbst bei geringeren Abmessungen gelegentlich eine geradezu triumphale Farbenpracht zu entwickeln vermochte, zeigt ein Stilleben in Mannheim, das ein paar gerupfte Hühner, irdene Schüsseln und ein Bündel Spargel darstellt und mit diesem bescheidenen Vorwurf zu den Perlen der flämischen Stillebenkunst zählt.

In engem Zusammenhang mit diesen »Vorratskammern« stehen die »Marktbilder«, in denen Snyders, ebenso wie Aertsz, die bunte Ware der Fisch-, Frucht- und Gemüsehändler zum Gegenstand seiner Darstellung macht, dabei jedoch nur ungern auf die lebensgroße ganze Figur verzichtet und deshalb die bescheidenen Bildausschnitte seiner Vorgänge zu kolossalen Dimensionen erweitert. Berühmt sind von diesen genrehaften Prachtdekorationen vor allem die »Vier Märkte« in St. Petersburg mit den Figuren von Jan Boeckhorst der auch in den Wildbretläden in Caen und beim

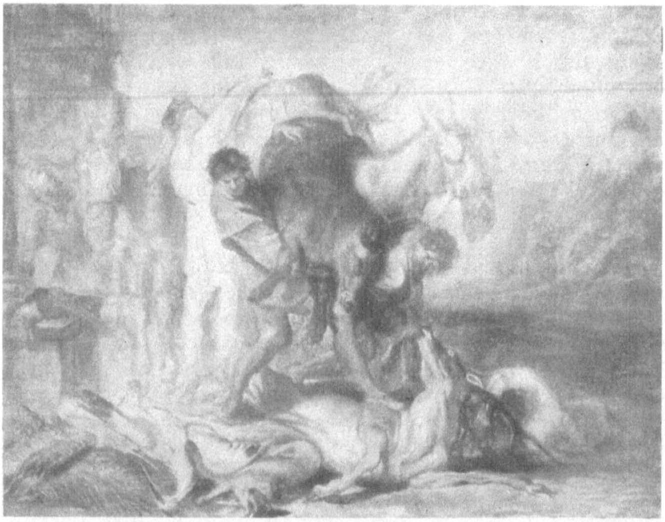

Abb. 87. **Anthonis van Dyck, Jagdbeute.** Berlin.

Grafen de Grunne in Brüssel als Staffagemaler auftritt. Sogar van Dyck ließ sich in den Jahren seiner Zugehörigkeit zur Rubenswerkstatt gelegentlich zur Teilnahme an Snyders' Arbeiten herbei, wie in dem Fischmarkt in Wien; ja aus Skizzen des jungen Meisters wie dem Philopömen im Louvre oder der reizvollen Jagdszene in Berlin (Abb. 87) geht hervor, daß er sogar Entwürfe zu solchen Stilleben lieferte, wobei er freilich mehr kompositionellen Schwung aufzubieten hatte, als der schwerfällige Snyders. Wir wissen sogar, daß die Pariser Skizze zur Ausführung kam (das Gemälde zierte im 18. Jahrhundert die berühmte Orléanssammlung), und glauben nicht zu weit zu gehen mit der Vermutung, daß ursprünglich Rubens selbst seinem Freund solche Entwürfe anfertigte und sie ihm dann zur selbständigen Weiterbildung überließ. Im Tierbild können wir dieses Verhältnis der beiden Meister zueinander sogar nachweisen. Um 1614 begann Rubens sich mit der Darstellung von Jagden heroischen Charakters zu befassen. Man versuche nicht, diese wahrhaft titanischen Kämpfe des Menschen gegen die Ungeheuer der Wildnis aus den Menagerien eines Savery, ja auch nur aus den Jagdserien eines Stradanus genetisch abzuleiten: ihr einziger Vorfahre ist Leonardos Schlachtkarton, von dem sich Rubens in Italien eine sorgfältige Nachzeichnung angefertigt hatte. In den

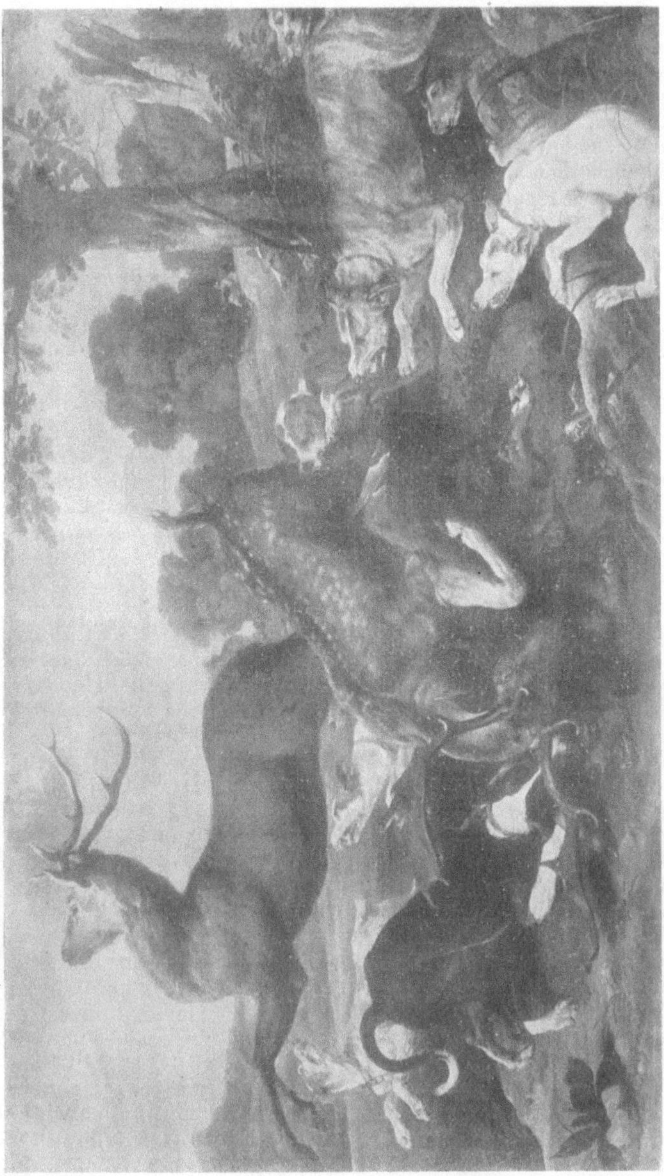

Abb. 88. **Paul de Vos und Jan Wildens, Hirschhatz.** Stockholm.

früheren Jagdbildern, der Wolfsjagd in New York und der Nilpferdjagd in Augsburg (auch der »Daniel in der Löwengrube« beim Herzog von Hamilton und eine säugende Löwin, die nur noch in Kopien vorliegt, wäre hier zu nennen), hatte sich Rubens die Ausführung der Tiere nicht nehmen lassen. Seit aber die Werkstatt weitere Dimensionen anzunehmen begann, konnte sich der Meister solchen Aufgaben nicht mehr widmen, und es lag nahe, daß er für die Tiere zunächst den erprobten Snyders heranzog. Wir treffen ihn auf dem »Neptun« in Berlin, der Wildschweinsjagd in Marseille und der Sauhatz in München (Repliken in Dresden und Florenz), sowie in seinen berühmtesten Tierbildern, der »Löwin mit dem Wildschwein« und dem »von jungen Löwen verfolgten Reh« in München, deren Entwürfe durch Stiche für Rubens bezeugt sind. Zur gleichen Zeit beginnt Snyders mit eigenen Kompositionen dieser Art, wofür das Berliner Museum in dem »Hahnenkampf« von 1615 ein kleines, aber charakteristisches Beispiel besitzt. Es fehlt ihm zwar die großartige Einheitlichkeit von Rubens' Bildform, und zu einem inneren Konflikt oder gar zu dem Pathos jener Kampfbilder kommt es nie, zumal in der Regel an seinen Tierhatzen keine Menschen teilnehmen. In seinen Grenzen aber hat er das Jagdbild in zahlreichen Gemälden in Brüssel, München, Bologna, Madrid u. a. O. zu einer vornehmen, ja großartigen Dekoration erhoben, die einen weiten und begeisterten Käuferkreis fand. Snyders mußte daher jedenfalls schon bald seinem Schwager Paul de Vos (1590—1678), den wir hauptsächlich aus solchen Tierbildern kennen, als Mitarbeiter zuziehen. Vos besaß zwar weder den fein geschärften Sinn für stoffliche Unterscheidungen, noch den Glanz von Snyders' Pinsel, allein er nahm die Farbenskala und die Pinselführung seines Schwagers doch so weit an, daß seine Arbeiten in Brüssel, Haag, Stockholm (Abb. 88), Wien und München oft schwer von jenem zu unterscheiden sind. Daneben pflegte er ein ganz abliegendes Fach, nämlich die Wiedergabe von Rüstungen, für die er wahrscheinlich im Rubens Atelier als Spezialist verwendet wurde. Einerseits wissen wir, daß der Meister die einzelnen Bildteile in dieser Weise an seine Schüler je nach ihrem besonderen Geschick verteilte, anderseits hat Vos in einem großen Gemälde der Augsburger Galerie an eine Rubenssche Figurengruppe, Viktoria mit dem Sieger, ein virtuoses Stilleben von erbeuteten Kriegstrophäen, von Rüstungen, Helmen, Fahnen und Trommeln angegliedert, in dem er ähnlich wie in einer mit Prunkgefäßen ausgestatteten »Vanitas« seines Bruders Cornelis in Braunschweig sein glänzendes Können in der Wiedergabe von Metallgeräten bewährt. Aus dem

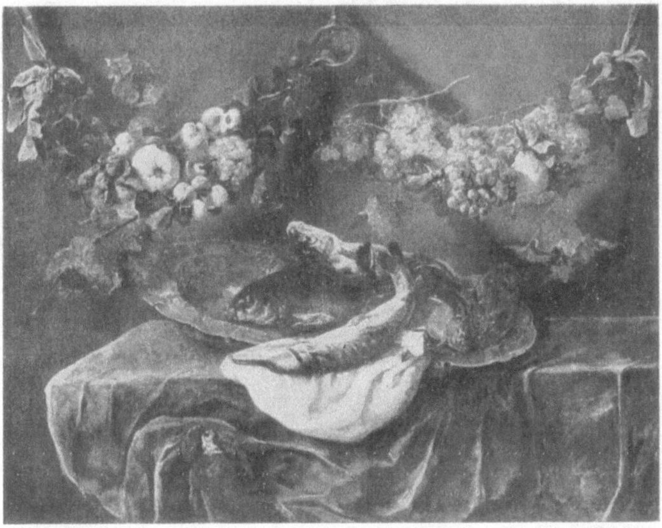

Abb. 89. **Jan Fyt, Stilleben.** Berlin.

Verzeichnis des Rubensschen Kunstbesitzes geht außerdem hervor, daß der Meister auch für eigenhändige Arbeiten den gewandten Pinsel von Paul de Vos ausgenützt hat.

Zwei Schüler trugen die Kunst von Snyders ins Ausland: Nikasius Bernaert (1620—1678) wanderte nach Frankreich aus, wo er bald als Tierspezialist in der Gobelinmanufaktur Anstellung fand und seine Kunst auf den bekanntesten französischen Stillebenmaler des 17. Jahrhunderts, François Desportes, übertrug. Juriaen Jakobsz (1610—1685), ein geborener Hamburger, übersiedelte nach Amsterdam und führte dort das Jagdstück seines Meisters in beschränkterem Umfang weiter. In lockerem Zusammenhang mit Snyders dürfen wir auch Alexander Adriaenssen nennen (1587—1661), der sich zwar meist nur in kleinen Bildformaten versucht hat und nicht eigentlich mit dem Rubenskreis in Verbindung steht, aber besonders in seinen Fischstücken der hellen, klaren Farbgebung und der glänzenden stofflichen Charakteristik von Snyders nahesteht.

Eine Parallelerscheinung zu Snyders, wenn auch von einer anderen Basis ausgehend, bildet Jan Fyt (1611—1661). Er umspannt das nämliche Stoffgebiet wie jener, gestaltet es auch in gleichem oder sehr ähnlichem Sinn, aber er gehört nicht eigentlich der Rubensschule oder der Werkstatt

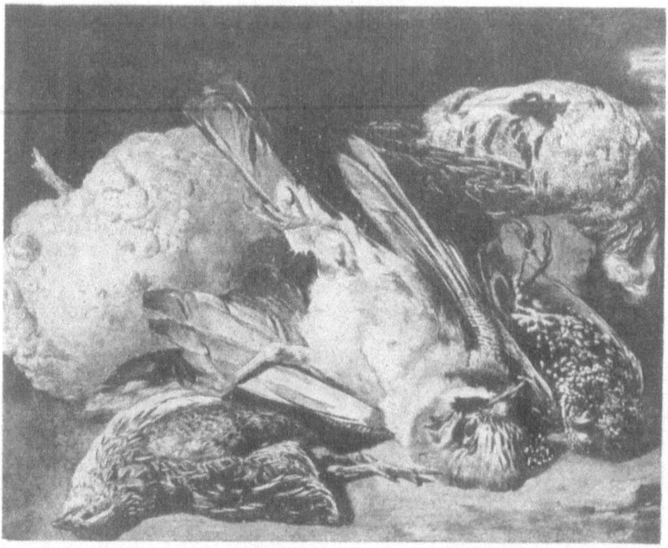

Abb. 90. **Jan Fyt, Tote Vögel.** Berlin.

an. Als sein Vorläufer ist Andriaen van Utrecht (1599—1652) anzusehen, wenn man nach dem großen Küchenstück dieses Meisters von 1629 im Kasseler Museum urteilen darf. Im Gegensatz zu der hellstrahlenden Buntheit von Snyders wird hier die Farbe durch tiefe Schatten, die alle Formen durchsetzen, gedämpft und auf einen kalten Gesamtton gestimmt. Diese von der Rubenstradition völlig abweichende malerische Anschauung muß sich Utrecht in Italien, und zwar im unmittelbaren Verkehr mit den römischen Naturalisten, angeeignet haben. Wir treffen sie noch in seinem prächtigen Fruchtgehänge in Madrid, in den großen Stillleben in Amsterdam, Antwerpen und München (Sammlung Schrenck-Notzing; dat. 1650), und später ganz ähnlich auch bei Fyt, der zwischen 1634 und 1641 in Italien weilte — nachweislich nur in Rom und Venedig, jedenfalls aber auch in Genua. Fyt tritt damit wie ein Fremdkörper unter die helle farbenfrohe Schar der Rubensschüler; von ihnen trennt ihn ebenso das von tiefen Schatten durchsetzte, tonige Kolorit, als sein ausgesprochener Sinn für das Detail, mit dem er dem Gefieder eines Pfauen oder kleiner bunter Vögel, dem Funkeln eines metallenen Gefäßes oder dem matten Schmelz der Fayence nachgeht (Abb. 89). Mit schärfster Prägnanz der stofflichen Unterscheidung verbindet er den vornehm gedämpften Ton, in dem ihn kaum ein Holländer, geschweige denn ein Flame erreicht. Das Berliner Museum besitzt in dieser Art vor allem das feine Stilleben mit toten Vögeln, neben deren zartes Violett und Braun das mürbe Gelb eines Kürbisses tritt (Abb. 90). Auch das blondere Stilleben mit einem Hasen, toten Vögeln und Trauben, zeigt die Meisterschaft, mit der Fyt die verschiedenartigsten Gegenstände tonig verbindet und von der die Berliner Privatsammlungen (namentlich J. Simon und O. Huldschinsky) noch weitere vorzügliche Proben besitzen.

Es kann nicht überraschen, daß die Sorgfalt, mit der Fyt sich in den einzelnen Gegenstand vertieft, dem Schwung seiner gesamten Komposition Abbruch tut. Am reinsten befriedigt der Meister da, wo er nur mäßige Flächen zu füllen hat. In seinen großen Stilleben in Brüssel (Museum und Sammlung Arenberg), Wien (Hofmuseum und Liechtenstein-Galerie), München, Stockholm (1651) und St. Petersburg kommt er Snyders in der einheitlich durchgeführten dekorativen Absicht niemals gleich, so sehr er ihn auch im einzelnen übertreffen mag; in dieser Hinsicht steht auch das tieffunkelnde Fischstilleben mit dem Obstgehänge in Berlin hinter den monumentalen Blumen- und Fruchtgehängen von Snyders zurück. Noch stärker wird der Abstand im Jagdbild fühlbar. Die ungebändigte Vehemenz, der eigentümliche dramatische Konflikt, den Snyders dank der unmittelbaren Inspiration von Rubens diesen Stoffen verlieh, fehlt bei Fyt vollständig. Seine Tiere, nach der Eigentümlichkeit ihres Felles, sogar ihrer Bewegungen treffend charakterisiert, laufen hintereinander her, oder balgen sich, wie auf der »Rehhatz« in Berlin und ähnlichen Bildern in Madrid und München, allein sie entbehren den eigentümlichen, anthropomorphen Geist, mit dem Snyders die Wut des Angreifers oder die Angst des verfolgten Tieres schildert. In dieser Eigentümlichkeit schließen sich die bekannten Jagdbilder des Deutschen Karl Andreas Ruthart viel mehr an Fyt als an Snyders an.

Der gewandteste und treueste Schüler von Fyt ist Pieter Boel (1622—1674). In seinen frühen Arbeiten, den Münchener Stilleben mit Geflügel, überbietet er seinen Meister noch an schwarzen, fast pechigen Schatten. Überhaupt kommt bei ihm noch stärker als bei Fyt der Zusammenhang mit Italien zum Ausdruck, von wo er mit einer dunklen, schweren Palette zurückkehrt, die sich im Norden erst allmählich wieder aufhellte. Wir beobachten diesen Verlauf seiner Entwicklung an der großen »Vanitas« in Lille, ihrer kleineren Redaktion in Brüssel, in die Jordaens mit überraschender malerischer Diskretion den unerbittlichen Saturn einfügte, und an den beiden Berliner Stille-

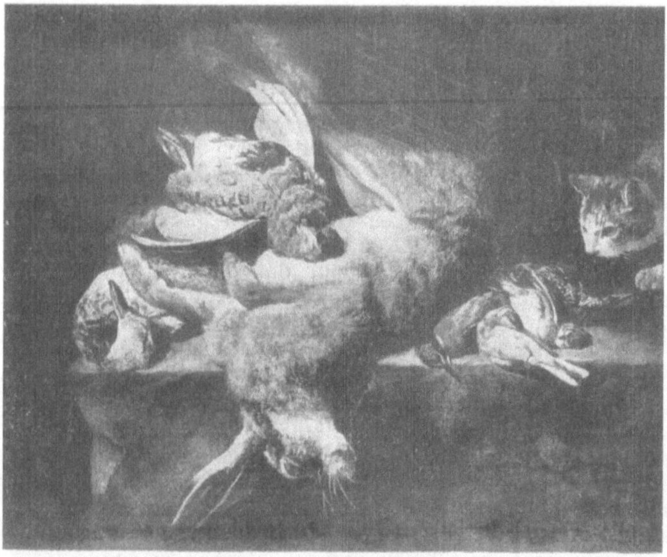

Abb. 91. **Pieter Boel, Stilleben.** Berlin.

ben. Mit ihnen bewährt sich Boel in der Wiedergabe von totem Wild oder Geflügel als würdiger Nachfolger seines Meisters (Abb. 91), während die überzeugende Darstellung lebender Tiere nicht im Bereich seiner Kräfte lag, was seine gutmütigen »Adler« in Frankfurt a. M. oder die grundlos erregten »Jagdhunde« in Nürnberg beweisen.

Boel übertrug seine Kunst auf David de Koninck (um 1636—1699) und Karel van Vogelaer (1653—1695), die ebenfalls beide nach Italien zogen, um dort einen großen Teil ihres Lebens zu verbringen. Die farbig ansprechenden Stilleben von Koninck finden wir in Rotterdam, Gent, Würzburg, besonders aber in Neapel, während der eng verwandte Vogelaer mit einem Stilleben von totem Wild in Hannover vertreten ist. Auch Willem Gabron (1619—1678), von dem wir nur noch das Stilleben mit einem prächtig gemalten Teppich in Braunschweig kennen, scheint dem Kreis dieser italienisch-flämischen Stillebenmaler angehört zu haben, der in der zweiten Hälfte des Jahrhunderts seinen Hauptvertreter in Abraham Brueghel (1631— um 1690), einem Enkel des älteren Jan Brueghel, fand. Sein stoffliches Gebiet beschränkt sich, soweit wir ihn aus seinen wenigen bekannten Bildern in Amsterdam, Rotterdam, Turin und Stock-

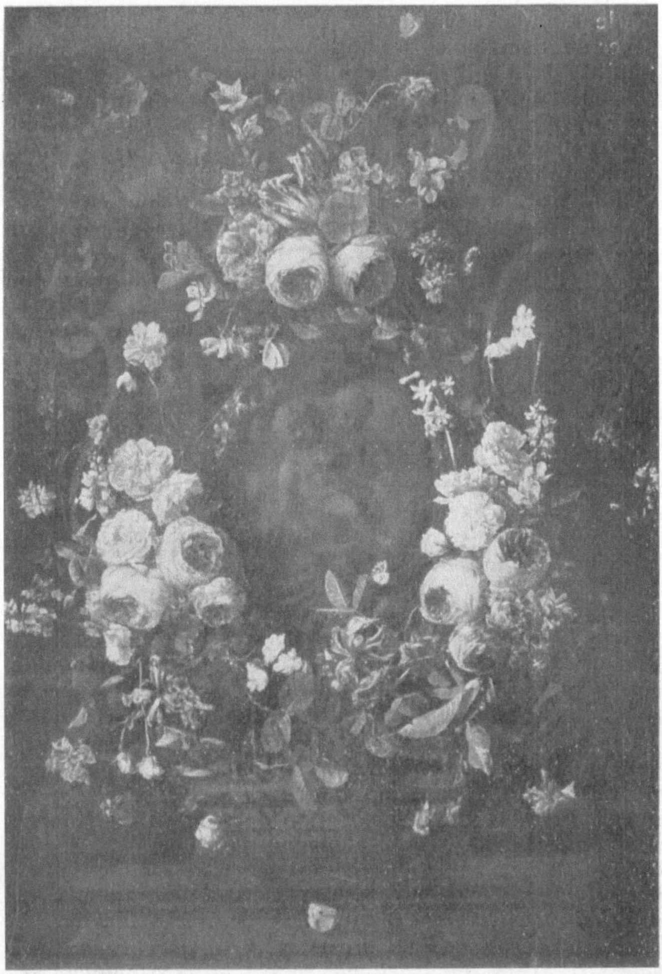

Abb. 92. **Daniel Seghers, Stilleben.** Berlin.

holm kennen, auf Blumen und Früchte, die er mit einer ähnlichen Palette wie Fyt, aber fast noch leuchtender und fetter wiedergibt. In Neapel, wo er starb, scheint Brueghel eine bedeutende Schule von Stillebenmalern begründet zu haben, aus der nicht bloß die begabten Italiener Recco und Ruopolo hervorgingen, sondern der auch Frans Werner Tamm entscheidende Eindrücke verdankte. Überhaupt haben die flämischen Maler auf dem Gebiet des Stillebens (ähnlich wie im Schlachtenbild) einen Teil ihrer Schuld bei den Italienern abtragen können. Außer in Neapel entwickelt sich auch in Genua, wo seit van Dycks Auftreten die flämische Malerei in hoher Gunst stand, eine fruchtbare Schule von Tier- und Stillebenmalern, deren Anführer, Giovanni Benedetto Castiglione, in der Bildform sowie technisch die engsten Beziehungen zu Fyt aufweist. — Von den Antwerpener Stillebenmalern, die mehr oder weniger dem Schulkreis von Jan Fyt angehören, wäre noch der nur gelegentlich als Tiermaler auftretende Jan van den Hecke (1620—1684) zu nennen, ferner Pieter Gysels (1621—um 1690) mit seinen zierlichen Darstellungen von totem Wild und Geflügel und endlich, schon stark ins 18. Jahrhundert hineinreichend, Adriaen de Gryeff (gest. 1715). Auch ein gewisser Jan van Kessel gehört, nach dem schönen, tiefgestimmten Stilleben mit einem Hasen in Braunschweig zu schließen, dieser Richtung an. Er kann jedoch nicht identisch sein mit Jan van Kessel (1626—1679), der zur gleichen Zeit in miniaturartigen Tierbildern, Stillleben und Landschaften seinen Großvater Jan Brueghel täuschend nachahmte.

Ganz unabhängig von Snyders und Fyt leitet Daniel Seghers (1596—1661) eine besondere Form des Blumenstillebens ebenfalls von Rubens ab. Auch er knüpft dabei an jene Umrahmungen kleiner Bildwerke mit üppigen Girlanden, die wir in den erwähnten Gemälden in St. Petersburg und Glasgow, sowie in den von Brueghel umkränzten Madonnenbildern von Rubens antrafen. Großzügiger als sein Lehrer Brueghel, aber zarter als Snyders, windet er seine etwas glatt ausgeführten Blumengehänge um gemalte Reliefs, Steinnischen mit Madonnenstatuetten oder kleine Bilder (Abb. 92). Sein Mitarbeiter war dabei meistens, wie gerade in den beiden Berliner Stücken, Erasmus Quellinus, allein auch Schut, Wouters, Brouwer, Lievens und Teniers kamen dem hochgeschätzten Blumenmaler mit kleinen figürlichen Szenen zu Hilfe, die jener mit seinen luftig schimmernden Kränzen von tonloser, aber nie unzarter Buntheit umspann. Die augenscheinlich sehr beliebte Bildform wurde von zahlreichen Nachahmern, wie Franz Ykens (1601—1693), den Rubens besonders schätzte, J. A. van der Baren († 1686), J. Ph. Thielen (1618—1667), den beiden Verbruggen bis ans Ende des 17. Jahrhunderts fortgesetzt und fand sogar in Italien durch Mario dei Fiori Aufnahme. Auch für den Lütticher Blumenmaler Gerard Goswin († 1691), ja sogar für den ersten Vertreter dieses Fachs am Hof Lud-

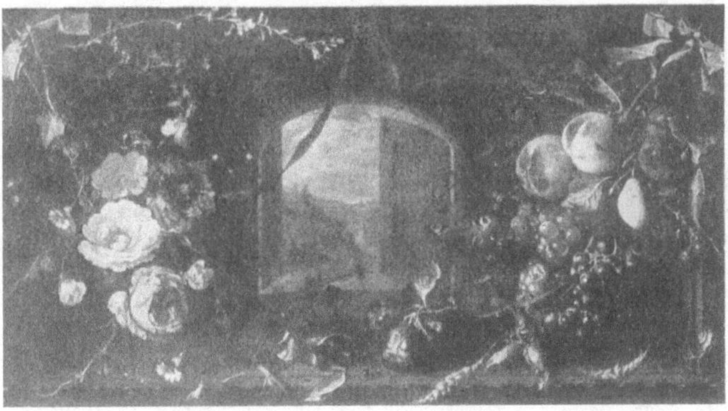

Abb. 93. **Jan Davidsz de Heem, Frucht- und Blumengehänge.** Berlin.

wigs XIV., J. B. Monnoyer, wurden Seghers' Vorbilder maßgebend.

Drei Blumenstücke von Jan Davidsz de Heem (1606—1683/84) im Berliner Museum weisen ferner darauf hin, wie auch dieser 1636 nach Antwerpen übersiedelte Utrechter Künstler gelegentlich die Form des flämischen Stillebens ohne weiteres übernahm und zugleich von der tonigen Färbung seiner Jugend zu den kräftigen Farben des Rubensschulkreises überging (Abb. 93). Besonders üppig hat er in diesem Sinn den großen Spiegel mit einer skulpierten Steinumrahmung und reich überwuchernden Blumen eingefaßt. Im übrigen aber bewirkt gerade de Heem unter den flämischen Stillebenmalern ein Aufgeben ihrer dekorativen Ziele zugunsten der holländischen Stillebenauffassung, die den einzelnen Gegenstand bezw. die Beobachtung und Wiedergabe seines malerischen Reizes als Selbstzweck gelten ließ. In seinen zahllosen Stilleben, die in allen Museen Europas anzutreffen sind, hat de Heem die programmlose Aneinanderreihung pittoresker Gegenstände, namentlich von Früchten, Gläsern und kleinen Tieren zu einer Form des Stillebens ausgebildet, die in Antwerpen zahlreiche Anhänger fand: seine prunkhaft überladenen Anhäufungen von kulinarischen Gegenständen ahmt Andreas Benedetti nach, der 1640 Meister wurde; in kleinem Format und mit fast pedantischer Sorgfalt setzt Cornelis de Heem (1631—1695) die Kunst seines Vaters fort, um die sich in ähnlicher Weise Jan P. Gillemans (1618—1675), Joris van Son (1623—1667) und Alexander Coosemans (1627—1689) bemühen. Das gediegen durchgeführte, farbenreiche Fruchtgehänge von Cornelis de Heem in Berlin gibt einen hinreichenden Begriff von dem ganzen, etwas einseitigen Streben dieser Künstler. Selbständiger und in ihren bescheidenen Vorwürfen den Holländern noch verwandter, sind Jakob van Es († 1666) mit seinen Bildern frugaler Mahlzeiten, die er in zarter grauer Tönung hält, Cornelis Mahu (1613—1689), der in dem Berliner Stilleben ein blonderes Kolorit anschlägt, namentlich aber Christian Luykx (1623 — nach 1653). Nach dem Frühstückstisch in Braunschweig mit seinem warmen Ton und der feinen, durch glitzernde Lichter gehöhten Detailschilderung möchte man den Künstler für einen Holländer aus der Nähe von Heda halten. Seine größeren Stilleben in Wien und Budapest fassen dagegen mit weniger Glück die reiche Gesamtwirkung im Geschmack von Snyders wieder ins Auge. Überhaupt steht die ganze Gruppe dieser von de Heem mehr oder weniger abhängigen Künstler etwas abseits von der Entwicklung des eigentlichen flämischen Stillebens, das, wie wir sahen, seine großen Traditionen von Rubens empfangen hatte.

Rückblick.

Wenn es aus den eingangs angeführten Gründen nicht statthaft ist, die flämische Malerei schon im 16. Jahrhundert als eine gesonderte oder gar gegensätzliche Erscheinung von der holländischen abzutrennen, so wird ein Überschlag dessen, was die südlichen Niederlande bis etwa 1600 an künstlerischen Kräften hervorbrachten, dadurch noch weiter erschwert, daß die unseligen politischen Verhältnisse, unter denen das Land zu leiden hatte, einen ersprießlichen schulmäßigen Zusammenhang zwischen den einzelnen Künstlern immer wieder vereitelte; häufig wurden gerade die besten zur Auswanderung genötigt und zogen eine ruhige Wirksamkeit in Deutschland oder Italien dem Leben in der Heimat vor. Dennoch muß die Summe dieser verzettelten Kräfte so hoch angeschlagen werden, daß auch jetzt noch, wenngleich nicht mehr so überwiegend wie im 15. Jahrhundert, der Schwerpunkt der künstlerischen Initiative auf Belgien fällt. Dieses Verhältnis ändert sich mit dem Beginn des neuen Jahrhunderts, wo die endgültige Trennung der nördlichen von den südlichen Provinzen auch die Unabhängigkeit ihrer künstlerischen Tendenzen nach sich zieht. Holland zeigt sich an frischer Triebkraft dem konservativen Belgien plötzlich gewaltig überlegen, wenn es auch die Keime der einzelnen Bildgattungen, deren mannigfaltiger Ausbau ihm überlassen blieb, fast ausnahmslos aus den südlichen Niederlanden empfangen hatte.

Während also fast in jedem größeren Zentrum Hollands ein Zweig der Malerei mit neuartigen, lokal bedingten Eigenheiten und Zielen emporblüht, verlieren die südlichen Provinzen nach und nach ihre wertvollsten Künstler, die einen ähnlich breiten und gesunden Nachwuchs hätten gewährleisten können. Dieser Mangel von kräftig auseinanderstrebenden Talenten erwies sich jedoch als providentiell, denn er ebnete die Wege für die unerhört straffe Konzentration aller künstlerischen Kräfte, mit der die flämische Malerei des 17. Jahrhunderts in der neueren Kunstgeschichte als eine ganz einzigartige Epoche dasteht. Alle einzeln verstreuten Ansätze sollten hier in einem Brennpunkt gesammelt, alle partikularistische Sonderexistenz von einer Persönlichkeit aufgesogen und zu einer Einheit von beispielloser Wucht und Überzeugungskraft zusammengeballt werden. Die Geistesgeschichte dürfte kaum eine zweite Persönlichkeit kennen, die wie Rubens einen umfangreichen Komplex starker, z. T. hervorragender Talente nicht bloß an sich zog, sondern ausschließlich auf ihre zentrale Kraft anzuweisen verstand; ist doch mit Ausnahme von Brouwer eigentlich alles, was die flämische Malerei des 17. Jahrhunderts geleistet hat, wenigstens keimhaft in ihm enthalten.

Der Stern, unter dem der junge Rubens in Antwerpen heranwuchs, war allerdings dem Auftreten einer starken Persönlichkeit in der Kunst besonders verheißungsvoll. Ein von Natur reiches Land, ein gesundes Volk, das in jahrzehntelangem, wechselvollem Widerstand gegen eine erdrückende Übermacht zähe Ausdauer bewährt hatte und zum vollen Bewußtsein seiner Kräfte geweckt worden war, sollte, wenn auch besiegt, endlich wieder zum friedlichen Dasein zurückkehren. Waren die Niederlande auch in zwei Teile zerrissen worden, so reichten die nach dem Druck des Krieges jäh emporschnellenden Geisteskräfte doch aus, um in den spanischen Provinzen des Südens eine der protestantisch republikanischen Kultur des Nordens fast wesensfremde künstlerische Atmosphäre zu schaffen.

In Holland wäre es schon am Anfang des 17. Jahrhunderts nicht mehr denkbar gewesen, daß eine Persönlichkeit in der Weise wie Rubens den Vorrang in der Kunst an sich riß: eine Republik von unabhängigen, selbstherrlichen Bürgern; eine Religion, die es dem einzelnen überließ, sich selber mit Gott und seinem Gewissen abzufinden, ohne die Stütze eines verantwortlichen Priesterstandes; ein Land, das von den Unbilden jahrzehntelanger Kämpfe genesen, jedem Fähigen die Möglichkeit bot, sich an der Hebung der in Rückstand geratenen Reichtümer, besonders des freien Handels, zur Geltung zu bringen: alles förderte die Entwicklung des Individuums und zerstreute gerade auf geistigem Gebiet jede Verdichtung, die das Aufkommen einer überlegenen zentralen Macht hätte begünstigen können. In lebhafter Reaktion entspannt sich der Hochdruck der klassischen Akademie, und gerade in ihrem früheren Mittelpunkt, in Harlem, schießen frische, hoffnungsvolle Keime empor, die aus dem fruchtbaren Boden des persönlichen Erlebnisses und Verkehrs mit derNatur ihre Nahrung ziehen. Selbst ein überragendes Genie wie Rembrandt vermochte diese individualistische Mannigfaltigkeit durch den Einfluß seiner Person nicht mehr zu vereinheitlichen.

In den katholischen Provinzen des Südens dagegen tritt die traditionelle, längst nach Italien orientierte Kunst sogleich in eine höchst fruchtbare Beziehung zur Kirche, die ihr unter dem glaubenseifrigen Spanien reiche Mittel zuwenden konnte. Für Kirche und Kunst gilt in gleicher Weise das römische Credo, und wie die Kirche, insonderheit der bald aufblühende Jesuitismus, darauf hinzielt, den einzelnen in strenger Selbstverleugnung einer unbedingten Autorität zu unterwerfen, so liegen auch in der Kunstübung, die sich während des 16. Jahrhunderts nach dem Kanon der italienischen Meister gerichtet hatte, schon längst die Elemente zu einer straffen, schulmäßigen Organisation. Allein es fehlte die Persönlichkeit, die es vermocht hätte, sich zum Führer dieser Gemeinde aufzuschwingen und ihre rückblickenden, fremdländischen Ideale lebensfähig zu machen, indem sie sie mit der Heimat und den Forderungen der Zeit in Einklang brachte.

Diese Konstellation erkannte Rubens mit erstaunlichem Scharfblick. Zielbewußt bleibt er bei seiner sehr langsamen persönlichen Entwicklung immer darauf bedacht, die Fühlung mit den Zeitgenossen einzuhalten, sie allmählich mit sich zu ziehen und im Sinn der alten romanistischen Arbeitsweise ihre Kräfte für seine Zwecke auszunützen. Sein unerhörter Erfolg in diesem Bestreben hat ihm zwar häufig den Verdacht schnöden Geschäftssinns zugezogen, allein ein engherziges persönliches Interesse hätte weder eine so große Anzahl verschiedenartigster, zum Teil starker Persönlichkeiten dauernd zu gemeinsamer Arbeit anzufeuern vermocht, noch auch hätte unter solchen Gesichtspunkten die Produktion des Meisters selbst ihre elementare Frische, die künstlerische Unbescholtenheit rein erhalten können. Die Teilnehmer an seinen weitausholenden künstlerischen Unternehmungen fanden sich vielmehr wie durch autonome Bestimmung gedrängt bei ihm zusammen, als ob sie in ihm die Erfüllung all der harten, verquälten Bemühungen begrüßen wollten, mit denen die vorausgehenden Generationen um eine neue Kunst gerungen hatten; und tatsächlich tritt, was bei jenen nur Einsicht, Übung und Meisterschaft war, bei Rubens zum erstenmal in die Phase künstlerischen Erlebens. Damit fällt ihm die Frucht eines hundert Jahre lang mit zähem Fleiß betriebenen, aber nie zum Ziel gelangten künstlerischen Kräfteaufwandes in den Schoß, und sein äußerer Erfolg, sowie seine Bedeutung für die Kunstgeschichte seines Landes steigern sich ins Unermeßliche. Obgleich die Grundzüge der flämischen Malerei, ihr monumentaler, idealistischer Charakter und der Sinn für dekorative Haltung im Romanismus des 16. Jahrhunderts schon längst vorbereitet waren, so führen wir doch alles, was davon auf die Künstler des 17. Jahrhunderts überging, auf Rubens zurück, denn erst durch den Einsatz seiner Persönlichkeit gewannen jene längst eingehaltenen Gesichtspunkte das eigentlich flämisch nationale Gepräge.

Sein Geist ist in der zeitgenössischen Malerei seines Landes allgegenwärtig. Van Dyck sowohl als Jordaens scheinen aus einer Rippe von ihm geformt zu sein, sie entwickeln mit ihren glänzenden Gaben doch nur sein Lebensgefühl und seine Auffassung von künstlerischem Gestalten weiter. Namentlich van Dycks Bildniskunst wächst ganz aus dem Begriff von Menschenwürde und hoher Gesinnung hervor, den Rubens aufgestellt hatte. Stilleben und Tiermalerei leben nach Inhalt sowohl als in ihrer dekorativen Eigenart von seiner Phantasie, selbst im Sittenbild, bei dem scheinbar so wesensfremden Brouwer sprüht die Unmittelbarkeit seiner Beobachtung und die geformte Leidenschaft seiner Komposition, während allein die Landschaft sich die nachhaltige Befruchtung von seinem Geist entgehen läßt und eben deshalb im Gesamtbild der flämischen Malerei stark zurücktritt.

Es könnte scheinen, als ob mit dieser schicksalhaften Abhängigkeit der flämischen Malerei von einer Person ihr Verhängnis besiegelt gewesen sei, insofern nach dem Tode von Rubens die holländische Kunst mit ihrem viel ausgedehnteren Wurzelbereich über die südlichen Landesgrenzen hätte greifen und Belgien wenigstens künstlerisch wieder zurückerobern müssen. Allein wenn auch die flämische Malerei nach 1650 ihre spezifische Eigenart rasch einbüßt, so kommt ihr jetzt wieder ihr nie unterbrochener, allgemeiner Zusammenhang mit der klassischen Kunst zugute; dieser alte, traditionelle Rückhalt gestaltet sich zu einem, wenn nicht schöpferischen, so doch lebensfähigen Akademismus, welcher im Laufe der zweiten Jahrhunderthälfte auch die ungleich glänzendere Blüte der holländischen Malerei zersetzt und die ehemals so reich gegliederte, vielgestaltige Kunst der Niederlande einförmig tyrannisiert. Flämische Elemente, die Geschmacksformen van Dycks und der seichte Klassizismus eines Lairesse drängen sich in Amsterdam ein, noch während Rembrandt dort wirkt. Belgien und Holland rücken einander wieder entgegen; allein in ihrer schöpferischen Ohnmacht haben sie vor dem gleichfalls klassizistischen Frankreich nichts mehr voraus, und dieses reißt nun, lediglich kraft seiner politischen Macht und seiner organisatorischen Überlegenheit die Führung der zisalpinen Kunst an sich.

Literatur-Verzeichnis.

Im nachfolgenden sind die wichtigsten wissenschaftlichen Arbeiten über die flämische Malerei des 17. Jahrhunderts, dem Gedankengang der vorliegenden Arbeit folgend, aufgeführt. Zur näheren Orientierung sei auf die Literaturvermerke in den Künstlerlexika von Wurzbach und Thieme-Becker, sowie namentlich auf das umständliche Verzeichnis verwiesen, das Rooses auf Seite 309 ff. seiner »Geschichte der Kunst in Flandern« gibt.

Déscamps, La vie des peintres flamands, allemands et hollandais. Rotterdam 1752.

Rooses, Geschichte der Kunst in Flandern. Stuttgart 1914.

Heidrich, Vlämische Malerei. Jena 1913.

van den Branden, Antwerpsche Schilderschool. Antwerpen 1883.

Rooses, Geschichte der Antwerpener Malerschule. München 1880.

Trésor de l'art belge au XVII. siècle. Brüssel 1912.

Woltmann und Woermann, Geschichte der Malerei, III. Leipzig 1888

Peltzer, Hans von Aachen, seine Schule und seine Zeit. Jahrbuch der kunsthistorischen Sammlungen des Allerhöchsten Kaiserhauses. XXX.

Haberditzl, Die Lehrer des Rubens; Jahrbuch der kunsthistorischen Sammlungen des Allerhöchsten Kaiserhauses XXVII, 1908.

Crivelli, Giovanni Brueghel, pittore fiammingo. Mailand 1878.

Sponsel, Gillis van Coninxloo; Jahrbuch der Königlichen Preußischen Kunstsammlungen X, 1889.

Plietzsch, Die Frankenthaler Maler. Leipzig 1910.

Mayer, Die Brüder Matthäus und Paul Brill. Leipzig 1910.

Erasmus, Roelant Savery. Halle 1908.

Jantzen, Das niederländische Architekturbild. Leipzig 1910.

de Piles, Vie de Rubens, in den »conversations sur la connoissance de la peinture« etc. Paris 1677.

Rooses und Ruelens, Codex Diplomaticus Rubenianus. Antwerpen 1887—1909.

Rooses, L'œuvre de Rubens. Antwerpen 1886—1892.

Michel, Rubens. Paris 1906.

Rooses, Rubens' Leben und Werke. Stuttgart 1905.

Knackfuß, Rubens. Bielefeld 1909.

Rosenberg, Rubens. Stuttgart 1911.

Burckhardt, Erinnerungen aus Rubens. Basel 1898.

Vischer, Peter Paul Rubens. Berlin 1904.
Rubens Bulletyn I.—IV. Antwerpen 1882—1900.
Glück, Jugendwerke von Rubens; Jahrbuch der kunsthistorischen Sammlungen des Allerhöchsten Kaiserhauses XXXIII, 1915
Haberditzl, Studien über Rubens; Jahrbuch der kunsthistorischen Sammlungen des Allerhöchsten Kaiserhauses XXX, 1911/12.
Oldenbourg, Rubens in Italien; Jahrbuch der Königlichen Preußischen Kunstsammlungen XXXVII, 1916.
Ders., Die Nachwirkung Italiens auf Rubens und die Gründung seiner Werkstatt. Jahrbuch der kunsthistorischen Sammlungen des Allerhöchsten Kaiserhauses 1918.
Haberditzl, Über einige Handzeichnungen von Rubens in der Albertina; Die Graphischen Künste XXXV, 1912.
C. Justi, Rubens und der Kardinal Infant Ferdinand; in »Miscellaneen aus drei Jahrhunderten spanischen Kunstlebens«. Berlin 1908.
Bode, Die letzte Schaffensperiode des Peter Paul Rubens; in »Rembrandt und seine Zeitgenossen.« Leipzig 1906.
Bode, Kritik und Chronologie der Gemälde von Peter Paul Rubens; Zeitschrift für bildende Kunst, Neue Folge XVI, 1905.
Glück, Kunstgeschichtliche Anzeigen. Innsbruck 1905.
Valentiner, Gemälde des Rubens in Amerika; »Aus der niederländischen Kunst«. Berlin 1914.
Goeler von Ravensburg, Rubens und die Antike. Jena 1882.
Voorhelm Schneevogt, Catalogue des estampes gravees d'après P. P. Rubens. Haarlem 1873.
Hymans, Histoire de la gravure dans l'école de Rubens. Brüssel 1879.

Guiffrey, Antoine van Dyck. Paris 1882.
Paul de Mont, Antoon van Dyck. Haarlem 1906.
Schaeffer, van Dyck. Stuttgart 1909.
Oldenbourg, Studien zu van Dyck; Münchener Jahrbuch der bildenden Kunst IX, 1914/15.
Bode, Anton van Dyck als Mitarbeiter von Peter Paul Rubens; in »Rembrandt und seine Zeitgenossen«. Leipzig 1906.
Valentiner, Gemälde van Dycks in Amerika; »Aus der niederländischen Kunst«. Berlin 1914.
Cust, Description of the sketchbook by Sir Antony van Dyck. London 1907.

Buschmann, Jacob Jordaens. Amsterdam und Brüssel 1905.
Rooses, Jordaens' Leben und Werke. Stuttgart 1906.
Helbig, L'art Mosan. Brüssel 1906.
Glück, Aus Rubens' Zeit und Schule; Jahrbuch der kunsthistorischen Sammlungen des Allerhöchsten Kaiserhauses XXIV, 1903.
Bode, Adriaen Brouwer; in »Rembrandt und seine Zeitgenossen«. Leipzig 1906.
Schmidt-Degener, Adriaen Brouwer. Brüssel 1908.
Zoege von Manteuffel, Joos van Craesbeeck; Jahrbuch der Königlichen Preußischen Kunstsammlungen XXXVII, 1916.

Künstlerverzeichnis.

www.ingramcontent.com/pod-product-compliance
Lightning Source LLC
LaVergne TN
LVHW042241300926
849161LV00003B/422